U0319157

超委托精细化
采矿工程管理模式

张耿城　著

北　京

冶金工业出版社

2020

内 容 提 要

本书系统地介绍了超委托精细化采矿工程管理模式。全书共分为 8 章，主要内容包括：超委托代理模式，超委托代理模式关系下的生产安全问题，环境保护对委托代理关系的影响及其模型，平衡长远利益的多任务超委托代理模型，基于超委托代理关系的信息系统集成，生产数据解析及精细化管理，超委托关系下安全生产管理与环境友好型生产实践。

本书可供采矿工程、爆破工程、管理学等专业学生及科研人员参考，也可供从事以上专业设计、施工的工程技术人员、工程管理人员参考。

图书在版编目 (CIP) 数据

超委托精细化采矿工程管理模式/张耿城著 . —北京：冶金工业出版社，2020.6
ISBN 978-7-5024-8527-6

Ⅰ.①超… Ⅱ.①张… Ⅲ.①矿山开采—工程管理 Ⅳ.①TD8

中国版本图书馆 CIP 数据核字 (2020) 第 073697 号

出 版 人　陈玉千
地　　址　北京市东城区嵩祝院北巷 39 号　邮编　100009　电话　(010)64027926
网　　址　www.cnmip.com.cn　电子信箱　yjcbs@ cnmip. com. cn
责任编辑　戈 兰　美术编辑　彭子赫　版式设计　孙跃红
责任校对　王永欣　责任印制　李玉山
ISBN 978-7-5024-8527-6
冶金工业出版社出版发行；各地新华书店经销；三河市双峰印刷装订有限公司印刷
2020 年 6 月第 1 版，2020 年 6 月第 1 次印刷
169mm×239mm；15.75 印张；315 千字；241 页
98.00 元
冶金工业出版社　投稿电话　(010)64027932　投稿信箱　tougao@cnmip. com. cn
冶金工业出版社营销中心　电话　(010)64044283　传真　(010)64027893
冶金工业出版社天猫旗舰店　yjgycbs. tmall. com
　　　　　　(本书如有印装质量问题，本社营销中心负责退换)

前　言

　　近几年，一些大型矿冶企业为将主要精力集中于矿山开采规划设计、选矿、冶金等高增值环节，纷纷选择对爆破、采装运输环节进行外包，将传统的隶属关系转变为合同关系，形成"合同采矿"模式。"合同采矿"模式下的合作关系实质上属于经济学中的委托代理关系，代理人存在隐藏信息的动机，从而造成信息不对称。这些不仅导致契约选择上的"逆选择"和契约执行时的道德风险，还实际上造成机制性的"信息孤岛"，不利于矿山开拓规划、工艺选择等技术决策，影响信息价值的实现。

　　在鞍钢集团矿业有限公司（以下简称鞍钢矿业）作为业主和承担爆破、运输等外包业务的鞍钢矿业爆破有限公司（以下简称鞍矿爆破）之间的"合同采矿"实践中，由于业主和外包方在股权、人员、信息系统等方面的深度融合，加上长期合作中双方高度信任和利益攸关，使得双方的合作关系突破了传统委托代理理论中的信息博弈关系，实现信息、资金和利润方面的共享。这就是本书所谓"超委托"关系的来源。另一方面，业主和外包双方在"超委托"关系中的信息共享的基础上，利用积累的大量实际数据，深入挖掘其中的地质条件、设备产能和各种经济指标之间的数量关系，对矿山中长期规划、生产系统开拓和生产计划制定等方面提供精细化和科学化的决策支撑。

　　"超委托"模式系指一种突破传统契约及合同所形成的委托人和其代理人之间的简单经济利益联系，建立一种超越普通"委托代理"关系的能使双方或多方共赢的经济但不限于经济的合作模式。在这种模式下有着利益关系的各方都以主人翁的姿态参与相关活动，主动地不遗余力地实现既定目标。该模式克服了理念和信息等不对称的弊端，不仅可以保证外包合同标的价格的公平合理，重要的是避免了利益激励偏差和道德风险，使经济体获得最大化的经营效果。

从鞍钢矿业和鞍矿爆破的实践运营情况看，超委托精细化管理模式建立一种超越普通"委托代理"关系的信息透明的体制机制，突破"委托代理"关系中常见的信息不对称导致的利益激励偏差和道德风险。完善的信息可以在矿山企业的长远规划、开采计划、工艺设计、环境保护等方面进行更精细、更科学的决策，从而减少额外成本，为双方合作带来更多利润空间，实现双赢和多赢。在降低单耗、成本管控、绿色矿山、无废开采等方面，鞍矿爆破虽无基本义务，但仍能够主动从业主利益出发，主动承担责任，实现互利共赢，体现了超委托代理关系的优越性。超委托精细化管理模式还能够通过信息透明加强对矿山安全生产和环境保护方面的监管，有利于实现矿业生产的可持续发展。

超委托精细化采矿工程管理模式的研究将委托代理理论、现代信息化管理思想和精益生产理论与鞍钢矿业生产实践相结合，探索有效的矿山外包和生产管理模式，推动管理机制的改革，实现精细化管理，提高企业的管理水平，最终在加强企业的环境保护和安全生产的同时，控制生产成本，提高企业的经济效益和社会效益。

超委托精细化采矿工程管理模式中的"超委托"来源于"合同采矿"，但其中的原理、模型和思想，也适用于其他的带有"业务外包"特征的委托代理关系中。

超委托精细化矿业管理模式及其本书中描述的问题、模型和分析过程，只是我们对"合同采矿"实践中一些深层次问题的初步探索，还有一些理论上的支撑和科学的描述等问题需进一步开展探讨和研究，同时毕竟是基于鞍钢矿业和鞍矿爆破的合作实践，为了能够得到广泛的认可和应用，还需要长期的检验、修正和完善。

本书的完成得益于宏大爆破和鞍钢矿业混合所有制改革的实践，借此机会代表鞍钢爆破和本人向给予鞍钢爆破和我本人积极支持与热情关怀的邵安林院士、郑炳旭董事长及其他人士表示衷心的感谢。

2020 年 4 月

目　录

1 绪 论

1.1 委托代理理论的提出与发展综述

委托代理理论作为信息经济学重要理论之一，从 20 世纪 30 年代提出至今，逐渐得到完善和发展，已经显示出强大的生命力。目前，委托代理理论研究仍是经济管理领域研究的前沿课题之一。

委托代理问题的产生源自交易双方的不确定性及信息的不对称。现代企业管理中的信息的不对称源于"所有权与控制权分离"[1]，因为信息不对称，导致交易过程中代理人有可能偏离委托人目标而委托人难以观察和控制，进而出现代理人损害委托人利益的现象。

在经济学中，一般称拥有私人信息的一方为代理人，不拥有私人信息的一方为委托人。委托代理理论中重要假设之一是委托人和代理人都是理性人，除此之外，委托人和代理人的各方利益不完全一致（若是完全一致就不会产生代理问题了）。

针对以上问题，国内外诸多学者从多个角度应用委托代理等理论进行剖析和研究。

1.1.1 传统委托代理理论的发展综述

自 20 世纪 30 年代，美国经济学家伯利和米恩斯提出委托代理的概念后，委托代理理论在国内外长达 80 多年的发展历程中，已经从基本的委托代理模型，即"单委托—单代理—单任务"的研究拓展到了多委托方、多代理方以及代理方同时完成多项任务目标的理论模型研究。后来，国内外学者在考虑到委托代理双方存在心理上的非理性因素（如过度自信，"颤抖的手"等行为），并将非理性人这种假设引到委托代理模型之中。

随着委托代理理论研究的逐步成熟，这一理论也被广泛的应用到了激励机制、公司治理与控制权分配等社会经济发展的各个领域。委托代理理论发展情况如表 1.1 所示。

表 1.1   委托代理理论发展情况

发表时间	作 者	主 要 贡 献
1932	Berle，Means	引入企业理论中的所有权与经营权分离问题
1968	Wilson	将风险分担文献扩展到包括当时的代理问题
1971	Arrow	将风险分担扩展到当时的代理问题
1972	Armen A Alchian，Harold Demsctz	提出团队生产理论
1973 1975	Ross，Mitnick	明确委托代理概念
1976	Jensen，Meckling	围绕代理问题及其解决方案将代理理论扩展，并提出委托人与代理人之间的冲突
1980	Fama	提出竞争可优化团队表现
1982	Holmstrom	关注度影响管理者努力程度
1983	Fama，Jensen	将公司决策层分为两类
1983	Grossman，Hart	委托人和代理人风险偏好的提出
1985	Pratt 和 Zeckhauser	提出重视内在动机
1986	Perrow	提醒研究者应当注意委托方"逆向选择"
1986	Michael C. Jensen	提出股东与管理者之间的代理成本
1989	Eisenhardt	提出积极的代理理论
1994	Rasmusen	提出信息不对称导致双方利益受损
1998	Waterman 和 Meier	提出信息不对称理论
1998	Wiseman 和 Gomez-Mejia	提出了一种行为代理理论

对代理成本理论研究最早可追溯到亚当·斯密。他的《国富论》讲到要想股份公司的董事能够像私人合伙公司那样监视钱财用途是很难做到的。他曾指出"在钱财的处理上，股份公司的董事为他人尽力谋划，而私人、合伙公司的伙伴则纯粹为自己打算。所以，要想使股份公司的董事们，像私人、合伙公司的伙伴那样尽心竭力监视钱财用途是很难做到的。疏忽与浪费，常常被认为是股份公司业务经营上难免的弊端。唯其如此，凡属从事国外贸易的股份公司，总是竞争不过私人的冒险者。所以，很少有股份公司在没有取得专营的特权的情况下取得成功，即使取得了专营权，成功的亦不多见。"[2]这可以被认为是对代理问题最早的论述。之后，1932 年 Berle 和 Means[3]提出所有权和经营权分离，发展了委托代理思想。

经济学家 Berle 和 Means 在《现代公司与私有财产》中指出，在所有权分散和集体行动成本很高的情况下，从理论的角度来看，职业型的公司经理人多半是无法控制的代理人。二人在分析了企业所有者兼具经营者的做法存在的极大弊端，进而提出"委托代理理论"，即倡导所有权和经营权分离，企业所有者保留剩余所有权，而将经营权利转移给代理人。他们所关注的企业的契约性质和委托代理问题，最终推动了经济学中的代理理论（agency theory）的发展。

经济学家 Robert，Wilson[4] 和 Arrow[5]，分别研究了个人或群体之间的风险分担问题。当合作双方对风险有不同的态度时，就会出现风险分担的问题。从此委托代理理论将风险分担的研究扩展了所谓的代理问题。

后来，有学者将代理理论应用在激励问题研究。Alchian 和 Demsetz[6] 在《生产、信息费用和经济组织》中重点研究企业内部结构的激励问题，两人提出了"团队生产"理论，并认为企业就是一种典型的团队生产。团队生产有 3 个形成条件：

（1）有不少于一个人，且具有共同目标愿望的团队；

（2）所有成员协作生产，任何一个成员的行为都会对他人产生影响；

（3）团队生产结果具有不可分割的特性，即每个成员的个人贡献无法精确地进行分解和测算，因而也不可能精确地按照每个人的真实贡献去支付报酬。

上述三点可能产生偷懒（shirking）和搭便车（free-riding）行为。为了减少这些行为的发生，就需要有专人从事监督工作，而为了能使监督者积极工作，就应该允许监督者占有剩余权益和拥有修改合约的权利。另外，监督者还必须是团队固定投入的所有者，如果由非固定投入所有者监督，则会导致投入的监督成本过高。

Ross[7] 和 Mitnick[8] 分别塑造了代理理论，并在各自的作品中提出了两种不同的方法。Ross 认为代理问题属于激励问题；而 Mitnick 则认为代理问题是由制度结构带来的问题，但其两种理论背后的核心思想是相似的。他们的方法有助于研究核心代理理论的逻辑，并可以解释现实世界的经济活动。

以上是从企业经营角度分析委托代理问题，委托代理问题亦可从法律角度进行剖析。Jensen 和 Meckling[9] 将公司定义为"生产要素之间的一系列契约"。他们描述公司除管理机制外，还存在法律机制，这指公司与代理人员之间存在一些契约关系。代理关系也是委托人与代理人之间的一种契约，其中双方为自身利益而工作。在这种情况下，委托人进行各种监督活动，以遏制代理人控制代理成本的行为。

在原始代理契约中，激励结构、劳动力市场和信息不对称起着至关重要的作用，这些因素有助于构建所有制结构理论。Jensen 和 Meckling 的著作《企业理论：经理行为、代理成本和所有权结构》标志着委托代理问题研究方法的正式定形。他们首先研究了既是百分百持股股东又是管理者的情形，进而和非百分百持股股东的管理者进行对比，发现：只要不是百分百持股的股东就有自利的动机，进而存在代理成本和信息租金。他们得到的结论是：最好的治理机制就是百分百持股股东做管理者。他们的理论认为，这种决策授权使代理人能够产生"自利行为"，也就是说，代理人倾向于进行有利于自己利益的活动而不是委托人的利益活动。他们的理论基本前提是"如果关系的双方都是效用最大化者，那么就有充分的理由相信代理人不会总是以主体的最佳利益行事"，这也是今后委托代理模型的重要假设基础之一。

然而，代理人的行为也不是完全不可控的。Fama[10]就主张公司可以通过来自其他参与者的竞争来训练这些参与者监控整个团队和个人的表现，这里的"个人"指代理人。

Fama 和 Jensen[11]对决策过程和剩余索取者进行了研究，他们将公司的决策过程分为两个类别——决策管理和决策控制。在结构不复杂的公司中，决策管理和决策控制是相同的，但在结构复杂的大型公司中，两者是不同的。因为在那些结构复杂的大型公司中，代理问题出现在管理决策过程。这全因制定和实施公司决策的人并不是利益的真正承担者，而是代理经理人。这导致代理经理人的决策未必真正考虑委托企业。

针对上述代理问题，诸多学者纷纷进行研究。其中，为了约束管理者（代理人）的行为，学者提出诸多管理激励模型。其中 Holmstrom[12]建立了一个模型用以说明管理者对职业生涯中的关注产生了一种重要的激励作用，他证明在职业生涯的最初年份里，这种激励作用较大，管理者会努力工作；但是在职业生涯的最后年份里，这种激励作用会减小。除此之外，他还发现激励强度取决于代理人面临的风险大小。另外，他还提及代理人从事的任务风险越小，薪水就更应该和绩效挂钩；风险越大，固定工资就应该越多。

不仅 Holmstrom 研究代理人面临风险时的偏好问题，Grossman 和 Hart[1]也对委托人和代理人之间的风险偏好差异提出了一个假设。他们解释说，代理人的产出会影响委托人的投资额，代理人的努力程度会影响公司的产出，所以委托人则希望代理人能够做出更高效的努力。因此，委托人应该用适当的支付结构制衡代理人的行为，为此他们使用算法模型来确定最佳激励结构。此处的激励结构受到代理人的风险态度和信息质量的影响，如果代理人风险中性和风险偏好，则不会出现激励问题，即不用委托方采取激励措施。委托代理模型解释了委托人是风险中立的和风险偏好，而代理人则是风险规避者。

代理理论还解释了代理问题的产生原因及其涉及的成本。该理论提出了两个命题，第一个命题是，如果合同的结果是基于激励的，那么代理人的行事就有利于委托人。第二个命题是，如果委托人得到有关于代理人的行动等负面信息，那么代理人的行为将受到惩罚。但由于合同双方信息不对称，代理人的行动的真实动机很难被委托方观察。

行为代理理论认为，最大化代理人绩效应该是委托代理关系中的一个关键目标。代理人的工作动机（包括内在动机）的重要性不应低估。它挑战了内在动机和外在动机要么是独立的，要么是相加。行为代理理论认为金钱方面的奖励可能会减少代理人内在自利动机。鉴于所谓的人力资本的重要性，Pratt 和 Zeck-hauser[13] 在论文的计算中是提及代理人动机（特别是内在动机）。

上述描述是针对代理人的自利行为，但是在委托代理的关系当中，不止有代理人对委托人的"事后欺骗"，还会存在委托人"事前"欺瞒代理人的现象。Perrow[14] 批评某些研究人员只关注"委托人和代理人问题"的代理人一方。他观察到这个理论并不关心那些欺骗、推卸和利用代理人的委托人一方。此外，他补充说，代理人在不知不觉中被拖入危险的工作环境中工作，其没有任何侵占的行为，而委托人则充当机会主义。

委托代理双方的欺骗行为导致了代理成本的产生。Michael C. Jensen[15] 在《自由现金流的代理成本，公司融资与接管》一文中，首先提出了自由现金流的概念，透过自由现金流去研究代理成本。提出了代理成本中的股东与管理者之间的代理成本。Jensen 认为自由现金流量的减少有利于减弱公司所有者和经营者之间的冲突。所谓自由现金流量是指公司的现金在支付所有净现值为正的投资计划后所剩余的现金量。如果公司要使其价值最大，自由现金流量应完全交付给股东，但此举会削弱经理人的权力，同时再度进行投资计划时所需的资金，将在资本市场上筹集而受到监控，由此降低代理成本。除了减少企业的自由现金流量外，Jensen 还认为适度的掌控含有未来性质的债权（股份）比经理人得到现金鼓励发放来得有效，而更易降低代理成本。

在确定最有效的合同时，委托代理理论提出了关于人员、组织和信息的某些假设。它假定代理人和负责人将为了自身最大的利益而行事。代理人拥有的信息往往比他们的委托人拥有的更多。因此，它确定了履行有效合同的两个障碍：道德风险和逆向选择。道德风险是指代理人没有就任务达成一致的努力。也就是说，代理人在逃避。逆向选择是指"代理人对能力的误传"。当他或她被雇用时，代理人可能声称具有某些技能，经验或能力。出现逆向选择是因为委托人在招聘时或代理人工作时无法完全验证这些技能、经验或能力。

与参考文献［6］的观点类似。Eisenhardt[16] 提出的代理理论认为，委托人可以通过建立适当的激励合同和监督措施来降低代理成本（或者是减少信息不对称）。Eisenhardt 在形式化的两个命题中，首先："当委托人和代理人之间的合同是基于成果时，代理人更有可能为委托人的利益行事"；其次，在监督方面："当委托人掌握有关可以验证代理人真实行为的信息时，代理人更有可能为委托人的利益行事"。

委托代理理论家探讨的中心是，当代理人具有超越委托人的信息优势时，如何刺激代理人的行为符合委托人（雇主）的最佳利益。在委托代理的过程中也往往因为信息的不对称导致委托人和代理人利益受到损害，委托人受到的利益损失是来自于道德风险，代理人受到的利益损失是来自于委托人事前隐藏信息[17]。Wiseman 和 Gomez-Mejia[18] 提出了一种行为代理理论。行为代理理论家认为，标准代理理论只强调委托人和代理人的冲突，代理成本以及双方利益的重新调整，以尽量减少代理问题。行为代理理论模型进行了一些修改，如代理人的动机、风险厌恶、时间偏好和公平的薪酬等。代理人是委托代理关系的主要组成部分，他们的表现主要取决于他们的能力、动力和所拥有的完美机会。

分析委托代理问题，自然需要从其问题产生根源说起。委托代理问题主要源自于代理人与委托人之间的目标冲突。Waterman 和 Meier[19] 在前人研究的基础上提出代理人拥有的信息多于其委托人，这导致他们之间的信息不对称。在目标冲突方面"在市场中，委托方和代理方显然有不同的目标或偏好"。通常，代理人希望尽可能多地赚钱，但是委托人希望尽可能少地支付服务费用，这是因为委托代理双方都在最大化自身利益。例如，政府与承包商的委托代理的过程中，政府希望尽可能多地生产公共产品，而承包商希望尽可能地降低成本。在这种矛盾中，会因为道德风险导致政府利益受损。委托代理模型是建立在信息不对称假设之上。当委托人和代理人之间的信息分布不对称时，出现了"典型的"委托代理问题。这里所说的委托代理问题是如何避免信息不对称，以便委托人知道代理人在多大程度上实现了委托人的目标，代理人在做什么又或者什么都没做。有了这些信息，委托人可以更好地监控合同关系和工作流程，以提高组织绩效。

虽然代理理论非常务实和受欢迎，但它仍然受到各种限制。该理论假定委托人与代理人之间在有限或无限期未来期间的契约协议，其中未来是不确定的。该理论假设合同可以消除代理问题，但实际上它面临着诸如信息不对称，合理性，欺诈和交易成本等许多障碍。股东对公司的兴趣只是为了最大化他们的回报，但他们在公司中的作用是有限的。董事的角色仅限于监督经理，他们的进一步角色没有明确定义。该理论片面的认为管理者是机会主义者，忽视了管理者的能力在生产中起到的作用。

1.1.2　衍生代理问题类型

经济学家逐渐意识到委托人和代理人之间不只存在简单金钱的雇佣关系，还存在声誉机制。Fama[10] 和 Holmstrom[12] 认为存在于公司所有者和管理者之间的委托代理问题会因为管理者对自己的职业生涯的关注与重视而得到缓解。这是由于管理者对自己的职业生涯的关注主要来源于两种劳动力市场：一个是外部劳动力市场，这决定了管理者能够获得的外部就业机会；另一个是公司内部市场，这决定了管理者职位的升迁与否以及升迁的速度。从公司治理外部约束机制的角度，其中第一种市场反映了这种"声誉机制"的存在，即管理者能够认识到，如果他在一个公司中的经营绩效或表现能力较差，这将导致他的个人价值市场反映必然较低，或者导致其获得新的工作职位的可能性较低。因此，这种机制驱使管理者必须代表公司所有者利益而努力工作。另一种市场机制反映了，管理者能够认识到，如果他在一个公司中的经营绩效和表现能力都较差的情况下，将有可能存在被企业淘汰的风险，或者导致管理者丧失企业内部岗位晋升机会，进而影响代理人收益。

公司代理问题可由合适的组织程序来解决。在公司所有权和经营权分离的情况下，决策的拟定和执行是经营者的职权，而决策的评估和控制由所有者掌控，这种互相分离的内部机制设计可解决代理问题。而购并则提供了解决代理问题的一个外部机制。当公司代理人有代理问题产生时，通过收购股票获得控制权，可减少代理问题的产生。

经济和金融研究人员将代理问题分为三种类型。第一种类型是委托人和代理人之间，这是由于信息不对称和风险差异引起的信息共享态度不同问题[7,9]。第二种类型的冲突发生在主要和次要股东之间[20,21]，之所以出现这种情况，是因为主要所有者以牺牲小股东的利益为代价来做出决定。机构问题的第三种类型发生在所有者和债权人之间，当所有者可以根据债权人的意愿采取更有风险的投资决策时，这种冲突就会消失。

第一类：委托代理问题与大型公司一同诞生。由于所有权与控制权的分离，有学者发现了组织中所有者和管理者之间的利益冲突问题[3]。在公司运营期间，业主将任务分配给管理公司的管理人员，并且希望管理人员能够为自己的利益工作。然而，管理人员对他们自身的收益最大化更感兴趣。关于代理人自我满足行为的论证是基于人类行为的合理性，其中指出人类行为是理性的，并且最终目的是将自己利益最大化[22]。委托人和代理人之间的利益不同，以及分散的所有权结构导致了在商业合作中缺乏监督，进而导致双方的利益冲突，这被称为委托代理冲突。

第二类：这类代理问题的基本假设是主要所有者和次要所有者之间的利益冲突。主要所有者被认为是持有公司大部分股份的个人或团体，而次要所有者是持有公司股份份额很小一部分的人。大多数所有者或大股东拥有更高的投票权，可以做出任何有利于他们利益的决定，这会妨碍或损害小股东的利益[11]。这种代理问题普遍存在于一个国家或公司，其所有权集中在少数人或家族所有者的手中，然后少数股东发现很难保护他们的利益或财富[23]。大股东与中小股东之间的代理成本问题，金融学派的 La Porta 等在《全球的代理问题和股利政策》一文中，通过实证研究建立了结果模型和替代模型，分析了大股东和中小股东之间的代理成本[24]。

第三类：所有者和债权人之间的冲突是由于所进行的合作项目和股东的决策

类型之间的冲突[25]。进一步解释是股东们试图投资风险项目，他们希望获得更高的回报，但是代理方却可能是保守类型的，换句话讲就是代理方可能不期待风险过高。这第三类冲突构成委托代理模型假设中的重要一环。冲突类型如表 1.2 所示。

表 1.2　冲突类型表

冲突类型	主要研究人
委托人和代理人之间	Jensen 和 Meckling
主要和次要股东之间	Fama 和 Jensen，Gilson 和 Gordon，Shleifer 和 Vishny，Demsetz 和 Lehn
所有者和债权人	Damodaran

由于双方冲突必定带来额外的成本，关注这类问题的专家强调需要采用符合委托人和代理人利益的控制程序[11]。这些控制程序采用监督机制和绩效评估的形式。在委托代理的过程中，经理人员被认为是决策或控制的代理人，而所有者则被认为是风险承担者。由此而造成的代理成本包括：

（1）委托人的监督和控制成本；监控成本涉及与监控和评估代理在公司中的绩效相关的成本。监测成本涵盖了各种观察、补偿和评估代理人行为的支出。业主委任董事会监督经理；因此，维护成本也被视为监控成本。监控成本还包括为高管们提供的招聘和培训以及开发费用。这些成本是由股东在初始阶段产生的，但在后期阶段由经理承担，因为他们被补偿以支付这些费用[11]。

（2）代理人的自我约束成本；

（3）剩余损失，即由代理人的决策与委托人利益最大化的决策之间的差异而使委托人承受的利益损失，也可能是由于完全执行合约时的成本超过代理人"自利行为"下收益而引起的。

既然有了代理成本，那么代理成本如何度量？根据 Jensen 和 Meckling 文献中的讨论，许多作者已经定义了代理成本的不同度量，并且形成了两种衡量代理成本的想法。第一个思想流派使用代理成本的直接衡量标准。Singh 和 Davidson，以及 Firth、Fung 和 Rui 三人使用了资产利用率和费用比率[26,27]。第二种思想使用公司绩效作为代理成本的反向衡量标准，但 Morck，Shleifer 和 Vishny 以及 Agrawal 和 Knoeber 使用代理成本方法 Tobin's Q 作为代理成本的衡量标准[28,29]。而 Xu，Zhu 和 Lin，以及 Li 和 Cui 分别使用资产回报率（ROA）和股本回报率（ROE）作为代理成本的衡量标准[30,31]。代理成本度量有五项措施：

第一项措施：即资产利用率，解释了管理者如何有效地利用资产，更好的利用率表明代理成本低。

第二项措施：度量费用比率描述了管理者控制运营费用的有效性，并且需要较低的费用比率。

第三项措施：阐明了公司的现金流增长机会。

第四项措施：描述了支付给业主的股息，更好的支付使成本最小化。

第五项措施：描述了更好的董事会薪酬，可以最小化代理成本。

最后三项措施主要讨论业主对其投资所获得的公司价值和回报，并用作代理成本的反向衡量标准。

1.1.3 当代不同委托代理模型研究趋势

当代委托代理理论考虑不同实践的应用背景，建立了多任务委托代理、多任务多目标委托代理、双重委托代理、考虑长期目标的委托代理等问题，并引入了生产安全、环境保护等外部性特征。

1.1.3.1 多任务委托代理模型相关文献综述

最早研究多任务委托代理问题的是 Holmstrom 和 Milgrom。他们首先在道德风险框架中用多任务委托代理模型研究了任务间的外部性或者溢出效应在合同设计中的重要影响。他们的模型假设代理人执行着多项任务，委托人无法观察到代理人的努力，但可以观察到代理人的努力所产生的业绩信号，每一个任务最多只有一个业绩指标。代理人收到的报酬由线性激励契约规定。从该模型得到的主要结论有：在多任务委托代理关系中，激励契约不但能够起到分担风险驱动代理人努力工作的作用，而且可以引导代理人的精力在各个任务之间的分配；对任意任务的激励强度应随着其他任务度量难度的增加而降低；提高某一任务的激励强度，会降低对其他任务的激励；如果某项任务完全无法度量，那么最优的激励契约是对所有的任务都不提供激励，即付给固定工资。因此，多任务委托代理中，激励合同的设计同产出的可度量性、业绩指标的性质也有重要关系[32]。

之后多人在 Holmstrom 研究基础上针对多任务代理模型在组织设计和工作任务设计中的应用展开了分析。Felthamand Xie, Banker and Thevaranjan, Datar, Kulp and Lambert 以及 Thiele 则对多任务代理情境下代理人绩效测量问题进行了深入讨论，认为强化每一项任务的绩效测量有利于提高代理人在各任务之间分配努力水平的绩效[33~36]。此外，Baker Gibbons and Murphy, 以及 Alwine Mohnen, Kathrin Pokorny, Dirk Sliwka 等学者也从不同视角对多任务代理人激励特征及其激励契约的优化设计进行了分析[37,38]。Dikolli 等研究了多任务契约下业绩指标间相互影响关系影响作用[39]。Bardsley 从科研项目管理和基础建设投资（如实验室、图书馆等）研究了科研机构的内部激励问题，提出当科研机构只对科研项目进行标准的成本或收益分析，而忽略了激励效应将会导致在基础建设投资方面的投入减少，同时在科研项目选择时会偏向于选择较大风险的项目[40]。

Core，Qian 从公司内部激励角度研究了如何激励一个风险规避的 CEO 既要重视生产又要重视新项目的评估和采纳，得出最优的多任务激励合同是两个独立激励合同的加权组合，两个合同的权重大小由两项任务激励强度的相对困难程度决定[41]。

国内关于多任务委托代理理论的研究是在国外理论研究的基础上进行的。在理论研究方面，我国学者主要从共同代理、代理任务的不确定性与重要性属性以及行为经济学等方面拓展了国外理论研究的成果。

国内学者中，袁江天与张维对多任务代理情境下国企经理激励问题进行了研究，认为经理在经营性目标、政治性目标和满足上级偏好等三项工作任务努力的激励成本之间是相互独立的，因此激励相容条件下各工作任务的最优业绩报酬也是相互独立的[42]。

田盈、蒲勇健则从任务不确定性视角对多任务代理关系中的激励机制优化设计进行了分析，认为委托人对于重要性高的任务的激励强度应该高于重要性低的任务[43]。

对于不确定性较低任务的激励强度应该大于不确定性较高任务的激励强度。马士华、陈建华从项目公司与承包商角度建立两者之间的多目标协调均衡收益激励模型，在固定合同总价的基础上研究了多目标的协调激励问题，研究表明通过提供均衡的激励组合策略对多目标实施协调激励，可以获得有效实现双方收益的帕累托改善与多目标协调均衡的改善[44]。

然而，现有研究仅仅注重不同任务之间的相互替代和投入冲突效应（即一项任务投入的增加必然是以降低另一项任务的投入为代价的），而忽视了不同任务之间的互补和协同效应（一项任务投入的增加也可能促进另一项任务产出的增加）。正如 Thiele 强调的，现有多任务模型的研究过度关注代理人在横向层面不同任务之间投入的冲突与替代效应，却忽视了纵向层面不同任务之间的协调与互补效应。Hart 也认为，代理人多任务具有两种基本形态，一种是横向多任务，另一种是纵向多任务[45]。其中，横向多任务是指代理人同时面临物理空间上的不同任务；而纵向多任务则是指代理人面临时间序列上的不同任务。横向多任务和纵向多任务之间的最大差异表现在，横向多任务情境下两项任务的产出函数是相互独立的；而纵向多任务情境下两项任务的产出函数之间则存在交互效应。

1.1.3.2　双重委托代理模型相关文献综述

在以往的代理模式中，逐渐发现并不能满足现实中某些需求，所以衍生出双重委托代理模型。如图 1.1 所示，第一重委托代理关系：A 为委托方，B 为 A 的代理方；第二重委托代理关系：B 为 C 的委托方，C 为 B 的代理方。这种模式称为双重委托代理。

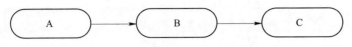

图 1.1 双重委托代理关系示意图

Kofman 等人从审计师角度研究了委托代理问题中的"共谋"问题,得到了具有启发意义的结果,具有承前启后的作用[46]。

国内学者冯根福在研究股权高度集中或相对集中的上市公司时发现,除了存在大股东与经营者之间的委托代理关系,实际上还存在大股东与中小股东之间的委托代理关系,他使用双重委托代理框架来表达这类委托代理关系[47]。郝瑞等针对股东与公司经理之间还存在着控股股东这一中间环节,以 Holmstrom 建立的模型为基本分析框架,构建了一种双重委托代理模型,并在此基础上将模型中的参与约束条件概率化[48]。严若森应用双重委托代理理论合理的分析和解释了大股东恶意侵占中小股东利益的现象,其研究有利于股权集中型公司委托代理成本的降低与全体股东利益的最大化,他构建了一个双重委托代理理论的结构框架,并论述了其逻辑起点、理论和治理要义等问题[49]。

苏琦等人通过研究我国国有企业实际案例分析指出,我国国有企业从初始委托人(全体人民)到最终代理人(管理层)之间存在着多层次的委托代理关系。在分析国有企业关系上,双重委托代理理论比单重委托代理理论更具解释力。他们对双重委托代理模型的主要变量进行了讨论,并运用双重委托代理理论对我国国有企业中的股东(全体人民)、政府及管理层之间的委托代理关系进行了分析,给出了全民和政府分别作为委托人时的最优激励合同、政府侵占全民的租金及双重委托代理的总代理成本[50]。

通过进一步研究,董进才得出单一关系下的委托代理关系的企业治理结构是导致国有煤矿事故频繁发生的重要原因之一,要想根本扭转国有煤矿的安全、生产等管理局面,需要构建一种包含双重委托代理关系的国有煤矿治理机制(政府是委托方,企业既是委托方又是代理人,管理人是代理方),他在文中构建完整矿业公司双重委托代理关系的途径[51]。双重委托代理主要作者及贡献如表 1.3 所示。

表 1.3 双重委托代理主要作者及贡献

作者	主要贡献
冯根福	发现上市公司内部存在双重委托代理关系
郝瑞	在 Holmstrom 模型为框架的基础上,概率化模型中的参与约束条件
严若森	用双重委托代理理论合理的解释了大股东恶意侵占中小股东利益的现象
苏琦	利用双重委托代理理论解释我国国有企业运营
董进才	提出双重委托代理有利于矿山安全治理

1.1.3.3　过度自信下的委托代理模型

以往的论文或者著作皆是以"理性人"为前提，逐渐诸位学者发现这种假设忽视了人的自信程度对人行为的影响。心理学领域的研究表明，管理者在做决策时，其对个人能力、公司现状及行业未来趋势等的判断可能与实际情形有所偏差。经过分析及各方验证，得出导致这些偏差的一个重要原因就是决策者的过度自信行为[52]。关注委托代理关系中，人的过度自信行为的委托代理相关文献汇总如表1.4所示。

表1.4　过度自信行为的委托代理文献汇总

作者	文献主要内容
Loch C H	提出人具有过度自信行为
Moore D A	提出过度自信的人的三种典型特征
Weinstein	人们有趋向于过高估计自身的知识和能力水平的倾向
Fischhoff	人类存在高估事情成功几率的倾向
Hilary 和 Menzly	经过几次成功之后，分析师存在过高自信的可能性
Sandra	相对于理性人，过度自信者可能付出更多的努力
Odean	发现投资者过度估计信息准确度的行为，将导致其交易量大于最优值，同时期望效用降低
Grieco 和 Hogarth	借助回归假设及贝叶斯模型，设计了五个实验证明了在评估较难任务时人们存在过度自信心理，而自身参与较难任务时会缺乏自信
Ren	采用过度精确来研究报童模型中的过度自信行为
Sandroni	分析代理人的过度自信行为和最优激励机制的关系
方舟	表明一定程度的过度自信行为可能对金融市场具有积极的作用
周永务	对零售商对市场需求的过度自信行为做出解释
禹海波	探讨随机市场需求的不确定性、过度自信行为等因素影响库存
陈其安	发现过度自信行为一定程度上能够降低外部监督成本

作为经典的非理性行为，过度自信引起了行为运营、行为经济、行为营销和行为金融等领域众多学者的关注。Moore等人回顾了过度自信方面的文献，并归纳总结出"过高定位"（overplacement）、"过高估计"（overestimation）以及"过度精确"（overprecision）是过度自信的三种典型特征[53]：过高定位，认为他们强于其他人；过高估计，指人们过高估计了自身能力，认为其比自身实际水平高；过高精度中，个体相信自身的评估要比实际情况精准，他们对自身判断的精确性过度自信。

除了上述三种典型过度自信特征之外，国外学者 Weinstein 等人的研究发现，人们总是趋向于过高估计自身的知识和能力水平[54]。Fischhoff 等人认为，人们总是趋向于过高估计其所掌握信息的精确性及事情成功的几率[55]。Hilary 和 Menzly 认为分析师在少量的准确预测后会变得过度自信，并会导致接下来的预测准确度降低[56]。Sandra 发现与理性代理人相比，含有一定过度自信的代理人会付出更多努力，有相对优势以及更高的成功可能性[57]。Odean 发现投资者过度估计信息准确度的行为，将导致其交易量大于最优值，同时期望效用降低[58]。Grieco 和 Hogarth 借助回归假设及贝叶斯模型，设计了五个实验证明了在评估较难任务时人们存在过度自信心理，而自身参与较难任务时会缺乏自信[59]。Ren 等采用过度精确来研究报童模型中的过度自信行为，结果表明报童模型实验中决策偏差的一个重要原因就是过度自信行为[60]。Sandroni 等探讨了保险市场中代理人对风险水平有过度自信倾向时的契约设计问题，进而分析代理人的过度自信行为和最优激励机制的关系[61]。

国内学者方舟等探讨了做市商的过度自信行为（过度精确）如何影响信息不对称下的金融市场，研究表明一定程度的过度自信行为可能对金融市场具有积极的作用，比如增强市场的流动性、有效性和稳定性[62]。周永务等假设含有过度自信特质的零售商低估了随机市场的波动性，却高估了商品需求的期望均值，并结合报童模型从供应链协调视角分析供应链契约机制和零售商的过度自信行为[63]。禹海波等在量化报童的过度自信行为时也同样用到了缩小随机市场需求的方差而增大其均值的变换方法，进而探讨随机市场需求的不确定性、过度自信行为等因素如何影响库存系统，但这些研究均假设信息是对称的[64]。陈其安等在研究团队合作问题时同时考虑了外部监督和过度自信因素，并探讨了团队成员的过度自信行为、外部监督等因素对团队合作均衡的影响，发现过度自信行为在一定程度上能够降低外部监督成本[65]。

1.1.4 委托代理模型应用范围

委托代理模型应用范围十分广泛，目前可在大多数行业应用。代理问题的历史可以追溯到人类文明开展业务，并试图最大化其利益的时代。代理问题是股份公司发展以来持续存在的一个古老问题。随着时间的变化，代理问题采取了不同的形式，文献中也有论证。通过阅读各种文献，整理代理理论相关的文献，分析出委托代理理论主要是讨论各种形式的成本最小化问题。代理问题的存在已在不同的学术领域中得到了广泛论证：会计领域（Ronen 和 Kashi；Watts 和 Zimmerman）[66,67]、金融领域（Fama，1980；Fama 和 Jensen；Jensen）[10,11,15]、经济学领域（Jensen 和 Meckling；Ross；Spence 和 Zeckhauser）[9,68]、政治学领域（Hammond 和 Knott；Weingast 和 Moran）[69,70]、市场营销领域（Bergen，Dutta 和

Walker)[71]等。不同类型组织中代理问题的广泛存在使得这一理论成为金融和经济文献中最重要的理论之一，这也解释了委托代理理论经久不衰的原因。将代理理论在各个领域的发展进行汇总，如表 1.5 所示。

表 1.5 委托代理理论在各领域中的应用

领域	作 者
会计	Ronen 和 Kashi；Watts 和 Zimmerman
金融	Fama；Fama 和 Jensen；Jensen
经济学	Jensen 和 Meckling；Ross；Spence 和 Zeckhauser
政治学	Hammond 和 Knott；Weingast 和 Moran
市场营销	Dutta 和 Walker

1.2 业务外包模式在矿业工程中的应用

现如今矿业公司业务外包十分普遍。采矿行业外包已有一段历史。20 世纪 80 年代，澳大利亚的许多外包队通过承包采煤找到了有效利用闲置设备的办法。RJB 采矿有限公司（英国）就是在承包露天矿取得经验后建立起来的。

据早期研究澳大利亚两家最大的承包公司亨利沃克（Henry Walker）公司和埃尔丁（Eltin）公司从澳大利亚和海外包括铁矿石、煤、金和低价值金属生产的采矿承包活动中，挣得了超过 9 亿澳元。其中，他们的承包合同有 80% 以上为露天采矿合同，另外的 15% 左右为地下矿巷道掘进和回采。

蒂斯承包公司（Thiess Contractors）是澳大利亚一家较大的多科目采矿、设计和施工承包公司。据蒂斯公司报道，通过提供总承包采矿服务，该公司正在树立一种新的矿业承包队形象。率先采用蒂斯公司的设计、施工和维修（DCM）原理的是伯顿（Burton）煤炭项目，该项目位于澳大利亚昆士兰州中部的鲍恩盆地（Bowen Basin）。

1996 年 11 月投产的伯顿煤矿是一座露天煤矿，年产焦煤和供热用煤 400 万吨以上。除此之外，美国的莫里森·努森（Morrison Knudsen）承包公司在所涉及的德国 Mibrag 菱镁矿康采恩中也采取了类似的做法。70 年代初以来也为位于美国蒙大拿州的 Absakola 煤矿提供承包采矿服务。诸如此类，矿业生产中的业务外包比比皆是。

1.3 "合同采矿"方式及其优势分析

金属矿山是国民经济的重要基础产业，为冶金企业提供了稳定可靠的原料供应。冶金矿山行业生产具有规模大，人员多，生产工艺复杂，环境影响大，安全问题相对突出，生产管理难度大等特点。近几年，一些大型矿冶企业为明晰利益关系,并将主要精力集中于矿山开采规划设计、选矿、冶金等高增值环节,纷纷选择将爆破、采装运输环节进行外包,将传统的隶属关系转变为合同关系。这就是"合同采矿"模式。

鞍钢矿业在管理实践中,采用的"合同采矿"模式,根据其管理特点,经过近几年的探索实践,形成了超委托精细化矿业管理模式。超委托模式是相当于传统的外包模式而言,是一种对传统基于外包合同的委托代理关系的超越。具体的说,就是在作为契约关系委托人的鞍钢矿业和其代理人鞍矿爆破之间,建立一种超越普通"委托代理"关系的信息透明的体制机制,突破"委托代理"关系中常见的信息不对称导致的利益激励偏差和道德风险(最终导致双方实际利益受损)。完善的信息可以在矿山企业的长远规划、开采计划、工艺设计、环境保护等方面进行更科学的决策,从而减少额外成本,为双方合作带来更多利润空间,实现双赢和多赢。超委托管理模式还能够通过信息透明加强对矿山环境保护方面的监管,有利于实现矿业生产的可持续发展。

1.3.1 传统开采模式在鞍钢矿业面临的挑战

鞍钢矿业传统开采模式是按照"大而全、小而全"的模式进行建设的,矿山企业独自承担投资—建设—经营等任务。同时,矿山企业还担负了沉重的矿山社会职责,因此不得不承担建设、管理一系列的生产、生活辅助设施,结果导致企业组织结构臃肿,富余人员过多,投资负担重,各种费用支出巨大等问题。因此,矿山企业无法将大量精力放在产品开发、技术改革和市场占领等事关企业生存和发展的重大问题上。随着我国市场经济体制的发展,加上国际竞争日趋激烈,传统采矿模式弊端日益凸显,严重影响了我国矿山企业的生存和未来的可持续发展。

传统采矿模式下,鞍钢矿业要面对以下 5 方面问题:

(1)社会负担过重。鞍钢矿业传统开采是按照一应俱全的模式进行建设的,要负担矿山生产、辅助生产和职工生活设施的全部投资,包括购买设备、建设厂房和住宅等费用,还要承担运输、供热、机修等生产辅助设施和学校、食堂、医院等生活辅助设施,以及职工和其家属的工伤、医疗、生育等保险和生活福利。一个矿山就是一个小社会,建设资金投入多,企业的生产经营背负着十分沉重的社会负担。特别是地处偏远地区的矿山企业。矿山企业承担了沉重的社会负担,导致矿山企业的发展受到了严重的制约。

(2)机构臃肿。鞍钢矿业肩负了社会的职责,承担管理了一系列的生产、生活辅助设施,同时伴随着企业的发展,组织结构日趋增多,导致矿山企业设立了规模庞大的相关职能部门,形成了头重脚轻的独特现象,造成各部门办事效率和彼此之间的合作效率低下、企业组织结构臃肿、企业决策效率不高、部门执行能力差等问题，给矿山的经营和管理带来了很大的困难。

（3）富余人员过多、费用支出大。由于鞍钢矿业需要承担的办社会职能所涉及的范围广、机构臃肿，因此从事社会职能工作的员工较多，企业内部从事生产经营的人员所占比例反而不高，导致企业冗员太多。鞍钢矿业需支付富余人员的工资的费用巨大，挤占了企业宝贵的生产资金，增加了企业的管理难度和成本，致使矿山企业无法将大量精力放在产品开发、技术改革和市场占领等事关企业生存和发展的重大问题上。

（4）投资负担重。鞍钢矿业需要独自投资所有的生产设施、生产辅助设施和员工的生活设施，因此必须支付设备的购买、住房和厂房的建设等各项费用，其中很多购买的设备都是一次性投入，需要大量的资金投入。由于以上各项开销很大，导致矿山企业投资负担很重。

（5）人才资源不足。虽然鞍钢矿业传统开采模式员工众多，但是冗员情况严重并且很难被清理出企业，致使人力资源配置不合理，浪费了企业很多宝贵的资源和精力，导致企业自身竞争力不足，既无法留住好不容易才培养出来的人才，也无法吸引所需的各类人才，对企业未来的发展和提高竞争力不利。

1.3.2　"合同采矿"方式的形成

合同采矿是契约式的经营活动，采矿承包商与矿山企业（业主）之间的关系规定在合同各项条款之中，矿山业主出资要求采矿承包商在一定期限内完成规定的产量和质量，采矿承包商采出的矿石产品仍由矿山企业（业主）自行支配处置。合同采矿实际意义上属于劳务性承包合同，采矿承包商在采矿活动中投入的设备、机具、技术、人力、物力都包含在双方合同中约定的每采出 1t 矿岩的单价中，并按月按工作量付给采矿、掘进、剥岩的费用，所生产的矿产品仍由矿山业主支配和销售。

合同采矿模式下，矿山企业（业主）的职责随之发生改变，主要转向矿山监督、控制和运营的工作，采矿承包方则运用自身的专业化能力实施具体的采矿作业。

合同采矿作为一种新的生产和管理模式，拥有鲜明的特点。合同双方通力合作，优势互补，共同保证矿山项目整体平稳、高效的开展，并获取最大的经济效益。该模式下的组织机构简单，项目工程的决策效率高，执行能力强，不仅能够帮助简化矿山企业的管理工作和节省管理费用，提高矿山企业自身竞争力，同时也给承包商提供了发挥自身专业化优势的机会。

正是由于具有以上众多的优点，合同采矿模式首先在国外取得了广泛的应用。20 世纪 80 年代中后期，中国华北冶金建设公司承包了青海锡铁山铅锌矿的矿石开采工作，开创了全国矿山生产新模式的先河。该模式能够有效降低矿山企业的投资风险和生产成本，解决很多由传统采矿模式弊端引发的问题，因此备受我国矿山企业的青睐。

合同采矿模式的理念比传统采矿模式的理念更加先进，矿山企业可以抽出更多人力、物力从事于其他竞争领域，争取最大的经济利益；承包商按照合同条款，运用自己的专业化优势保证生产组织高效，双方以采矿合同为根本，加强彼此的合作和交流，取得双赢。

如今，合同采矿模式在国内外取得了迅猛的发展。据统计，矿业发达国家中80%的新建矿山采用了该种采矿模式，很多拥有强劲实力的采矿承包商，广泛涉及地下采矿、露天开采、土木工程、矿物运输、工程建设等领域。在我国，自20世纪80年代中后期以来，合同采矿模式日益普及，中国华北冶金建设公司、金诚信矿山建设公司、广东宏大爆破股份有限公司等公司先后投入到该领域，此外一些较有实力的施工队也在该领域积极开拓，许多已有的矿山及新建矿山都引入了合同采矿的模式。虽然在实践中，由于实际经验的缺乏导致了不少问题的产生，但是合同采矿模式凭借本身异常鲜明的特点，能够解决我国矿山行业中不少实际存在的问题。因此，合同采矿模式有着其兴起的必然性，凭借其特有的优势，合同采矿在国内外将会有着极大的发展前景。

1.3.2.1 合同采矿在国外发展简述

国外的合同采矿最早可回溯到20世纪70年代，采矿承包体制大多是在矿井建设，地下矿开拓等专业化承包的基础上发展起来的，澳大利亚的合同采矿十分具有代表性。

20世纪80年代以来，采矿承包商形势发展迅猛，在澳大利亚矿业中的应用尤为普遍。最初，大多数金矿山规模小并且受制于资源和服务年限等问题，而采矿承包模式的引入可以减小投资及其风险、提供专业技术支持。更为重要的是，随着时间的推移，该国矿业界又意识到了合同采矿模式可以帮助改善劳资关系和提高组织结构效率，因此该模式得到了多数金矿矿山企业的认可和采用。后来采矿合同模式运用日益普遍，在铁矿、煤矿等矿山建设和开采中备受青睐。据统计，在西澳洲的金属矿行业中，通过该模式引入的职工数已经达到了40%的比例。

目前，合同采矿模式在矿业发达国家的应用已经十分普及，大部分承包商都是专业的矿山建设公司，这些承包商具有雄厚的技术实力，能够将矿山咨询、设计、建设和采矿等阶段合为一体。在国外的合同采矿模式下，矿山的所有者对承包商是十分信赖的，承包商的管理团队与矿山企业的管理团队融合在一起，形成一种联盟。这种合作关系往往是伴随着矿山的服务年限而中止。

随着合同采矿模式的成熟和发展，越来越多的国家和地区认可和采用了该模式，甚至制定了相应的法律条款来规范合同采矿。合同采矿模式在国外矿山的应用和普及为合同双方带来了比较可观的经济收益。

1.3.2.2 合同采矿在国内发展简介

随着我国社会经济的发展和国际竞争的愈加激烈，传统采矿模式的弊端日益凸显，国有矿山经营困难。虽然我国矿山企业进行了一系列改革，但一些传统观念的改变要有个循序渐进的过程，此外国家相关保障体系还不完善，企业办社会部分职能还依然存在，加上资源、资金、技术、管理、地理条件等诸多方面因素的影响，因此问题并没有得到根本性的解决。一些矿山积极探索解决困难的方法，开始将采矿生产的某个环节以劳务承包形式外包给个体承包队或矿山建设公司，形成了合同采矿的雏形。之后，随着矿产品价格的持续上涨，矿山建设投资也开始高速度增长，投资来源呈现出前所未有的旺盛和多样性，使得各企业的自有资金和金融业的资金大量涌入采矿业，加上大量有实力的专业化合同采矿承包商也陆续出现，使得合同采矿业迅速发展起来。

20 世纪 80 年代中后期，中国华北冶金建设公司由基建转向投标青海锡铁山铅锌矿的采矿承包并获得了成功。开创了全国矿山生产新模式的先河，此后，南京栖霞铅锌矿、阿希金矿等先后采用了基建转采矿承包的模式经营矿山。

金诚信矿山建设有限公司在 90 年代中期也进入了这一领域，先后与武山铜矿、鸡冠嘴金矿签订了采矿承包合同，并且一直延续至今。

进入 21 世纪后，阿舍勒铜锌矿、多宝山铜矿、东沟铝矿、云南大红山铁矿等矿山也采用了合同采矿模式，其中很多承包商自带设备承包经营，削减了矿山企业大量的采矿设备投资。金堆城露天铝矿投产 30 年后亦变为采矿承包模式。

在我国控股或参股的国外资源项目中也引入多种承包模式，如赞比亚谦比西铜矿采用矿山企业提供设备的采矿承包，我国武钢、江苏沙钢等 4 家企业参股的澳大利亚西澳 Jimblebar 铁矿则由当地著名的承包商 BGC 公司实行带设备的生产承包作业。

以下是国内采用合同采矿模式进行生产的几个具有代表性的矿山：

（1）青海锡铁山铅锌矿。20 世纪 80 年代中后期，中国华北冶金建设公司采用了基建转采矿承包的模式经营了青海锡铁山铅锌矿，大幅度缩减了预定的员工人数，从 1200 人缩减到了 700 人，并且稳步实现了矿石增产，极大地减轻了业主的经济和管理负担，产生了很好的经济效益。

（2）大顶铁矿。由于建设资金、外部运输和市场需求等因素的影响，大顶铁矿的一期和二期工程都采用了合同采矿模式，将基建和采矿各项环节进行了外包。通过该模式，矿山有效地解决了一期工程初期基建资金投入大的问题，少聘用了 300 多名员工，省去了大量的工资、培训和保险等负担。在二期工程中，凭借前期工程的实践经验，矿山优化了自己的管理方法，利用设备优势将采矿成本降低了 20%~40%，合同采矿模式效果明显。

（3）大红山铁矿。大红山铁矿作为昆钢控股的特大型矿山，资源丰富，储量可靠。引进了采矿专业队伍并加强监督和管理，采出矿能力实现了当年投产当年达产，甚至超产的水平。劳动生产率大幅提高。与传统矿山相比，年产 50 万吨规模井下矿山人员应在 1000 人左右，而采用合同采矿方式实行"承包"经营后，总人数只在 300 人左右，管理环节减少、生产组织高效，生产成本得以控制，劳动生产率和经济效益大幅度提高。双方取得共赢、经济技术指标较好，其采矿成本、回采率、贫化率指标均优于其他矿山。

1.3.3 "合同采矿"中委托代理关系的特征及优势

鞍钢矿业经过近几年的探索实践，建立一种超越普通"委托代理"关系的信息透明的体制机制，突破"委托代理"关系中常见的信息不对称导致的利益激励偏差和道德风险（最终导致双方实际利益受损）。完善的信息可以在矿山企业的长远规划、开采计划、工艺设计、环境保护等方面进行更科学的决策，从而减少额外成本，为双方合作带来更多利润空间，实现双赢和多赢。超委托管理模式还能够通过信息透明加强对矿山环境保护方面的监督管理和有效实施，有利于实现矿业生产的可持续发展。

1.3.3.1 "合同采矿"代理关系的特征

（1）生产经营模式新。鞍钢集团关宝山矿业有限公司（委托方）以相关的矿业法律为标准，充分地利用社会资源，通过投标选取最合适的采矿承包商（鞍矿爆破），并将采矿生产工作委托其负责。鞍钢集团关宝山矿业有限公司充分利用自己生产组织管理方面的优势，在"超委托管理模式"下转向主要负责矿山监督、控制和运营的工作；鞍矿爆破充分发挥自己的专业化能力，利用自己配套的采矿设备，实施具体的采矿作业。双方优势互补，通力合作，保证矿山项目整体平稳、高效的开展，获取最大经济效益，实现共赢。

（2）管理制度新。鞍钢集团关宝山矿业有限公司将本应由自己负责的各个工序外包出去，逐渐淡出具体的生产工作，因此能够专心致力于对承包方的工作进行监督和管理，加强技术和生产的控制。

鞍矿爆破作为乙方，自行负责自己内部人员的组织和管理，按照鞍钢集团关宝山矿业有限公司事先制定的组织计划开展工作，接受鞍钢集团关宝山矿业有限公司的指导、管理和处罚，完成鞍钢集团关宝山矿业有限公司事先制定的产量和质量规定。

（3）权利和义务清晰。委托方（鞍钢集团关宝山矿业有限公司）和承包方（鞍矿爆破）在事先签订的承包合同和各种补充协议中已经明确分配了双方的权利和义务，杜绝了工作上出现盲点和工作任务重叠等现象。双方各司其职，能够放心地将精力全部投入到自己的工作中去，有利于工作按时按量完成。当出现问题时，双方有依可循，能够减少矛盾和纠纷。

（4）组织机构简单。承包方（鞍矿爆破）是独立于委托方（鞍钢集团关宝山矿业有限公司）之外的单位，在管理上是一个相对独立的运作实体，拥有小而全的组织结构，负责自己内部员工的管理。合同双方相互协作，因此整个项目管理层呈现扁平化，组织结构简单，决策效率高，执行能力强。

1.3.3.2　鞍钢"合同采矿"代理关系的优势

（1）增强发包方竞争力。委托方（鞍钢集团关宝山矿业有限公司）可支配更多的资源用于核心竞争力的取得，实现资源效用的最大化，例如，把一些管理人员和人才从剥离、采矿、选矿环节抽出充实到管理、科研、市场营销以及金融等方面。

（2）简化管理，降低管理费用。鞍钢集团关宝山矿业有限公司（委托方）通过利用承包方（鞍矿爆破）的专业能力，可以减缓自身技术落后、管理人才紧缺的问题，因此不用设立过多的中层以及基层管理人员，能够减少生活设施建设、设备购买等资金投入，达到简化管理和相关费用支出的目的。

（3）有利于运用市场激励手段。鞍钢集团关宝山矿业有限公司（委托方）通过技术评估组对投标人进行认真评审，进而选取最为合适的承包方（鞍矿爆破），运用市场竞争杠杆，实现了自己的低投入高产出。

（4）有利于鞍钢集团关宝山矿业有限公司发展。企业的规模往往决定了企业竞争的成败，而对于矿山企业来说，拥有更多的矿山资源更是企业得以生存的核心竞争力。按照传统的矿山运营模式，自己培养自己的剥离队伍、采矿队伍、选矿队伍，所需要的时间是漫长的，传统模式下新成立的矿山企业达到成熟的运作，通常需要3~5年或更长的时间。采取外包的运营模式则就简单很多。只要企业拥有自己的资本实力以及技术实力，在获取矿山资源后，大量投入设备以及相关技术，就可以在最短的时间内实现矿山的成熟运作。

（5）有利于行业整体发展。随着合同采矿模式的扩大与成熟运作，承包商市场会成熟起来，其专业化程度也会相应的大幅度提高，为矿山企业采用合同采矿模式提供了良好的条件，使得双方既能各自快速发展，又能紧密结合，推动整个行业良好协作发展。

1.4 精细化管理及其应用

1.4.1 科学管理与精益思想的产生

1.4.1.1 科学管理的提出

科学管理是由泰勒于 1881 年提出的，泰勒也因此被称为科学管理之父。科学管理之父泰勒通过工作实践完成的《科学管理原理》，是最初的精细化管理理论。

如果单纯从技术角度来讲，科学管理的内容其实极为简单：对于某项作业而言，先找到这项作业工作效率比较高的工人，然后观察他们的具体操作过程，用秒表记录每个动作的时间，剔除掉冗余的、无效的动作，形成一套完整的新流程，然后对工人进行系统的培训，将新流程贯彻到日常作业当中去，并且在此基础上重新划分管理者与工人之间的职责与权限，管理者应该承担制定工作计划和标准的责任，而工人主要负责执行相关要求。

泰勒在 1911 年提出了关于计件工资和工人生产效率的相关理论。（1）制定科学的作业方法。具体做法是：首先，从执行同一种工作的工人中，挑选出身体最强壮、技术最熟练的一个人，把他的工作过程分解为许多个动作，用秒表测量并记录完成每一个动作所消耗的时间，然后，除去动作中多余的和不合理的部分，最后，把最经济的、效率最高的动作集中起来，确定标准的作业方法。其次，实行作业所需的各种工具和作业环境的标准化。再次，根据标准的操作方法和每个动作的标准时间，确定工人一天必须完成的标准的工作量。（2）科学地选择和培训工人。泰勒曾经对经过科学选择的工人用上述的科学作业方法进行训练，使他们按照作业标准进行工作，以改变过去凭个人经验进行作业的方法，取得了显著的效果。（3）实行有差别的计件工资制。按照作业标准和时间定额，规定不同的工资率。对完成或超额完成工作定额的个人，以较高的工资率计件支付工资，一般为正常工资率的 125%；对完不成工资定额的个人，则以较低的工资率支付工资，一般仅为正常工资率的 80%。（4）将计划职能与执行职能分开。为了提高劳动生产率，泰勒主张把计划职能与执行职能分开。泰勒的计划职能实际上就是管理职能，执行职能则是工人的劳动职能。（5）实行职能工长制。即将整个管理工作划分为许多较小的管理职能，使所有的管理人员（如工长）尽量分担较少的管理职能；如有可能，一个工长只承担一项管理职能。这种思想为以后的职能部门的建立和管理专业化提供了基础。（6）在管理上实行例外原则。泰勒指出，规模较大的企业不能只依据职能原则来组织管理，还需要运用例外原则，即企业的高级管理人员把处理一般事物的权限下放给下级管理人员，自己只保留对例外事项的决策权和监督权，如企业基本政策的制定和重要人事的任免等[72]。这就是最初的精细化管理的雏形。

1.4.1.2　精益生产的提出和发展

20 世纪 50 年代，在泰勒等人的精细化思想基础上，日本丰田公司进行了相应的改进，形成了自己独特的管理方式，丰田公司将改进后的管理方式命名为丰田生产方式，这也是后来精益生产的发端。

在应用丰田生产方式后，明显的呈现出了浪费现象减少的状态，消除了生产过程中无用的动作和材料消耗，实现了管理模式中的优化配置。丰田公司的丰田生产方式（TPS）核心在于"精"，指的是产品的高质量和零缺陷，不仅仅指到客户手中的终端产品的高质量，还延伸到每个工序完成前部件的高质量，并基于此不断的改变经营策略。在丰田公司成功应用丰田生产方式，并取得明显的成果后，精益生产方式在日本业界得到广泛的应用。因为日本对精益生产管理方式的研究最早，所以精细化管理的思想可以说是在日本诞生。

大野耐一先生作为丰田生产方式创始人之一，分别在 1978 年和 1982 年出版了《丰田生产方式——以非规模化经营为目标》和《现场经营》两本著作。这两本书阐述了丰田生产方式的核心理论，是诸多论述丰田生产方式的著作中最为经典的。大野耐一先生提出的"日本精益生产思想"，对精细化管理思想的发展起到了决定性作用。大野耐一先生认为精细化管理就是有用、有效，核心是避免不能产生效果和效益的投入发生。把过程管住，控制过程，保证结果；精确化管理，强调管理控制要用数据说话，并且数据要精确，要有很准确的数据来说明问题、实施考核、进行控制。

20 世纪末 Daniel T. Jones 和詹姆斯 P. 沃麦克明确阐述了精益生产相关管理理论概念，他们是非常有影响力也非常流行的管理书籍作者。他们阐述了生产的原则和精益思想的实践。他们的著作《精益解决方案：公司与顾客共创价值和财富》，扩展了关于消费、供应和服务交付的思想。1992 年，由 Daniel T. Jones 率领的其他国家的一些研究学者对全球的汽车生产企业进行了调查研究，随后发表了著名的《改变世界的机器》。几年之后，Daniel T. Jones 等人在《精益思想》这本书中，对精益生产所涉及的新的管理思想做出了进一步的总结，他们指出精细化管理不单单只适用于制造业范畴，也可以在其他领域实施[74]。

此后精细化管理在生产行业、服务行业、交通运输行业、互联网行业等多种行业都得到了广泛的应用。摩托罗拉公司在 1993 年将六西格玛管理的领导模型在本企业尝试进行应用。质量问题造成的损失下降到了 84%，于 1998 年荣获了美国国家管理奖。德国邮政也运用精细化管理对企业进行了革新，并取得了显著的效益。全球最大的铝业集团 Alcan 也在 90 年代初将精细化管理植根于自身的管理系统中，从而形成了更高效的管理系统。通用电气公司从 2001 年开始也不断将精细化管理引入日常管理。软件业巨头 oracle 是设计各类管理软件的专业公司，精细化管理理论给其在管理方面带来了很大的启发。电脑生产企业 Dell、IBM 等公司也在不断引入精细化管理理论。在金融领域，加拿大帝国银行、美国花旗集团等都高薪聘请了精益工程师，他们专门从事持续改善服务流程的工作。

企业生产经营的根本目标是追求经济效益最大化，而精细化管理是企业实现经济效益的最有效途径之一。把精细化管理应用到成本管理、质量管理、项目管理等方面是企业管理的一个重要过程，不仅有利于改善和加强企业的经营管理，同时对提高企业整体发展水平及企业竞争力具有重大意义。

美国学者 Don. R. Hansen 曾对传统的成本管理进行改造，吸收成本管理领域的最新研究成果，将作业法应用到成本管理中。他认为作业法可以加强企业成本的精细化管理，从而降低企业的经营成本[82]。Juran D 在跨部门的质量改进项目的持续量化的研究中，对于质量管理的跨部门倾向进行了具体的研究，依托于全面的质量管理理念，对质量管理中部门间的协调和沟通问题进行了阐述，为质量管理的全面提升提供了很好的理论指导[75]。Huovila P，Koskela L 在 1998 年指出，企业在经营活动中要研究和制定可持续发展的战略，精细化管理的理论和方法是保持企业持续经营和发展的基础，只有企业找到适合自身的精细化管理模式，企业才能在复杂多变的市场环境中生存和发展[76]。Michael L George 在 2005年出版了《Lean Six Sigma for Service》，创造性的将精益生产与六西格玛结合起来，并将之引入服务行业领域，运用精益速度和六西格玛质量改进服务与业务，精细化管理初步在质量管理中开始应用[81]。George P Laszlo[77]和 Joe C[78]在项目管理中的质量管理方法研究中，对于质量管理提出了自己的看法，体现出他们研究的前瞻性。

我国的精细化管理模式就是改革开放以来从日本引进的较为先进的管理模式，通过提前对计划产品的生产、生产资料和劳动力的规划，通过指令性的计划发展生产，这也是我国精细化管理模式的最初形态。在我国不只是专家和企业家关注和研究成本精细化管理模式，并进行成本精细化管理研究和应用，许多学者也在致力于精细化管理甚至是精益化管理模式的研究。

孟背等在 2006 年将精益化的管理思想和模块化的管理原理引入到成本精细化管理中，构建了一种精细化的生产管理模式[119]。荣朝和提出采用成本精细化管理的模式能够有效的提升铁路运输的效益[120]。张根构建了一套适合我国汽车公司的成本精细化管理模式[122]。柳滨，胡建萍在 2011 年对公司实施成本精细化管理制定了可行的措施，拓展了我国公司实施成本精细化管理的新思路[123]。

温德诚在 2006 年对精细化管理理论的研究更侧重于可操作性，他认为：精细化管理以精细操作为最基本的特征，通过管理制度的精细化从而改造员工素质，找出企业管理上的漏洞，更加强化链接协作管理，从而显著提高企业利润的管理方法[97,98]。戚晓梅认为精细化管理是企业全面提升自我竞争力的必然趋势，精细化管理手段是我国市场的客观因素与企业内部的主观因素共同决定的结果，使企业进行变革的重要方向[100]。翟倩分别从宏观的政策环境和市场环境对建筑项目的精细化管理进行研究，并且提出了实行董事会领导下的项目经理管理机制，能够有效对项目中每一项活动进行有效的成本管理和控制，对处于竞争状态的房地产企业来说具有重要意义[99]。许亚湖 2012 年的研究认为，精细化管理是相对粗放式管理而言的，是发达社会生产发展的必然结果。随着生产力的发展，社会分工越来越细，专业的研究越来越深入，最终的结果就是精细化[101]。蒋美仙，林李安，张烨在 2013 年通过《精益生产在中国企业的应用分析》提出："精益生产的思想内涵可概括为五点：顾客确定价值、识别价值流、价值流动、需求拉动、尽善尽美"[102]。王宏宇在 2013 年的研究中认为，成本控制的精细化管理必须依托科学的方式和方法对细节单元进行控制[103]。

刘芃[113]和何唱[104]论述了精细化管理的发展进程，并对精细化管理的理论进行了科学的分析和探讨，分析了项目管理中精细化管理的必要性。蒋瑛、潘双华、罗洋[105]和宋迁[106]对精细化管理在建筑工程建设中的应用进行了探索。精细化管理对于建筑工程质量、成本控制有着直接的影响，同时也是建筑企业提升自身竞争力以及信誉的重要手段。马志清在 2010 年认为在传统的社会概念中，建筑业是简单的企业管理，长期处于粗放型的经营管理模式，当市场经济逐步进入规范化、程序化的今天，施工企业的质量意识和生产效率得到充分认识并且明显提高，然而要采用低成本策略，实现经济增长方式的转变，精细化管理势在必行[107]。

学者张鹏、白杨在 2015 年的研究中认为应当从事前、事中、事后三个方面对企业成本实施精细化管理。事前的精细化管理，首先要制定完善的成本精细化管理原则，包括全面成本管理原则、动态成本管理原则、目标成本管理原则、成本最低化管理原则、权责利对等原则等；其次要完善企业成本精细化管理的相关制度，包括材料的精细化管理、人员的精细化管理、机械设备的精细化管理等。事中的精细化管理，则主要是加强对原材料、机械设备、人员、风险等方面进行精细化管理。事后的精细化管理，主要是对费用变更以及成本的管理。通过对事前、事中、事后三个方面对企业管理过程实施精细化管理，以达到企业降低成本的目的[108]。卢晓茜在 2015 年指出如果企业能够在原来的管理方法和管理制度基础上，采取措施细化企业管理方法、细化企业运营责任并有效监督其管理效果，就能实现精细化管理[109]。胡查辉在 2015 年将研究方向确定为企业中精益生产方式应用、构造精益生产流程，并结合看板管理一并进行分析[110]。

柏宇光在 2015 年的研究中指出企业在发展和壮大的过程中，管理组织、管理架构和管理模式要及时进行调整再造，要跟上企业发展的脚步，为企业的发展创造管理空间，同时在进行组织架构的调整再造过程中也要合理有效和调动好企业的各种资源，避免因资源使用不合理给企业造成损失和浪费[111]。刘爽、刘金柱则是选择项目管理的参与者——施工监理，在观察记录了监理管理过程中的行为，建议项目管理者在人才管理中，尤其是技术人才、专业人员的选择中可以应用精细化管理[112]。

虽然以上学者对于精细化管理研究的侧重点不尽相同，但对精细化管理在工程领域的实施做出了很大贡献，丰富了精细化管理在工程项目管理中的理论，为精细化管理在工程实践中的进一步发展提供了良好的环境。

从上述精细化管理理论在国内外的发展研究来看，企业的竞争从最初的宏观竞争发展到微观竞争，也就是具体到细节，而细节恰恰是体现一个人或一个企业价值和品质的标牌。从细节中创造出差异，这种差异是唯一的，因此它是独特的。这种独特的细节之处将决定竞争的成功与否。精益生产的主要发展文献见表1.6。

表1.6 精益生产的主要发展历程文献表

年份	作 者	主 要 贡 献
1978	大野耐一	对精细化管理思想的发展起到了决定性作用
1992	Daniel T Jones 等	对精益生产所涉及的新的管理思想作出了进一步的总结
2011	Don R Hansen	对传统的成本管理进行改造，将作业法应用到其中
1994	Juran D	为质量管理的全面提升提供了很好的理论指导
1998	Huovila P, Koskela L	精细化管理的理论和方法是保持企业持续经营和发展的基础
2005	Michael L George	创造性的将精益生产与六西格玛结合起来，并将之引入服务行业领域
1999	George P Laszlo	对未来质量管理朝着细化方向发展进行了预测
2001	Joe C W Au, Winnie W M Yu 等	对于精细化管理理念在质量管理中的实际运用提出看法并探讨了其应用的具体做法
2006	孟背	将精益化的管理思想和模块化的管理原理引入到成本精细化管理中，构建了一种精细化的生产管理模式
2008	荣朝和	提出采用成本精细化管理的模式能够有效的提升铁路运输的效益
2011	温德诚	现代化的管理将这种认真做事的精神从管理角度加以总结和升华，形成了现代精细化管理理论

1.4.2 当代精细化管理理论与实践

经过多年的研究和发展，目前的精细化管理已经逐渐的渗透到社会的各行各业，精细化管理的管理模式受到各行业的广泛关注，很多学者也展开了对精细化管理的研究。

我国学者汪中求在 2003 年提出了精细化管理时代细节决定成败的思想，在全国掀起了精细化热潮，企业管理也全面升级[94]。汪中求认为"细节"在企业的管理中非常重要，在《细节决定成败》中进行了比较完整的阐述，他认为精细化管理必须从系统化、规范化的规则入手，结合规范的手段，使管理稳定、持续、高效和准确。最早将精细化管理作为一种系统论提出来。他指出：我们是把精细化管理作为一种管理系统提出来的，设法使之与已知的科学管理理论接口，努力与我们过去粗放的管理相克，试图给出一些基本规则和操作思路。"精"就是精心筛选，不断提炼，从而找到解决问题的最优方案；"细"就是由粗及细，究其根出，从而找到事物规律性和内在联系。被誉为"中国精细化管理第一人"的汪中求教授在《细节决定成败》一书中指出：精细化管理是一类与过去粗放式的管理方式不同，与现有的某些科学管理理论对应的管理系统，它试图通过使用特定的规则和方法把管理做到精[95]。2005 年汪中求在其著作《精细化管理：精细化是未来十年的必经之路》中提出：是每一个步骤都要精心，每一个环节都要精细，每一项工作都是精品，精心是态度，精细是过程，精品是结果[96]。

想要提高企业发展质量和经济效益，就要着眼于企业的项目，将精细化管理贯穿项目全生命周期，将精细化应用于项目与企业的管理中能得到更多的成果。这一点通过相关学者的研究也得到了证实，而有些学者通过案例研究的形式展开研究，对精细化管理在工程项目中的应用进行了探讨。比如，项目的精细化管理对于建筑项目来说，是通过对本行业长远考虑决定的，建筑行业的项目精细化能够从本质上促进项目的转型升级，并且促进企业适应市场竞争，提高企业的竞争力，能够帮助企业本身对施工项目进行规范化、标准化、精细化管理，并且还能够对投融资管理、运营管理、成本管理等进行更加深入的配置优化，促进项目的精细化管理能力。

Alan Griffithz 于 2002 年对工程质量等的强化问题进行了分析，提出了工程质量管理方面的改进建议，尤其是其建议引入精细化管理理念，具有很重要的价值体现[79]。同年 Munneke 对精细化管理在房地产企业中的应用在质量管理层面进行了研究并指出，房地产行业是精细化管理的新兴行业，精细化管理在房地产企业的应用具有非常广阔的空间[80]。David James 等人在 2013 年对全面质量管理和项目管理实践的焦点之间的关系的研究中，对于项目管理中全面质量管理进行了具体的研究，并且对于两者之间的关系进行了一定的比对和探讨，为全面管理在项目管理中的应用提供了很好的借鉴[87]。Ling 等人在 2013 年对使用控制系统以提高施工项目成果这一问题进行了具体的研究，他们认为全面管理和精细化管理可以在控制系统中得到更大范围的应用，从而发挥出更大的价值[88]。

Ang 在 2014 年以中小企业为研究对象，对中小企业的成本控制进行了研究。为此，他提出了一套全新的成本管理模式，以对中小企业的成本实现精细化管理，达到控制成本、提高效益的目的[89]。Kovarik 则在 2014 年将统计过程控制的方法应用到企业的成本管理中，借助统计过程控制对企业生存过程中各个阶段的成本管理进行评估和监控，以达到精细化管理的目的。结果表明通过控制图在企业生产过程中的应用，能够有效控制并降低企业成本[90]。Karadag 在 2015 年对土耳其中小企业的成本管理问题进行了研究，他提出了对这些中小企业实施战略成本管理，以此对中小企业成本实现精细化管理[91]。

Gentry 等人在 2016 年通过研究指出目前企业的成本管理存在很多问题，成本得不到很好的控制，企业管理人员应当高度重视财务精细化管理，尤其是加强对项目的精细化管理，以便控制企业成本，促进企业财务的健康发展。为此他提出要加强企业管理人员以及财务人员的精细化管理意识，同时企业要制定完善的精细化管理制度[92]。Siminica 等人在 2017 年主要对企业不同发展阶段的成本问题进行了研究，他们在研究中指出企业在不同的发展阶段面临的成本问题也不相同，需要对不同阶段成本实施不同的管理措施。但无论在哪个阶段，都需要集中企业的内外部资源，将资源统筹分配，进行精细化管理[93]。

李定安在 2012 年通过《成本管理研究》一书提出房地产公司精细化成本控制管理包括合同管理、物资采购招标、工程施工招标、工程变更与索赔管理等[114]。薛志荣[115]、顾磊[116]和张嘉铮[117]探讨了精细化管理在建筑施工项目上的优势以及施工项目存在的问题，并给出了实施精细化管理的策略。徐小章在 2017 年针对海外施工项目的粗放成本管理现状，用精细化管理模式试图给量多但效益不大的海外施工项目提出对策，分析实际项目现状和存在问题，促进多部门融入成本管理的过程中，并以实际案例通过实践后拿数据对比，证明实施成本精细化管理的优势和效果，有一定的参考意义[118]。企业项目精细化管理研究部分相关文献如表 1.7 所示。

表 1.7 企业项目精细化管理相关研究

年份	作　者	主　要　贡　献
2002	Alan Griffith	提出了工程质量管理方面建议引入精细化管理理念
2002	Munneke David James	指出精细化管理在房地产企业的应用具有非常广阔的空间
2013	Bryde，Lynne Robinson 等	为全面管理在项目管理中的应用提供了借鉴
2013	Ling、Florence Yean Yng，Ang、Wan Theng 等	认为全面管理和精细化管理可以在控制系统中大范围应用

年份	作 者	主 要 贡 献
2014	Ang	提出一套全新成本管理模式来对中小企业的成本实现精细化管理
2014	Kovarik & Sarge	将统计过程控制的方法应用到企业的成本管理中
2015	Karadag	提出了对中小企业实施战略成本管理来实现精细化管理
2016	Gentry	提出要加强企业管理人员以及财务人员的精细化管理意识
2017	Siminica	利用精细化管理对企业不同阶段的不同成本问题实施不同的措施
2012	李定安	项目的精细化转型对于建筑项目来说，是通过对本行业长远考虑决定的，建筑行业的项目精细化能够从本质上促进项目的转型升级，并且促进企业适应市场竞争，提高企业的竞争力
2013	薛志荣	精细化管理主体是项目
2015	顾磊	探讨了精细化管理的优势以及施工项目存在的问题，以获得最大收益为目标，讨论了在项目施工过程中实施精益化管理的必要性
2015	张嘉铮	关注的是精细化管理与施工深化设计在工程项目成本控制中的应用这一研究课题
2017	徐小章	海外施工项目的粗放成本管理现状，用精细化管理模式试图给量多但效益不大的海外施工项目提出对策，证明实施成本精细化管理的优势和效果，有一定的参考意义

　　成本管理是精细化最重要的部分之一，对于前面工程项目精细化的研究，因为工程项目精细化管理有助于企业控制成本，实现价值最大化。国内很多企业开始采用精细化管理控制企业成本，学术界也对此展开了研究，产生了许多有借鉴作用的研究成果。很多学者从多角度出发，基于精益思想，研究企业的成本精细化管理。

　　Homburg 在 2011 年深入分析了成本精细化管理的应用，实践证明该管理思想可以让企业经营过程中涉及到的成本管理由节省成本走向避免成本，以成本精细化管理促使企业综合利润的提升[83]。Sudi 和 Apak 等人在 2012 年的研究中认为可以通过对企业加强成本精细化管理，而促进企业降低成本最终实现利润最大化。而且他认为成本精细化管理应该以研发成本为起点，以售后成本为重点，对企业的整个经营流程进行成本控制[84]。Sinha 在 2012 年研究了将供应链思想为主导，将财务管理设为核心，将企业经营过程中涉及到的人、物、财、产、供、销为一体化运营过程的信息服务平台，给企业精细化管理提供有效的支撑[85]。

Turyahebwa 在 2013 年以乌干达西部地区的中小企业为研究对象，提出了对这些中小企业的成本进行精细化管理，通过构建科学的成本精细化管理模式，降低企业成本，减少不必要的浪费和损耗[86]。温斌在 2013 年研究了物流企业的成本精细化管理。以此帮助物流企业实现成本的精细化管理，以降低物流企业的成本[124]。李益兵，肖倩乔在 2013 年针对装备制造业公司提出了成本精细化管理模式，研究成果可为其他公司实施成本精细化管理借鉴和参考[125]。学者李秋梅 2014 年主要探讨了中小型制造企业的成本精细化管理。她指出成本管理是企业防范财务风险、控制财务成本的重要手段，通过构建财务风险预警机制，能够有效实现企业成本的精细化管理[127]。张文忠[130]、李琴琴[131]和金友良[132]认为中小企业对成本实施精细化管理有助于提高企业抵御风险的能力，同时控制甚至降低企业成本。方立婷把成本精细化管理看成是一种新管理模式，在这种模式下企业可以将成本全部统一管理，具体问题具体分析，对成本进行精细化的测算[134]。

宫殿斌在 2016 年的针对建筑行业供给侧改革大趋势下的建筑施工项目成本控制问题中，考虑到目前我国建筑行业成本精细化管理还未达到动态控制和全过程管理阶段的现实，提出能促进施工项目成本精细化管理的对策具有现实意义[135]。李敏良在 2017 年通过实地调查了解了株洲电机公司成本管理的现状，并基于精益思想重新构建了株洲电机公司作业成本管理框架图，通过对作业成本管理系统的实施以及优化升级，株洲电机的成本得到有效控制，成本结构更加合理，公司的盈利能力也在提高[137]。崔晓艳在 2017 年认为作业成本法在降低企业成本、提高企业效益方面具有一定的优势，研究证实得出作业成本法比较适用于产品品种较多的企业，并有助于这类企业实现成本的精细化管理[138]。任向平[139]、金渝琳[140]、杨莹[141]和廖联凯[142]通过对全价值链实施目标成本管理，有效地改变了研究企业的生产效率，提高了企业的竞争力。黄义红、王颖、李霞在 2017 年提出，精细化成本管理，是从系统层次上强调精细化管理，同时应注意标准化建设与精细化管理的结合[143]。骆文斌在 2017 年的研究中对成本的方方面面进行了详细的剖析，并提出了非常具体的细致的成本控制措施[144]。焦鹏飞、彭辉着眼于房地产行业，将精细化管理应用于房地产项目施工中，节约了 14% 的物资资源，并降低了 4.16% 的成本，为精细化管理在工程领域的发展做出了榜样[128]。

在科技高速发展的当今社会，有一部分学者应用信息技术对企业成本进行精细化管理。尚兢在 2013 年基于 ERP 系统的技术支持，将精细化成本管理方法的融合进行必要性和实施流程探讨，进而提高企业竞争力[126]。曲婧在 2014 年提出，大数据时代的到来推动着人类生活、工作和思维方式发生重大变革。大数据时代以数据的深度挖掘为特点，促使管理模式走向精细化[129]。段梦恩在 2016 年新的房地产施工企业发展形势下，对于既要关注精细化管理的运用也要结合技术信息使用，提出了一种基于 BIM 的精细化施工管理模式，并在质量、成本、进度和安全四个方面建立基于 BIM 的精细化施工管理体系，为 BIM 技术在施工企业的运用提供了理论基础[136]。

　　还有一份部分学者是从企业目前成本管理存在的问题出发，利用精细化管理理论，提出有针对性的解决策略，对企业成本进行控制。司红兵[133] 在 2016 年指出目前很多企业在成本管理方面存在很多问题，包括管理方式比较粗放、成本管理意识淡薄、成本管理执行力较弱、成本管理人才缺乏，为此他提出了相应的成本精细化管理的措施，包括强化精细化管理模式、梳理精细化管理意识、增强成本精细化管理的执行力、引进成本管理人才。赵淑敏在 2017 年针对目前施工企业项目竞争激烈、报价低、工期紧、向成本要效益的"困境"，必须推行项目管理理念，以责任成本精细化管理模式为抓手，调动所有项目参与的管理人员的积极性和主动性，以哈佳铁路项目为例，提出责任成本精细化管理体系，并在实践中用数据对比得出实在结果，证明了施工阶段责任成本精细化管理具有可操作性和有效性[145]。曾庆珍在 2017 年针对隧道工程的成本管理存在的问题，考虑隧道施工项目特点情况下，分析隧道施工项目的成本构成，运用成本精细化管理理论给出精细化成本控制的策略，以某公司铁路某标段为例，实践对比了实施成本精细化管理前后的数据，证明了成本精细化管理的有效性[146]。于丹等人在 2018 年提出企业要想加强成本控制，需要从企业整体的角度出发，通过对价值链上每个环节的成本进行分析与控制，真正做到成本的精细化管理，以增强企业在市场上的竞争优势[147]。金维萍在 2018 年提出在市政工程项目规模和数量不断增加形势下，成本对项目效益起着重要的作用，并运用精细化管理控制成本以达到效益最大化[148]。

　　国内外学者对精细化管理进行了较为深入的研究，对业界的管理模式的变革起到了重要的作用。对于企业精细化管理的研究也不断涌现，对中国的市场产生了很大的冲击，很多企业通过项目的精细化管理认识自身具有的管理缺陷。全国各行各业全面宣传和推行精细化管理，企业根据自己的特点，纷纷采取各种不同形式的管理模式，对推动精细化管理，提高企业效益，对促进社会经济发展起到了非常重要的作用。特别是那些先进的企业公司，走出了自己的精细化道路。海尔集团的 OEC 管理法、斜坡球理论、人力资源赛马机制、SST 市场链体系、"休克鱼"理论体现的是科学管理，从全面质量管理，"GS"管理到 OEC 管理法，都表现出了精细化管理水平的不断提高，海尔的管理是系统的精细化管理，是中国企业精细化管理的典范。联想集团、万科集团、苏宁集团都以其独特的管理方式，通过不断深化企业精细化管理，提高管理水平，实现企业由优秀到卓越的发展。成本精细化管理研究部分相关文献如表1.8所示。

表1.8 成本精细化管理研究部分文献汇总表

年份	作者	主要贡献
2011	Homburg	证明精细化管理可以让成本管理由节省成本走向避免成本
2012	Sudi，Apak	通过对企业加强成本精细化管理来降低企业成本
2013	Turyahebwa	通过构建科学的成本精细化管理模式来降低企业成本
2013	温斌	构建了一套成本精细化管理体系，以此实现成本的精细化管理
2013	李益兵，肖倩乔	针对装备制造业公司提出了成本精细化管理模式，研究成果可为其他公司实施成本精细化管理借鉴和参考
2015	李琴琴	认为成本精细化管理是以企业日常的管理活动为根本，并在其根本上更加深层次发展
2015	金友良	中小企业对成本实施精细化管理有助于提高企业抵御风险的能力
2017	杨莹	从价值链流程出发，分析了成本较高的原因，对各个环节进行优化、控制，降低企业总成本
2017	廖联凯	说明外部价值链的成本管理能够提高企业的生产效率
2017	黄义红，王颖，李霞	提出应注意标准化建设与精细化管理的结合
2017	骆文斌	在研究中对成本的方方面面进行了详细的剖析，并提出了非常具体的细致的成本控制措施

1.4.3 精细化管理在资源开发行业的生产实践

除了对制造业企业的精细化管理研究外，石油矿山类企业也对精细化管理有着很大的需求。2008年，为系统地总结全国煤矿实施精细化管理的经验，提高我国煤矿的管理水平，根据中国煤炭工业管理协会《关于组织开展全国煤炭企业精细化管理系列活动的通知》（中煤协会综合［2008］63号）要求，在全国煤炭行业征集企业精细化管理国内外研究现状。

平煤集团的OPM（Overall 全方位的，Process 过程，Particular 精确细致的，Management 管理）管理模式意指全面的、全方位的、全过程的、精确细致的管理。由于PM是平煤集团的汉语拼音简称，OPM还可解释为"具有平煤集团特色的精细化管理"模式。基本框架由目标、理念两大引领体系，目标展开、管理控制、考核激励三大控制体系，行为规范、环境刷新、视觉听觉识别三大支持体系构成。

阳泉煤业集团的"岗位价值精细管理"是从更宽的视野和更高的境界，把企业的投入产出看作一种由岗位价值链连接而成的业务流程，通过精细管理实现岗位价值最大化，从而达到企业效益最大化。阳煤集团岗位价值精细管理，推动企业实现了跨越式发展。开滦集团赵各庄矿业公司市场化精细管理模式，是将市场机制引入到企业内部管理之中，下放经营管理权，对内部区队实行"企业化经营"，对煤矿企业走出传统的管理模式进行了有意义的探索与实践。

皖北煤电集团以价值增值为导向的煤矿精益管理是以价值链理论为指导，以培育"持续改进"的精益思想为主线，以作业控制和流程优化为手段，以班队为基石，以企业文化建设、人力资源开发、信息化建设为支持要素，全面实施精益管理，通过作业增值和流程增值，实现煤矿创造的价值增值，提升企业竞争力。以价值增值为导向的煤矿精益管理的不同之处，是在构建市场化的基础上，突出了作业安全、作业效率和流程优化的创新。

除了上述的精细化手段，一些学者对精细化在石油化工、矿山企业也有一定的研究。其中铁矿企业的精细化管理相对较少，可以借鉴一下矿山石油化工类企业。

姜璐提出了精细化管理是采油厂成本管理发展的必由之路，提出了长春采油厂成本精细化管理体系构建的五项主要的实现途径[149]。秦庆梅在 2013 年提出了精细管理条件下胜利油田成本控制对策[150]。郭永宏在 2014 年提出以井组为主要管理对象，构建一个开发与管理并重，采油与技改同步，开源与节流并举，业绩与效益并重的采油厂精细化管理运行模式[151]。吴华在 2014 年指出，采油厂成本精细化管理有利于采油厂在激烈的市场竞争中获取竞争优势[152]。赵宏在 2014 年根据管理系统理论和精细化技术内涵，构建油田项目精细化管理体系遵循 PDCA 管理模式理念，将体系框架结构分为基础系统、决策系统、运行系统、控制系统和改进系统等五大系统[153]。江书军[154]、徐丽萍[155]和杨雯[156]通过分析资源开采行业中的问题，提出精细化管理是解决资源开采行业的有效途径。周相林[157]、高洪科[158]、侯增周[159]和麻凯[160]等人提出精细化管理能够有效降低企业成本，实现企业利润最大化。贺小滔、赵峰在 2017 年提出，以"互联网+"作为技术支撑，通过"三单"的精细核算，实现油田生产和成本发生过程的精细化管理[162]。

资源开采行业精细化的研究如表 1.9 所示。

表 1.9　资源开采行业精细化的研究

年份	作者	主　要　贡　献
2013	姜璐	提出了长春采油厂成本精细化管理体系构建的五项主要的实现途径
2013	秦庆梅	提出精细管理条件下胜利油田成本控制对策

年份	作者	主 要 贡 献
2014	郭永宏	以井组为主要管理对象，构建一个开发与管理并重，采油与技改同步，开源与节流并举，业绩与效益并重的采油厂精细化管理运行模式
2014	吴华	提出精细化管理是解决采油厂现有成本管理问题，有利于采油厂在激烈的市场竞争中获取竞争优势
2014	赵宏	构建油田项目精细化管理体系遵循 PDCA 管理模式理念
2015	江书军	构建了基于作业成本法的精细化管理体系以及煤炭材料消耗定额体系，对煤炭材料成本实施了有效的控制
2016	徐丽萍	油田企业在进行精细化管理成本控制过程，仍然存在成本控制和生产经营结合度较低、成本控制制度完整性不足及执行力度较低的问题
2016	杨雯	油田企业成本管理与生产实际存在脱节，成本管理有着明显的滞后性，成本控制仅仅起到提供资金作用，与成本精细化管理的要求不符
2016	周相林	认为加强成本精细化管理是低油价下企业发展的客观必然，转换观念是成本精细化管理核心所在，做细全面预算是成本精细化管理根基所在，加强过程管控是成本精细化管理的保证
2016	高洪科	油田目前成本管理实质是以预算管理为核心，建议构建以开发单元为对象的标准成本管理体系，推进区块标准成本管理，促效益提升
2017	侯增周	以石化企业为对象，建立了石化企业目标管理体系
2017	麻凯	只有对采油厂最小的生产单位即单井进行精细化、科学化研究，才能实现井下作业成本精细化管理
2017	贺小滔，赵峰	以"互联网+"作为技术支撑，通过"三单"的精细核算，实现油田生产和成本发生过程的精细化管理

1.4.4 精细化管理在鞍钢矿业生产管理中的应用

鞍钢矿业始终致力于管理创新，不断提升企业的核心竞争力。近年来，鞍钢矿业为应对进口矿石价格冲击，公司在各个方面开始大力实施精细化管理模式。其中，最为典型的为集中统一的物资精细化管理，物资精细化管理使鞍钢矿业实现了物资采购成本、矿产品成本的不断降低，为鞍钢集团公司实现平稳、加快发展做出了贡献。

1.4.4.1 物资精细化管理内涵及实施方案

鞍钢矿业大型铁矿山企业集中统一的物资精细化管理，其主要内涵是：按照供应链理论合作共赢、系统管理、信息化支持的管理要求和精细化管理思想，针对鞍钢矿业铁矿产品全部内供鞍钢集团股份公司的特殊供、产、销特点，通过物资管理职能整合、业务流程再造、信息化平台搭建，建立"集优、整体、规范、高效"的物资集中统一管理体系；对外部供应链，精细设计、构建与节点企业合作关系，实现合作共赢，对内部供应链，精细设计重点环节管理并对重点环节实施精细控制，深入挖掘内部各环节管理效益，通过对物资管理内、外部全领域、全过程实施精细化管理，实现物资管理总成本不断降低；构建物资管理保障体系，实现物资管理的规范运作、高效运行和良性循环。有效落实资源保障战略，为鞍钢集团公司的安全运行和加快发展提供强有力的支撑。

A　实施物资管理体制改革，建立集中统一管理体系

为充分发挥物资集中管理优势，按照鞍钢集团公司铁矿山发展战略提出的，集中管理，整体运营，努力打造具有国际竞争力的铁矿山企业要求，鞍钢矿业对物资管理体制进行了系统整合。

（1）实施物资管理机构整合，实行集中统一管理。鞍钢矿业爆破有限公司目前承担鞍钢矿业集团所属9座大型露天矿山、1座地下矿山的爆破业务，年爆破总量达2.9亿多吨，具有爆破类型丰富、技术要求高、爆破强度大等特点。为了实现精细化管理，统一鞍钢矿业物资管理，授权下属供销公司为鞍钢矿业物资管理部门，履行鞍钢矿业物资统一管理职能，负责物资管理制度制定、招（议）标定价、业务指导和管理监督。取消改制前原其他物资管理部门的管理职能，作为物资管理的执行机构（见图1.2）。

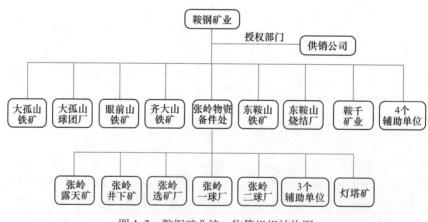

图1.2　鞍钢矿业统一物管组织结构图

（2）实施库存管理整合，统一库房管理。取消厂矿二级库存管理，上划全部厂矿二级库房为公司一级库房，统一库存资金占用和库房管理。

（3）实施物资品种整合，统一物资编码。对矿山整合前三个矿山企业全部65000个物资品种进行了核对确认，取消重复物资品种15000个，最终确认保留

品种 50000 个，统一了物资编码，实现了采购供应的统一。

（4）实施供应商整合，统一供应商体系。对矿山整合前三个矿山企业全部 1492 个供应商进行审查、整合、确认，清理重复供应商及不合格供应商 301 个，保留合格供应商 1191 个。并重新进行了评审和登记，建立了统一和稳定的供应商队伍。

（5）整合统计、分析业务，统一统计分析报表。重新设计了统计数据和分析内容，由供销公司负责统计、分析，统一上报上级业务主管部门。整合前后管理对比见表 1.10。

表 1.10　整合前后管理对比表

项　目	管理部门	管理制度	物料编码	供应商	统计部门
整合前	4	170	65000	1492	8
整合后	1	65	50000	1191	1

B　实施物资管理业务流程再造，对供应链实行流程化管理

鞍钢矿业按照物资管理制度化、业务管理流程化的总体要求，以物资管理供应链为主线，按照"横向到边、纵向到底，覆盖供应链管理全过程"的原则，对物资管理全业务流程进行梳理、优化，实施业务流程再造，确立业务管理流程 86 个，并修订、完善和建立配套管理制度对业务流程进行固化。建立起以管理制度为支撑的供应链管理业务流程体系。实现对物资管理全过程的总体控制和对关键管理环节的重点控制。

（1）建立外部供应链管理业务流程。对外部供应商管理建立从供应商准入评估—信息变更审核—年度评价—供应商退出审核的业务流程。实施供应商战略、重点、一般、临时四级管理，除与优秀供应商建立长期合作关系外，还根据采购物资质量等级要求，在对应等级供应商范围内进行招标，高等级的供应商可参与低等级要求项目招标，低等级供应商不准许参与高等级要求项目招标，培育了供应商，提高了采购性能价格比。对产品用户鞍钢股份公司建立了内部铁路、汽车配送业务流程。

（2）建立内部供应链管理业务流程。对物资内部管理建立计划（预算）申报—计划审核—招（议）标—合同签订—验收检验—入库管理—异议处理—领用管理—财务结算的全过程流程，实施内部链条闭环业务管理。

（3）建立监督制约管理流程。在邀请招标的供应商选择上，必须由物资使用单位、采购部门和计划管理部门共同推荐，招标部门无权推荐。招标、比价、议价采购方案及定标方案，分别按采购额设定审批权限，严格审批、执行。

（4）建立库存占用控制流程。计划管理人员在审核计划时须先利库，利库后方可确定采购计划，发料实行先进先出。库房管理人员要对入库物资标签打

码，标明入库时间，发料时必须按物资入库时间先后顺序办理出库。

（5）建立合同三审流程。采购员草拟合同后，由采购主管一审，合同管理员二审，合同主管三审，经过三审后的合同方能加盖合同专用章对外签订。

（6）建立直付现场物资确认流程。对规定范围内确需直付使用现场的物资，必须凭采购员开具的直付单据，由供应商将直付物资送达使用现场，并由供应商、现场领料员、库房管理员在单据上签字确认。

C　建立供应链管理与财务一体化信息系统

要实现供应链内、外部各节点、各环节管理与财务核算的实时性及同步性，传统的管理手段已不能支持这一现代化管理要求，必须建立反映快捷、功能强大、实时的信息化管理系统。鞍钢矿业针对自身物资管理外部供应商多、物资结构复杂、内部生产厂矿分散、点多线长、物料品种数量庞大的实际情况，以建立起的86个供应链管理业务流程为基础，聘请软件公司共同开发物资管理信息系统。历经6个多月时间，共盘点库存物资13000多个品种，收集、描述物料主数据20多万项，制定物资编码规则并完成物料编码5万多条，收集供应商信息数据2万多项，编制"物料包"2000多个。在对业务流程反复优化的基础上，上线运行了"物资管理信息系统"，建立起物资与财务管理一体化信息管理系统，实现物流、资金流、信息流、业务流的"四流合一"。极大地推进了鞍钢矿业物资管理水平的提高和规范运作（见图1.3）。

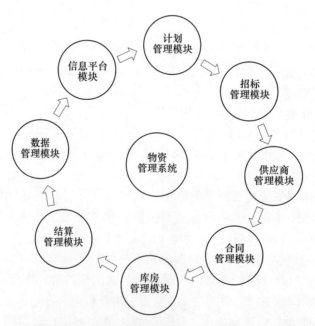

图1.3　鞍钢矿业物资与财务管理一体化信息系统功能框架图

（1）建立起对外信息平台。通过对外信息平台，实现与重点供应商和产品用户供需信息、动态信息的共享，为供需双方密切合作和快速反应提供支持，促进共同发展。

（2）建立起内部物资采购供应全流程操作系统。建立从计划申报—招（议）标—合同签订—验收检验—入库管理—财务结算—出库管理全采购供应业务流程的操作系统。采购供应操作系统，在提高计划准确性方面，实现班组编制需求计划、车间审核、厂部及财务确认后上报的管理功能；在提高效率方面，实现全部业务在系统中操作，除必要的存档资料外，全部实行无纸化办公；在强化制约方面，各业务环节需报批的按批准结果执行，不需报批的只能按上一环节业务及数据执行，无法对业务及数据进行变更和调整。

（3）建立完善物料编码独立审核功能。在物资管理系统中建立完善了"物料编码独立审核功能"，授予矿业公司价格管理部门物料编码独立审核确认职能。即：对新增物料，由使用厂矿向价格管理部门申请编码，价格管理部门对申请编码物料进行检索，确需新编码时，转采购部门编码，录入信息系统，价格管理部门再次审核无误后，激活方可使用。这一功能的建立完善，实现了制约、提升了管理。

（4）建立运行两级审价功能。对招（议）标确定的采购价格的执行，实行两级审核，由合同管理员一级审核确认，由财务价管人员二级审核确认。对季度、半年、年度招（议）标项目，由两级审核人员确认后，导入操作系统，在操作系统中锁定采购渠道、采购价格，在执行期内执行；对临时（一次）招（议）标项目，由两级审核人员对电子中标通知书的价格进行审核确认后，方能操作执行。

（5）实现挂账后系统自动付款功能。根据对供应商综合评价结果、供应商所供物料重要程度，对供应商的付款评定 A，B，C 三个类别，A 类供应商挂账后当月付款，B 类供应商挂账后第二个月付款，C 类供应商挂账后第三个月付款，并在操作系统中锁定。财务人员完成票据审核、挂账后，操作系统按供应商类别实现自动付款，杜绝了人情付款的现象。

（6）实现对采购部门采购差异和库存占用的自动考核。物资管理部门对厂矿实行按鞍钢矿业内部计划价格发料、结算，物资与财务管理系统可按内部计划价格和采购价格，自动测算采购差异和统计库存资金占用，实现对物资管理部门准确考核。

（7）建立起业务数据库，满足市场预测与业务统计分析。通过在物资与财务管理系统中建立数据库，为各层管理人员提供及时、全面和多角度的分析数据，为进一步改进管理和实施决策提供科学依据。

D 建立市场联动机制，严格监控采购价格

（1）建立招（议）标采购询价机制。采购质优、价廉、性价比高的物料，是企业降低采购、消耗成本的中心工作，也是企业内部供应链的关键环节之一。随着技术的进步，设备的不断更新、新技术新材料的不断引进使用，要及时跟踪、把握各类物资制造成本及市场价格，确保采购价格符合市场，是一项难度较大的管理课题。这一环节如果不控制好，采购招标将成为认认真真走程序。为实现精细化管理，鞍钢矿业在物资招（议）标采购环节建立了采购询价机制。主要做法是：

1）凡是历史上没有采购过的新品种物料，不论采购量多大、采购额多少、采取什么方式采购，采购前必须经过询价。对采购部门没有经过询价的采购计划，招标部门不得受理、不得组织定价；

2）询价实行"双重询价"及主管领导审批。双重询价是指采购部门计划员询价和财务审价人员询价，询价后填制"询价审批表"报采购业务主管领导审批；

3）询价方式及依据：询价方式有市场调查、网上查询及供应商调查，询价依据是同类物资市场报价、网上价格、第三方合同价格以及供应商制造成本构成等；

4）招标部门接到采购业务主管领导审批的询价审批表后，方可制定采购方案，组织实施采购程序。

（2）建立市场价格跟踪预测与采购价格监控调整机制。矿山生产使用的钢球、油脂、电缆、淀粉、选矿药剂等大宗物资，年消耗金额约占全年物资消耗总额的40%，其价格的变化对采购、消耗成本影响很大。过去，由于对大宗物资市场价格预测的办法少、不及时，当市场价格上涨供应商要求上调价格时，往往是压着不调，待供应商无法坚持供货时再上调。而当市场价格下降时，供应商往往不主动提出下调价格，而管理人员也提不出准确的下调时机和调整的幅度。鞍钢矿业从落实低成本战略，完善、细化内部供应链管理出发，实施了"采购价格参照系"，建立了采购价格预测与监控调整机制。基本原理和做法是（以钢球为例）：

1）选择国内比较权威的"中国联合商务网""中华商务网"和"上海金属网"作为采购价格参照系，按照大宗物资生产的原、燃材料组成编制《主要原、燃材料周市场价格变化及对照表》，从参照系网站上查询价格按周填制。钢球生产的主要原料有炼钢生铁和中型废钢。

2）建立大宗物资采购价格监控调整模型。首先设定大宗物资基准价格，其次根据大宗物资历史数据统计分析，对大宗物资采购价格进行调整。

E　灵活选择采购方式，降低物资采购成本

（1）集中、分散采购相结合。对基础原材料市场价格波动变化不大的大宗、通用物资，全部组织实施年度集中招标采购，充分发挥批量采购优势，实现采购价格降低。对市场价格变化大、波动频繁的物资，如有色金属类、电线电缆、化工产品、鞍钢不生产的钢材类物资，适时根据市场变化情况，细化采购品种分类，细分物料组距。组织实施季度或月份招标采购，实现采购价格降低。

（2）优化采购方式结构。在常规采购中，因采购效率要求，邀请招标占招标采购比重大，单一来源的独家采购占总采购的比例也较大。带来的最直接影响就是采购竞争不充分，采购价格降不到位。为扭转这一局面，促进物资采购成本的进一步降低，鞍钢矿业在提高计划准确率基础上，采取了一系列优化采购方式的措施：一是扩大公开招标采购比例，对通用性物资、备件全部实行公开招标采购；二是压缩邀请招标范围，对邀请招标采购方案实行严格审批；三是努力减少比价采购和单一来源采购，对比价采购、单一来源采购的物资品种统计造册，落实到分管人员。要求责任人制定具体寻源考察计划，限期完成将比价采购、单一来源采购品种转化为招标采购。

（3）进口产品国产化替代。矿山生产设备中进口设备占相当比重，进口备件、材料年消耗额近 2 亿元。进口设备备件、材料与国产备件、材料价格相差较大，低的差 3~5 倍，高的差近 10 倍，降低采购成本空间很大。近年来，鞍钢矿业在进口备件、材料国产化替代方面做出了积极努力，通过实验鉴定成功实现了对一部分进口备件、材料的国产化替代。2017 年，在进口备件、材料国产化替代方面又取得了新的突破，通过实验鉴定成功完成了进口破碎机多项主体备件的国产化替代、进口井下铲运机电缆国产化替代、大型进口电铲用钢绳国产化替代等多项大金额国产化替代项目。有效实现了采购成本的降低。

（4）实施性价比采购。近几年，鞍钢矿业上线运行了"物资全寿命周期管理系统"，该系统以对物资的全生命周期跟踪为主线，包括物资计划申报管理、计划的执行进度跟踪、入库出库信息管理、使用跟踪、故障分析、报废记录、维修管理等流程，并形成供应商产品分析、设备故障分析、物资生命周期统计等综合分析报表，是一套对生产备件全寿命周期跟踪分析的综合管理系统。通过该系统综合分析报表与采购价格的比对分析，对一部分备件实施了性价比采购，促进了综合采购成本的降低。

（5）利用时差换价差采购。根据多年采购经验总结，鞍钢矿业把利用"时差换价差"的采购形成了制度化。所谓"时差换价差"就是：以工业煤、镁石粉为代表的矿山生产所需的大宗原燃料，冬季产量低、运力紧、价格高，春夏季产量高、价格低。为降低采购成本，鞍钢矿业采取了利用春夏季集中进货储备，减少冬季采购量策略。有效促进了采购成本的进一步降低。以工业煤为例：全年消耗量 40 万吨，储备量 10 万吨，冬夏季差价在 50~100 元/吨之间，按平均价格计算，每年节约资金 7 万~50 万元。

F　建立库存管控机制，降低资金占用

有效控制与降低库存占用也是挖掘内部供应链管理效益的关键环节。鞍钢矿业在对三个矿山企业实施集中统一管理过程中，以降低库存资金占用、有效控制库存资金占用为目的，建立库存占用管控机制。

（1）核定安全库存，实行统一储备。鞍钢矿业全部库存占用高达21000万元，重复储备比例占近50%，库存占用不仅数量大，而且储备结构极不合理。鞍钢矿业对库存管理首先实施的就是重新核定安全库存，实行统一储备。对全部库存物资逐件进行盘点，登记造册，按ABC分类方法对全部库存物资重新进行分类。在对库存物资ABC分类基础上，分别对A，B，C三类物资的库存储备量重新进行核定，确定安全库存储备量为11000万元，并计划利用三年时间将现有库存占用降至安全库存水平。对A类物资中，过去由各采、选厂矿单独进行储备的大型备件，按全公司主体设备的数量和分布，确定6000万元储备量。在全公司范围内建立联合储备制度，由物资管理部门统一储备、统一调用、统一补充。

（2）对库存资金占用实行责任管理。首先，明确库存占用管理责任主体。通过岗位职责界定的方式，确定物资计划管理岗位人员为库存占用管理责任人，各专业计划管理人员负责对所分管专业物资的库存结构和库存占用进行管理。

其次，确定库存占用管理责任。将每年核定的安全库存额，按专业分类进行分解，确定各类物资库存最低储备额，下达给分管专业计划管理人员，由分管计划员进行管理和控制。分管理计划员对分管物资的库存结构、资金占用、超储积压和报废负责。

最后，对管理责任者实施考核。按专业分类，对实际库存占用额与最低库存占用额差值赋予量化分值，超最低库存扣分、低于最低库存加分，纳入《计划管理人员百分制业务考核细则》，按月计分，季、年考核，与被考核的计划管理员的工资、奖金挂钩。

1.4.4.2　精细化管理实施效果

（1）建立了物资集中管理体系，提高了物资管理水平。建立了以管理制度为支撑、以管理流程为手段、以信息系统为支持的物资集中管理体系，实现了物资采购供应的集中统一管理，形成了按制度办事、按流程操作的物资管理格局。管理机构、人员得到精简，管理效率与效益提高。物资管理系统整合前，全公司有物资管理人员近900名，年物资采购额仅20亿元，至2017年物资管理机构整合完成，物资管理人员（包括上收二级库房保管人员）减至490人，年物资采购额近36亿元，管理效率、效益明显提高。库存资金占用大幅下降，提高了资金的使用效益。通过系统整合，解决了权限分散、条块分割的管理问题，实现了企业资源和信息共享，有效降低物资管理总成本，库存资金占用从2006年的20611万元降至2015年的10021万元。

（2）铁精矿成本大幅度降低，落实了鞍钢资源保障战略。通过实施集中统一的物资精细化管理,鞍钢矿业物资采购成本逐年降低,有力促进了铁精矿成本的大幅度下降。2015 年物资(包括燃油、工业煤等价格不可控物资)平均采购价格较 2014 年降低 20%,降低物资采购成本创效 6.2 亿元,使铁精矿成本大幅降低,降幅高达 22%。与当年进口矿到岸价格比,利润空间达到 3~50 元/吨。有效落实了鞍钢集团公司的资源保障战略,为鞍钢集团公司加快发展提供了支持。

(3) 促进了物资的高效利用。鞍钢矿业在实施企业集中统一的物资精细化管理过程中,在立足降低物资采购、消耗成本的同时,还始终把资源、资金的节约使用和节能环保贯穿整个过程。从 2008 年开始,对进口大型矿用汽车实施春夏秋三季用 0 号柴油替代-35 号柴油,每年节约资金 1200 万元;通过实施高能耗照明灯具改造、高能耗电机节能改造、利用太阳能取缔小锅炉等 17 个方面总计 111 项重点节能项目,使综合能耗同比下降 5.2%,水单耗同比下降 6.1%,每年节约标准煤 3.64 万吨;每年废旧物资回收利用价值近 4000 万元,并逐年递增。

2 超委托代理模式

‹‹

2.1 合同采矿的信息共享和"超委托"概念的提出

在传统的业务外包的委托代理模型中，往往假设代理人只有一个短期代理任务和目标。并且由于信息的不对称，往往存在对目标成本难以估算。但在鞍钢矿业和鞍矿爆破之间的委托代理关系中，不仅需要代理人能够按照合同条款完成规定的任务，还希望代理人充分、及时地向委托人提供自己在经营活动中获得的生产条件变化和生产中的偶然因素等信息（比如采矿过程中的暴露的地质赋存条件的变化、天气因素的影响、生产设备或新的开采技术的应用等），克服信息不对称，促进信息透明，以便更好的进行矿山的长远规划和中短期生产计划安排。这样，不仅可以保证外包合同标的价格的公平合理，还能通过合理规划，节约成本，为委托代理的双方带来更大的利润空间。

超委托模式系指一种突破传统契约及合同所形成的委托人和其代理人之间的简单经济利益联系，建立一种超越普通"委托代理"关系的能使双方或多方共赢的经济但不限于经济的合作模式。在这种模式下，有着利益关系的各方都以主人翁的姿态参与相关活动，主动地不遗余力地实现既定目标。该模式克服了事前和执行中信息不对称的弊端，不仅可以保证外包合同标的价格的公平合理，重要的是避免了利益激励偏差和道德风险，使整体经济利益（即"社会效用"）获得最大化的经营效果。

2.1.1 合同双方的历史背景及其相互融合

2.1.1.1 合同双方历史背景简介

鞍钢矿业是一个具有近 90 年开采历史，集探、采、选、烧、球、辅料矿山、矿山机械设备检修和科研设计为一体的大型黑色冶金矿山联合企业，是鞍山钢铁集团公司的全资子公司，现有全民在岗职工 25738 人，其中管理及专业技术人员 4850 人、生产服务人员 20888 人；固定资产原值 165 亿元，净值 71 亿元；设备总重量 154.2 万吨，其中采、选、烧、球主体设备 48143 台。鞍钢矿业作为鞍山钢铁集团公司的钢铁主要原料和辅助原料基地，主导产品有：铁矿石、铁精矿、烧结矿、球团矿和石灰石矿等。2000 年以来，鞍钢矿业为满足鞍钢对铁料持续增长的需求,按照"壮大铁矿山,发展选矿厂"的经营思路,确定了"做强矿业主体,发展多元产业,实现结构优化,提高竞争实力"的经营方针,提出了"建设鞍钢精品原料基地,打造世界一流矿山企业"的愿景目标。通过近年来的鞍钢矿业对铁矿山装备进行了部分更新,使铁矿山装备水平得到了一定的提升;对选矿厂进行了流程改造和优化,形成了具有自主知识产权的贫赤铁矿选矿新工艺,使贫赤铁矿选矿工艺达到了国际领先水平;对烧结厂进行了全面改造,烧结矿质量大幅度提升;建设了球团矿生产项目。通过工艺技术改造,鞍钢矿业主导产品的产能高速增长,质量大幅提升。2019 年,铁矿石生产量 5937 万吨,采剥总量 25080 万吨;原矿处理能力 6267.8 万吨,铁精矿生产量 2170 万吨,铁精矿品位 66.6%。2012 年 9 月 29 日,国家发展和改革委员会批复了《鞍山钢铁集团公司老区铁矿山改扩建规划项目核准报告》(发改产业〔2012〕3113 号),根据该批复文件,到"十三五"末期,鞍钢矿业露天矿山采剥总量将达到 2 亿吨以上,矿业公司采矿服务的需求量随之将大幅度增加。

鞍钢矿业爆破有限公司是由鞍钢矿业与广东宏大爆破股份有限公司双方共同出资组建具有独立法人资格的大型民爆企业,该公司的成立符合国家产业政策和鞍钢矿业发展需要,承担鞍钢矿业所属的矿山爆破工程、矿用炸药制备生产、爆炸材料的储存与配送服务、采购矿山采剥及合同采矿等相关业务。公司经营范围为"民爆一体化服务"爆破服务、民爆产品生产与销售、危险品运输、设备租赁、矿山工程、技术开发及转让、信息咨询、代理销售相关产品等,具有爆破一级施工资质,企业经营机制符合现代企业制度,技术力量雄厚,设备配套办理强大,具备解决复杂环境下的采矿和爆破施工难题的能力。按照公司发展规划,未来 3~5 年将建成业务覆盖东北地区、辐射华北的大型民爆及矿山工程总承包大型企业集团,打造国内一流的爆破公司。

2.1.1.2　合同双方的相互融合

鞍钢矿业于 1984 年 5 月 29 日在鞍山市工商行政管理局企业注册监督管理分局登记成立,是鞍山钢铁集团公司的全资子公司。鞍钢矿业爆破有限公司成立于 2013 年 5 月 8 日,注册地位于辽宁省鞍山市千山区,法人代表为张耿城,是由鞍钢矿业与广东宏大爆破股份有限公司双方共同出资组建具有独立法人资格的大型民爆企业。其中鞍钢矿业持股比例为 49%,认缴出资额 9253.2 万元,实际出资额 9253.2 万元,广东宏大爆破股份有限公司持股比例为 51%,认缴出资额 9630.9 万元,实际出资额 9630.9 万元。根据鞍钢矿业与鞍矿爆破的友好协商取得的成果,在由鞍钢集团矿业设计研究院完成的《鞍钢矿业新建关宝山采选联合项目初步设计》基础上,拟由鞍矿爆破组织实施矿山开采,双方签订采矿承包合同。合同采矿具有减轻业主投资负担、提高经营效率和经济效益、有效抵御市场风险、专业化经营和推进产业扩张等优势，而合同双方能够携手共进、精诚合作和互利共赢的基础便是双方之间的信息共享，即鞍矿爆破充分、及时地向矿业公司提供自己在经营活动中获得的生产条件变化和生产中的偶然因素等信息，克服信息不对称，促进信息透明。鞍钢矿业作为鞍矿爆破的第二大持股公司，双方联系密切并相互信任，这两家企业之间的信息共享奠定了良好的基础，同时为双方的相互融合提供了有利的条件。

2.1.2　信息共享现状及"超委托"关系的提出

信息共享指不同层次、不同部门信息系统间，信息和信息产品的交流与共用，就是把信息这一种在互联网时代中重要性越趋明显的资源与其他人共同分享，以便更加合理地达到资源配置，节约社会成本，创造更多财富的目的。是提高信息资源利用率，避免在信息采集、存贮和管理上重复浪费的一个重要手段。在矿山生产过程中，生产信息能否快速、准确的进行共享、传输，对矿山生产效率有着直接的影响。

在矿山生产过程中，生产信息的传递和共享是否准确、快速对于矿山的生产、储存、销售都有着直接的影响。矿体是矿山的主体资源，最大特点是不能再生和不能直接观察，只能通过探矿工程或采矿工程的测量、地质素描、地质采样、化验等专业技术手段，形成外业信息采集、内业计算和综合分析，循序渐进的揭露和描述的过程，对矿体及其赋存条件逐步认识，整个过程就是矿山生产数据分析、共享的过程。矿山生产数据是认识矿体和科学开发的依据，其准确性、及时性、完整性是管理者正确决策、科学合理指挥开发的关键。

对于传统的"委托代理"关系，信息不能共享的原因有很多，主要体现在以下几个方面：

（1）信息化建设水平总体不高。尚未建成完善的、完整的信息集成系统，只有部分矿山企业初步实现了基本的应用系统集成，建成了初步的信息集成系统雏形。由于缺少从基础应用层、部门集成框架层和高端决策层的多维系统集成，导致信息共享水平不高。

（2）信息基础架构不重视。对矿山数据认识和重视程度相对较低，矿山数据基础构建不足，造成数据海量冗余，知识信息含量低，缺乏同时满足矿山底层的生产工程技术人员与矿山中高级管理用户的矿山数据一体化管理架构。

（3）信息孤岛现象明显，数据集成度低。信息系统建设通常具有阶段性和分布性的特点，由于缺少统一系统规划与策略，矿山信息系统的开发和应用绝大部分仍然停留在重复的单项开发和单项应用水平上，企业内外部没能形成信息互联网络，存在大量冗余数据，信息资源缺乏整合，信息流向单一，无序，共享程度低，产生信息孤岛现象。

　　（4）与空间信息结合不紧密。矿山信息中的用户、自然地物和人工地物、生产运输、设备调度、环境安全监控等都与所在的地理空间密切相关。目前矿山信息系统不够重视矿山空间信息与其他信息的融合，造成很多数据分析不是建立在准确的空间信息框架上，无法对特定区域、特定数据进行空间实时定位分析，分析结果可视化程度不高。

　　（5）计算机智能决策表现不佳。由于数据缺乏完整性，孤岛现象明显，导致不能形成一个完整的数据—信息—知识的共享体系。

　　为了能够建立一个完整、准确的信息共享体系，突破传统"委托代理"关系中由于信息不能共享而导致的生产效率下降问题，亟须一种超越传统"委托代理"关系的信息透明的体制——"超委托"关系。信息共享可以避免双方损失，为双方的合作带来更多利润空间，实现双赢和多赢。

　　在超委托模式下，双方的信息更加透明，鞍钢矿业已经对鞍矿爆破实现了采场地质资料、天气因素的影响、设计文件、施工进度计划和技术标准文件、测量返点、牙轮及潜孔钻穿孔作业等多方面的信息共享，而鞍矿爆破也对鞍钢提供了采场规范化处理工程包括穿孔作业及辅助作业、爆破设计、炸药及爆破器材提供与配送、现场看管、装药、炮孔填塞、连线、警戒、起爆以及盲炮处理和二次爆破等方面的信息共享。已经达到作业层次中最高质量的信息共享。最大限度地提高劳动生产率、设备效率和生产能力，实现鞍矿爆破和鞍钢矿业的共赢。

2.1.3　超委托精细化管理模式

　　超委托精细化工程管理模式是在特定的一些企业业务外包实践中形成的工程管理模式。该管理模式的基础是超越一般的委托代理关系的委托人和代理人之间的一种信息共享的激励机制。委托方和承包方（代理人）基于股权、业务等方面的共同利益和/或长期合作关系，考虑双方的公平偏好，在技术、成本及外部条件变化等各方面尽可能追求信息的实时共享。这样，不仅可以避免或减少一般委托代理关系中由于信息不对称造成的效率损失或交易成本，并且还能充分发挥信息价值，利用数据挖掘、机器学习等先进的信息技术，建立生产条件、技术参数与材料消耗、产量、成本等经济指标之间的关系，并在考虑委托人和代理人双方资源的基础上，以整体利益（社会效用）最优为目标进行集成优化，精细决策，实现合作共赢。

2.2　委托代理问题的经典概念及模型

2.2.1　经典问题的假设

　　假设1：委托人和代理人双方都是理性人。

　　假设2：代理人的技术装备能力、成本等信息对委托人不可测。

假设 3：委托人先给出合同组合（对于不同的产出数量、质量给予不同的报酬），供代理人选择。

假设 4：代理人可以参与，也可以不参与。

假设 5：代理人可以选择参与不同的合同参与。

委托人和代理人参与及执行合同过程如图 2.1 所示。其中，A 为代理人（Agent），P 为委托人（Principal）。委托人在提供可选契约（类似于合同实践中的要约或招标中的询价）时已经存在信息不对称问题。代理人在做出决策时，主要考虑自己的收益最大化，但委托人在制定契约时并不知哪些代理人参与，或者参与的代理人具体的能力成本等信息。

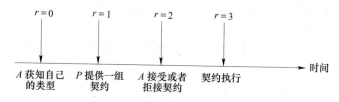

图 2.1　传统委托代理模式下的逆向选择

2.2.2　经典概念及模型

在委托人的角度，为了达成契约合同，在制定契约组合时，考虑参与约束和兼容性约束。

假设代理人对单位数量产品（不同质量产品取其当量）的成本系数为 e，则在产量为 q 时，代理人成本函数为

$$C(q,e) = qe + F \tag{2.1}$$

式中，F 为代理人固定成本。

经典的委托代理（Principal-agent）问题中，不是一般性，常假设代理人分两种：低效率代理人和高效率代理人，其边际成本分别为 $\bar{e}$ 和 $\underline{e}$（可以不是一般性的忽略固定成本 F），$\bar{e} > \underline{e}$。

令委托人的收益函数为 $S(q)$，则常假设 $S'(q) > 0, S''(q) < 0$（如图 2.2 中委托人的收益曲线）。

假如代理人依据契约获得的转移支付为 r，也就是代理人从委托人获得的对应实际生产产品数量的报酬。

则代理人的效用函数为

$$U(q,r) = r - eq \tag{2.2}$$

如图 2.3，其中曲线（直线）为代理人的等效用曲线，曲线向西北方向移动，其获得的效用增加。

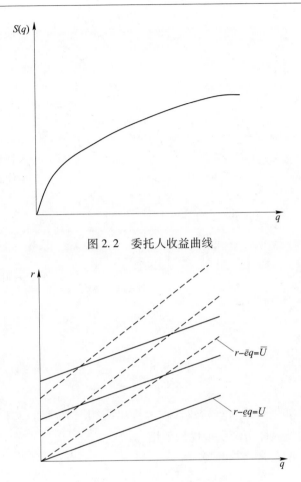

图 2.2 委托人收益曲线

图 2.3 代理人等效用曲线

委托人的效用函数为

$$V(q,r) = S(q) - r \qquad (2.3)$$

等效用曲线如图 2.4 中的曲线。

图 2.4 中点 A^*、B^* 分别为高效率和低效率代理人对应的最优契约均衡点。此时，高效率代理人和低效率代理人（分别表示为 $\underline{e}$、$\bar{e}$，即，高效率代理人对应较低的边际成本，低效率代理人则对应较高的边际成本）对应的委托人支付分别表示为 $\underline{r}$、$\bar{r}$，显然，$\underline{r} > \bar{r}$；代理人 $\underline{e}$、$\bar{e}$ 对应的产量分别表示为 $\underline{q}$、$\bar{q}$，显然，$\underline{q} > \bar{q}$（具体的公式推导略）。

最优的效用点以公式表示，即

$$S'(q^*) = e \qquad (2.4)$$

式（2.4）代入两种类型的代理人可得其对应的委托人最优效用产量满足等式（2.5）和式（2.6）。

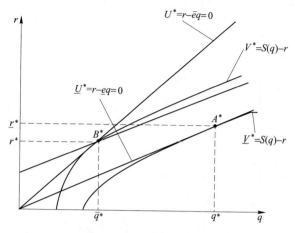

图 2.4　效用函数的均衡

对高效代理人 $\underline{e}$，有

$$S'(\underline{q}^*) = \underline{e} \tag{2.5}$$

对低效代理人 $\bar{e}$，有

$$S'(\bar{q}^*) = \bar{e} \tag{2.6}$$

也就是说，如果委托人对高效代理人提出契约 $(\underline{q}, \underline{r})$，对低效代理人提出契约 $(\bar{q}, \bar{r})$，委托人即可获得最优的效用。

代理人对应的总社会福利为

$$W = S(q^*) - eq^* - F \tag{2.7}$$

此时，高、低效率代理人对应的总社会福利 $\underline{W} = S(\underline{q}^*) - \underline{e}\,\underline{q}^* - F$ 和 $\overline{W} = S(\bar{q}^*) - \bar{e}\bar{q}^* - F$ 都为非负的。

前面针对高、低效率代理人的最优契约有一个隐含的假设，即委托人对代理人完全了解，也就是完全信息状态下的最优契约。但实际上，对于图 2.1 中时序的契约过程，上面的最优契约往往难以达成，原因在于信息不对称，即委托人难以获得代理人的全面信息。

从前述例子来讲，一方面委托人不知道所面对的代理人的种类（$\underline{e}$ 还是 $\bar{e}$）。另一方面，代理人 $\underline{e}$（或 $\bar{e}$）如果假装代理人 $\bar{e}$（或 $\underline{e}$），他有可能获得更高的效用，尽管这会降低委托人效用和社会总效用。由前述理性人假设可知，代理人总是会选择对代理人自己效用最优的契约。

对于委托人提出的一组契约选项集合 $\aleph = \{(\underline{q}, \underline{r}), (\bar{q}, \bar{r})\}$，如果

$$\bar{r} - \bar{e}\bar{q} \geqslant \underline{r} - \underline{e}\underline{q} \tag{2.8}$$

或

$$\underline{r} - \bar{e}\,\underline{q} \geq \bar{r} - \bar{e}\,\bar{q} \tag{2.9}$$

则代理人 $\underline{e}$（或 $\bar{e}$）假装 $\bar{e}$（或 $\underline{e}$）是理性选择。为避免这种情况出现，委托人提供的契约需要满足激励相容性约束式（2.10）、式（2.11）

$$\bar{r} - \underline{e}\,\bar{q} \leq \underline{r} - \underline{e}\,\underline{q} \tag{2.10}$$

和

$$\underline{r} - \bar{e}\,\underline{q} \leq \bar{r} - \bar{e}\,\bar{q} \tag{2.11}$$

此外，还要保证代理人所获得的委托人的转移支付能够覆盖其边际成本，也就是参与性约束式（2.12）、式（2.13）：

$$\bar{r} - \bar{e}\,\bar{q} \geq 0 \tag{2.12}$$

$$\underline{r} - \underline{e}\,\underline{q} \geq 0 \tag{2.13}$$

综上，令代理人为高、低效率的概率分别为 v 和（$1-v$），$0 \leq v \leq 1$，委托代理问题中委托人的最优激励方案可由模型（P2.1）求得：

$$\max_{\{(\underline{q},\underline{r}),(\bar{q},\bar{r})\}} v(S(\underline{q}) - \underline{r}) + (1-v)(S(\bar{q}) - \bar{r}) \tag{2.14}$$

s. t.

激励相容性约束式（2.10）、式（2.11）和参与性约束式（2.12）、式（2.13）。

由于委托人与代理人对代理人类型这一问题上的信息不对称，优化模型（P2.1）的优化结果并不能得到如图 2.4 所示的结果（A^*，B^*）。在不完全信息条件下，考虑激励相容约束和参与约束，只能构造出契约（A^{SB}，B^{SB}）的均衡解，如图 2.5 所示。

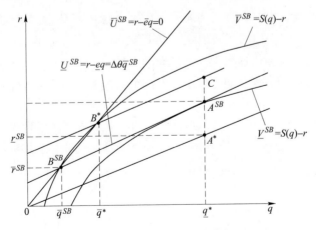

图 2.5　次优选择下的均衡解

对于高效率代理人的转移支付由最优选择中的 r^* 提高到"逆选择"情形下次优选择中的 r^{SB}，其差别（$r^{SB} - r^*$）称为对高效率代理人的"信息租金"。高效率代理人在"逆选择"情形下的最优产量没有降低，但低效率代理人的产量和转移支付都发生了降低，也叫最优产量"扭曲"。要提高低效率代理人的产量，即减少最优产量扭曲，就需要支付高效率代理人更高的信息租金。"逆选择"情形下的契约优化实际上就是在高效率代理人的信息租金和低效率代理人的最优产量扭曲之间折中选择，使得委托人的效用函数最大化。

除了契约方案设计上由于"逆选择"过程导致的次优选择外，在合同执行中，还存在"道德风险"，即由于委托方没有办法观测到（或者实际上不会去观测）代理人的努力程度而导致的远离最优社会效率的情形。但契约理论针对一些风险中性代理人的情形进行分析认为，适当设计激励方案 $\{(t^*, \underline{t}^*)\}$，可以避免这种情形。但在存在有限责任租金、外部租金保留及保险等许多非中性代理人情形下，仍存在效率被扭曲的问题，不论是在总体或是委托人的角度。

2.3　自营外包混合决策中委托代理模型

通过上一节的分析可以看到，"逆选择"导致的次优选择是由于激励契约的提供过程中委托人不知道（或代理人故意隐瞒）代理人的生产效率等属性（信息不对称）造成的；而在"行动"（即合同执行）中的信息不对称仍可能导致"道德风险"，即对代理人的努力程度的激励（过高或不足）可能偏离委托人的最优效益和社会效益最优点。但在实践中，企业外包是不可避免的，因为不同的企业有各自的比较优势，有各自的投资重点。

这里针对一些在自营和外包之间进行权衡的企业，在考虑"逆选择"和"道德风险"的基础上，进行优化决策。应用委托代理理论，以业务发包方为委托人，以承包方为代理人。在清晰定义问题之前，作如下假设：

假设 1：委托人和代理人双方都是理性人。

假设 2：委托人本身有能力自己经营作为标的的某种业务，在自营和外包间选择更经济的方式。

假设 3：代理人的技术装备能力、成本等信息对委托人不可测（逆选择），但对代理人是已知因素。

假设 4：委托人先给出合同组合（对于不同的产出数量、质量给予不同的报酬），供代理人选择。

假设 5：委托人除了提供外包合同，还可以考虑减少自营及扩大自营部分。

假设 6：忽略外部随机因素对生产效率和产量的影响。

2.3.1　完备信息下的最优方案和"逆选择"中的次优方案

2.3.1.1　完备信息下的最优方案

与 2.2 节类似，仍假设存在高效和低效两种代理人，对单位数量产品（不同质量产品取其当量）的成本系数分别为 $\bar{e}$ 和 $\underline{e}$，$\bar{e} > \underline{e}$。由于考虑自营扩大时可能产生的固定成本，这里不能忽略代理人的固定成本，低效率代理人和高效率代理人的固定成本分别设为 $\bar{F}$ 和 $\underline{F}$。低效率代理人和高效率代理人成本函数可由式（2.2）分别求得。

在考虑代理人固定成本的情况下，完备信息下的最优方案如图 2.6 所示。其中，虚线表示忽略固定成本时的代理人无差别曲线。图中点 A^*、B^* 分别表示高效率代理人（$\underline{e}$）和低效率代理人（$\bar{e}$）对应的最优契约均衡点，和图 2.4 中的均衡点位置有不同。从图 2.6 可知，各代理人在达到最优产量和转移支付时，代理人委托人的等效用曲线相交且斜率相等。假设完备信息状态针对高效率代理人 $\underline{e}$ 和低效率代理人 $\bar{e}$ 的最优的方案分别为 $(\underline{r}^*, \underline{q}^*)$ 和 $(\bar{r}^*, \bar{q}^*)$，则有 $\underline{r}^* = \underline{e}\,\underline{q}^* + \underline{F}$ 和 $\bar{r}^* = \bar{e}\,\bar{q}^* + \bar{F}$。

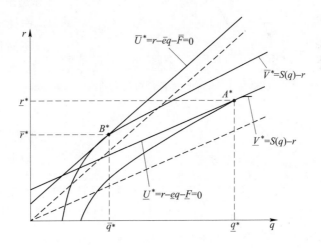

图 2.6　在完备信息状态下含固定成本的激励方案均衡解

从虚线表示的平行线看出，考虑固定成本后，两个均衡点都向东北方向发生了偏移，这就意味着均衡点对应的最优契约的产量（$\underline{q}^*$、$\bar{q}^*$）和转移支付（$\underline{r}^*$、$\bar{r}^*$）都提高了。当然，均衡点落在两个代理人等效用曲线交点的东北方向（这一点可以证明），意味着仍存在 $\underline{r}^* > \bar{r}^*$，$\underline{q}^* > \bar{q}^*$（具体的公式推导略）。

实际上，还可以通过虚线的比对推知，委托人的等效用曲线却向西北方向偏移了，这是对委托人不利的，但却是为了"消化"掉固定成本 k/T 必须的。

委托人自营的边际成本假设为 $\tilde{e}$。自营的固定成本可以认为是委托人为扩展业务的初始投资在本问题展望期内的折旧，固定成本设为 $\tilde{F}$。委托人自营的成本函数可由式（2.2）求得。

将委托人自营生产的生产成本等同委托代理问题中的转移支付，就可以采用与"完备信息状态下含固定成本的激励方案"类似的方法，图解出自营状态下的最优产量和成本，如图 2.7 所示。

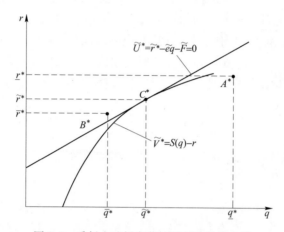

图 2.7　委托人选择自营情况下的优化方案

与代理人的情况类似，显然有 $\tilde{r}^* = \tilde{e}\tilde{q}^* + \tilde{F}$。

2.3.1.2　"逆选择"与次优方案

下面考虑不完全信息的情况。在考虑固定成本的情况下，原激励方案优化模型（P2.1）中激励相容约束式（2.10）和式（2.11）由于不等式两边都需要减去相同的固定成本，所以该约束形式上保持不变。

激励方案优化模型（P2.1）的参与性约束式（2.12）和式（2.13）因为考虑固定成本，变为：

$$\bar{r} - \bar{e}\bar{q} - \bar{F} \geqslant 0 \tag{2.15}$$

和

$$\underline{r} - \underline{e}\underline{q} - \underline{F} \geqslant 0 \tag{2.16}$$

由于委托人还有自营选择，因而还要加上一个参与条件"门槛"约束式

（2.17）和式（2.18），目的是排除效率低于自营选项的参与人。

$$S(\bar{q}) - \bar{r} \geq S(\tilde{q}^*) - \tilde{e}\tilde{q}^* \qquad (2.17)$$

$$S(\underline{q}) - \underline{r} \geq S(\tilde{q}^*) - \tilde{e}\tilde{q}^* \qquad (2.18)$$

在此基础上，可以定义新的委托代理问题最优激励方案模型（P2.2）：

$$\max_{\{(\underline{q},\underline{r}),(\bar{q},\bar{r})\}} v(\max\{S(\underline{q}) - \underline{r}, S(\tilde{q}) - \tilde{e}\tilde{q}\}) +$$

$$(1 - v)(\max\{S(\bar{q}) - \bar{r}, S(\tilde{q}) - \tilde{e}\tilde{q}\}) \qquad (2.19)$$

s. t.

激励相容约束式（2.10）、式（2.11）；

参与性约束式（2.15）、式（2.16）；

"门槛"约束式（2.17）、式（2.18）。

实际上，激励相容约束和参与性约束只有约束式（2.10）、式（2.15）是紧的。所谓的"门槛"约束可以通过预处理的方式过滤掉一些低效率候选代理人。下面分析各种情况下新的委托人收益期望值和模型（P2.1）定义的委托代理关系进行对比。

（1）如果所有代理人对于委托人的期望效用低于"门槛"，如图2.8所示。那么，自营就会成为最优选择，实际上就消除了委托代理关系。

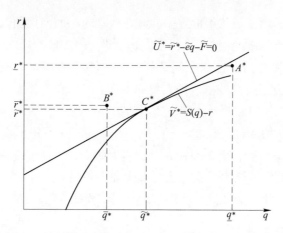

图2.8　所有代理人对委托人的期望效用都低于"门槛"

委托人自营的效用值可由式（2.20）求得。

$$\tilde{V}^* = S(\tilde{q}^*) - \tilde{e}\tilde{q}^* \qquad (2.20)$$

式（2.20）求得的效用函数值称为保留效用，这是委托人能获得的最小效用，其他情形下的委托人效用函数值都应该不低于该效用值。

（2）如果所有代理人对于委托人的期望效用都高于"门槛"，即胜过代理人自营（如图2.9所示），那么问题的优化模型就不用考虑委托人自营的情况，实际上就变为经典的委托代理关系，求解及分析方式和经典模型等同。

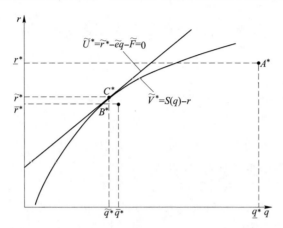

图2.9　所有代理人对委托人的期望效用都高于"门槛"

（3）如果一个代理人对于委托人的期望效用高于"门槛"，而另一个低于"门槛"（如图2.7所示）。模型的目标函数可以转化为

$$\max_{\{(q,r)\}} v[S(\underline{q}) - \underline{r}] + (1-v)[S(\tilde{q}) - \tilde{e}\tilde{q}] \tag{2.21}$$

这种情况下，由于淘汰了低效率的潜在代理人，面向代理人的激励方案只有$(\underline{r}^{*}, \underline{q}^{*})$。在此方案下，低效率代理人由于其效用函数为负不会参与，实际是在高效率代理人和委托人自营之间选择，所以不再考虑信息不对称（逆选择）导致的"次优"方案。高效率代理人契约$(\underline{r}^{*}, \underline{q}^{*})$和委托人自营的执行概率分别为$v$和$(1-v)$，因而此时的期望效用值为

$$E(V) = v[S(\underline{q}^{*}) - \underline{r}^{*}] + (1-v)[S(\tilde{q}^{*}) - \tilde{e}\tilde{q}^{*}] \tag{2.22}$$

综上分析可以看到，由于委托人自营能力的介入，通过设置委托人效用函数"门槛"淘汰了效率过低的可能的低效率代理人。另外，还在一定程度上降低了高效率代理人的"信息租金"。这些都是有利于委托人的。

2.3.2　道德风险模型

在契约方案设计上的信息不对称，造成了外包合同关系（委托代理关系）中的"逆选择"。在合同执行中的信息不对称（或不完全信息），会造成"道德风险"。即，由于委托方没有办法观测到（或者实际上不会去观测）代理人的努力程度而导致的远离最优社会效率的情形。"道德风险"在委托人的特定环境下和经典问题的模型有不同特征。

2.3.2.1 最优激励契约

这里考虑在契约执行中的情形。在契约执行过程中，代理人的产出水平和其努力程度有关。这里为简化问题，设代理人的努力程度为 $\delta \in \{0, 1\}$，对应努力程度 δ，为代理人带来一个负效用 $H(\delta)$。当 $\delta = 1$ 时，令 $H(\delta) = H(1) = H$；令 $H(0) = 0$。

由于生产过程的随机性，代理人的努力对生产产量的影响表现在高低产量的概率上。为简化问题，设产量 $q \in \{\underline{q}, \bar{q}\}$，$\underline{q} < \bar{q}$，不妨令 $\Delta q = \bar{q} - \underline{q} > 0$。努力程度高时，取得高产出量的概率高，反之亦然。故令 $\delta = 1$ 时取得高产量的概率 $Pr(q = \bar{q}|\delta = 1) = \pi_1$；$\delta = 0$ 时，概率 $Pr(q = \bar{q}|\delta = 0) = \pi_0$。令 $\Delta\pi = \pi_1 - \pi_0 > 0$ 为不同努力程度下取得高产量的概率之差。

委托人在代理人努力程度为 $\delta = 1$ 和 $\delta = 0$ 时的效用函数分别为：

$$V_1 = \pi_1(S(\bar{q}) - \bar{r}) + (1 - \pi_1)(S(\underline{q}) - \underline{r}) \tag{2.23}$$

和

$$V_0 = \pi_0(S(\bar{q}) - \bar{r}) + (1 - \pi_0)(S(\underline{q}) - \underline{r}) \tag{2.24}$$

这里合理假设 $V_1 > V_0$，即通常情况下需要鼓励代理人积极的努力，这对风险中性（追求效用函数数学期望值的最大化）委托人是有利的。需要指出的是，这里对代理人的转移支付是基于其产量做出的，而非其努力程度。

为激励代理人付出积极的高努力程度（$\delta=1$），有激励约束

$$\pi_1 u(\bar{r}) + (1 - \pi_1)u(\underline{r}) - H \geqslant \pi_0 u(\bar{r}) + (1 - \pi_0)u(\underline{r}) \tag{2.25}$$

将代理人的保留效用简化为零，则其参与性约束为

$$\pi_1 u(\bar{r}) + (1 - \pi_1)u(\underline{r}) - H \geqslant 0 \tag{2.26}$$

参与性约束式（2.26）保障代理人获得效用的数学期望值至少等于其从事其他工作的外在机会效用水平（及保留效用）。从激励约束式（2.25）和参与性约束式（2.26）的比较来看，至少在生产结果（生产过程随机性）显现之前，只有约束式（2.25）是紧的，因为总有 $\pi_0 u(\bar{r}) + (1 - \pi_0)u(\underline{r}) \geqslant 0$。

在完备信息下，假设委托人和/或仲裁者（法律机构）能够观测代理人的努力程度，也就是说其努力程度 δ 是可观测的，委托人的契约优化模型（P2.3）为

$$\max_{(\underline{r}, \bar{r})} \pi_1(\bar{S} - \bar{r}) + (1 - \pi_1)(\underline{S} - \underline{r})$$

s.t.　　式（2.26）

模型（P2.3）中，为简化符号表示，令 $\bar{S} = S(\bar{q})$，$\underline{S} = S(\underline{q})$。因为代理人的努力是可观测的，可以通过法律机构强制其付出高的生产性努力，或者对其没有努力尽责的行为进行惩罚，所以激励约束式（2.25）在完备信息的情形下是不必

要的。

以 λ 为约束式（2.26）的拉格朗日乘子，得

$$L_\lambda = \pi_1(\bar{S} - \bar{r}) + (1 - \pi_1)(\underline{S} - \underline{r}) + \lambda[\pi_1 u(\bar{r}) + (1 - \pi_1)u(\underline{r}) - H]$$

$$\frac{dL_\lambda}{d\bar{r}} = -\pi_1 + \lambda \pi_1 u'(\bar{r})$$

$$\frac{dL_\lambda}{d\underline{r}} = -(1 - \pi_1) + \lambda(1 - \pi_1)u'(\underline{r})$$

令 $\dfrac{dL_\lambda}{d\bar{r}} = 0$，$\dfrac{dL_\lambda}{d\underline{r}} = 0$，得

$$-\pi_1 + \lambda \pi_1 u'(\bar{r}^*) = 0 \tag{2.27}$$

$$-(1 - \pi_1) + \lambda(1 - \pi_1)u'(\underline{r}^*) = 0 \tag{2.28}$$

由式（2.27）、式（2.28）可得

$$\lambda = \frac{1}{u'(\bar{r}^*)} = \frac{1}{u'(\underline{r}^*)}$$

又通常假设代理人的效用函数 $u(r)$ 是递增的凹函数（$u' > 0$，$u'' < 0$），故有 $\lambda = \dfrac{1}{u'(\bar{r}^*)} = \dfrac{1}{u'(\underline{r}^*)} > 0$，由此可得 $\bar{r}^* = \underline{r}^* = r^*$。

由模型（P2.3）的求解结果可知，由于信息完备，代理人的努力程度由委托人完全决定，所以无论产出如何，代理人都能得到转移支付 r^*。

如果 $V_1 > V_0$，委托人鼓励代理人进行积极努力，则由约束式（2.26）得

$$\pi_1 u(\bar{r}) + (1 - \pi_1)u(\underline{r}) - H = u(r^*) - H \geq 0$$

令效用函数 $u(r)$ 的反函数为 $h(\cdot) = u^{-1}(\cdot)$，则 $r^* = h(H)$，即转移支付刚好能够覆盖其付出高努力程度的负效用（保留效用为零的前提下）。

此时，委托人在代理人积极努力下获得的期望收益为：

$$V_1 = \pi_1 \bar{S} + (1 - \pi_1)\underline{S} - h(H) \tag{2.29}$$

如果委托人不让代理人进行积极努力，那么，$r^* = 0$。委托人的期望收益为：

$$V_0 = \pi_0 \bar{S} + (1 - \pi_0)\underline{S} \tag{2.30}$$

将式（2.29）和式（2.30）代入 $V_1 > V_0$ 得

$$\pi_1 \bar{S} + (1 - \pi_1)\underline{S} - h(H) > \pi_0 \bar{S} + (1 - \pi_0)\underline{S}$$

$$(\pi_1 - \pi_0)(\bar{S} - \underline{S}) > h(H)$$

即

$$\Delta\pi\Delta S > h(H) \tag{2.31}$$

式 (2.31) 中，$\Delta\pi = \pi_1 - \pi_0$，$\Delta S = \bar{S} - \underline{S}$。该式的条件满足，说明刺激积极努力是最优的，或者说值得的。式的左边实际含义是积极努力比没有努力的期望收益的差，也就是说，$\delta = 1$ 比 $\delta = 0$ 时有更大的机会取得高的收益；右边是积极努力的成本。为方便下面比较，记 $B = \Delta\pi\Delta S$，$C^{FB} = h(H)$。

如图 2.10 所示，积极努力带来的收益 B 大于第一最优（First Best）努力成本 C^{FB} 时，积极努力是最优的。即在完备信息时，$\delta = 1$ 的充要条件为：$B \geqslant h(H)$。

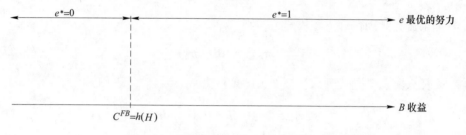

图 2.10 信息完备条件下的最优努力水平

2.3.2.2 道德风险下的激励契约及其效率分析

多数的业务外包属于信息不完备情况，代理人的努力是不可以观测的。此时，需要按照代理人不同的风险偏好进行分析，具体包括风险中性代理人和存在有限责任租金、外部租金保留及保险等许多非中性代理人。已有文献已经对此问题进行了分析。

对于信息中性代理人（追求收益或效用函数的数学期望最大化）的情况，不存在效率扭曲的问题，没有道德风险。

但对于大多非中性代理人情况，仍存在效率被扭曲的问题（不论是在总体或是委托人的角度）。有限责任代理人的具体要求为

$$\bar{r} \geqslant -l \tag{2.32}$$

和

$$\underline{r} \geqslant -l \tag{2.33}$$

式 (2.32) 和式 (2.33) 中，$l \geqslant 0$，为有限责任租金，代理人承担有限责任 l。有限责任约束式 (2.32) 和式 (2.33) 要求，代理人的转移支付总是不小于 $-l$。

此时的可行激励规划模型要满足的约束包括下列激励约束式 (2.34) 和参与性约束式 (2.35)。为简化问题，假设 $u(r) = r$，则 $h(H) = H$。

$$\pi_1 \bar{r} + (1 - \pi_1)\underline{r} - H \geqslant \pi_0 \bar{r} + (1 - \pi_0)\underline{r} \tag{2.34}$$

$$\pi_1 \bar{r} + (1 - \pi_1)\underline{r} - H \geqslant 0 \tag{2.35}$$

在模型（P2.3）的基础上，加入约束式 (2.32)、式 (2.35)，即为有限责

任代理人可行激励模型。

模型在文献中已有求解和分析。当代理人有限责任 l 足够大 $\left(l \geqslant \dfrac{\pi_0}{\Delta \pi} H \right)$ 时，和中性代理人的模型结果相同，不存在道德风险问题。

当道德风险不能忽略时，这里以 $l = 0$ 的情况为例进行分析。

此时求解结果中，如果委托人激励代理人积极努力的期望效用为：

$$V_1^{SB} = \pi_1 \bar{S} + (1 - \pi_1) \underline{S} - \frac{\pi_1}{\Delta \pi} H \qquad (2.36)$$

如果放弃激励代理人积极努力，则

$$V_0^{SB} = \pi_0 \bar{S} + (1 - \pi_0) \underline{S} \qquad (2.37)$$

委托人愿意激励代理人积极努力的条件为 $V_1^{SB} > V_0^{SB}$，即

$$\Delta \pi \Delta S > \frac{\pi_1}{\Delta \pi} H = H + \frac{\pi_0}{\Delta \pi} H \qquad (2.38)$$

将式（2.38）与式（2.31）比较，可得图 2.11，其中 $C^{SB} = \dfrac{\pi_1}{\Delta \pi} H = H + \dfrac{\pi_0}{\Delta \pi} H$。

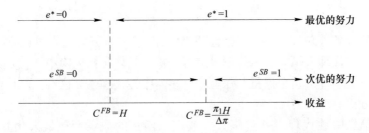

图 2.11　道德风险和有限责任并存时的最优和次优努力

由图 2.11 可知，道德风险和有限责任并存时，保证代理人高努力程度的可行区间被压缩了。

其他一些道德风险的情形在文献中也都有分析，但和有限责任代理人的例子类似的结论是，道德风险使得激励代理人高努力程度变得更难了。

前面讨论的都是仅考虑业务外包的情形，没有考虑自营的情况。委托人实际上会将有限责任代理人的委托人效用期望和自营获得的效用期望值相比较。假设委托人自营的期望效用为 V_1^{OW}（可以认为委托人自营总是积极努力的），则外包实现条件为：

$$\max \{ V_1^{SB}, V_0^{SB} \} \leqslant V_1^{OW} \qquad (2.39)$$

与上节"逆选择"的情形类似，也会形成一个外包选择"门槛"。这里不再赘述。

2.4 超委托代理模型的一般特征及模型

随着社会分工的深化、供应链的完善和市场竞争的加剧，越来越多的企业现在将自己核心竞争优势以外的大部分业务外包给专业公司，以集中主要精力于自己的竞争优势重点。但业务外包必然会形成一种委托代理关系，委托人和代理人之间的信息不对称会造成前述的"逆选择"、道德风险等问题。这些问题提高了委托人的经营成本，降低了最优生产产量，影响委托人、代理人的效益以及社会效益（具体见前面分析）。

如何既能通过业务外包剥离非核心业务，又能最大限度的发挥委托人和代理人产能优势，提高委托人经济效益，实现双赢，吸引了大量学者进行研究。这里以国内某矿山企业业主的开采业务外包（即所谓"合同采矿"）为研究背景，利用委托代理理论中的建模和分析方法，从中提炼特定的委托代理关系特征，阐述以所谓"超委托"为特征的委托代理关系。

2.4.1 超委托代理模型的前提和假设

2.4.1.1 "合同采矿"及其"超委托"特征

在前述自营和外包混合选择的委托代理模型的基础上，通过双方关系的进一步发展，实现资本、人员、设备、技术、信息等多方面的融合。通过委托人将自己的可以用于自营生产的各种人力、财力和技术设备资源和外包企业整合，超越传统的委托代理模式，克服了在契约制定、执行环节的信息不对称问题，并在外包业务执行中，相互沟通，信息共享，追求公平合理、互利共赢的长期合作的利益关系。超委托模式是相对于传统的外包模式而言的，是一种对传统基于外包合同的委托代理关系的超越。

这里以国内某矿山企业业主以"合同采矿"为特征的业务外包模式为背景，从中提炼特定的委托代理关系特征，形成所谓的"超委托"委托代理模型。具体的说，该案例中的委托代理关系具有如下特征：

（1）委托人和代理人在产权关系上的深度融合。在我们研究的矿山开采的应用背景中，作为委托人的矿山业主由于过去自己经营开采业务，拥有大量的设备、人员及技术资源。通过和专业采矿企业进行资源整合，成立新的以"人合"特征的共同持股企业，承担矿山业主的采矿业务，即所谓"合同采矿"。

（2）委托人和代理人虽然是不同的利益主体，但相互之间高度信任、合作。由于作为代理人的外包企业是委托方的持股企业，委托方为其大股东之一，并且其中管理、技术和现场工人中有相当比例。更重要的是，代理人企业以委托人为依托，其发展、经济效益高度依赖委托人。所以代理人和委托人一样，关注委托人的根本利益和长远利益。

（3）代理人信息透明。由于双方在技术装备、人员上的融合，加上委托人也有长期从事相同业务的经验，又与代理人长期合作，所以对代理人的生产能力等信息完全掌握，为消除"逆选择"和道德风险等委托代理问题创造了条件。

（4）代理人执行合同中的生产信息共享。许多行业对自然资源、地质条件等外部未知因素有高度依赖性，涉及这些行业的外包业务中，代理人主动的在生产中去搜集某些信息并及时共享给委托人，可能会有利于委托人修正某些生产规划方面的错误，或者重新规划带来更多的效益。但有些信息的共享可能对代理人获得的转移支付不利；有的信息获取可能会带来额外的成本，而事先并不能认定信息价值；有的信息是委托人企业规划所必须的。在这些信息共享方式上的设计，构成了这里所谓"超委托"的重要方面。

这些"超委托"特征构成了这种特殊的委托代理关系的前提和基础。

2.4.1.2　"超委托"委托代理关系的假设

从上述"合同采矿"案例的一系列所谓"超委托"特征出发，提炼更具普遍性的一般的"超委托"委托代理关系的一些假设如下：

假设 1：委托人和代理人虽然仍是不同的利益主体，但委托人对代理人的事前信息的掌握是完备的；

假设 2：委托人对代理人在执行合同任务时的成本细节有一定的计算方式，对努力程度有一定的观测能力；

假设 3：代理人在执行合同中，会产生一些与委托人利益相关的信息。这些信息对委托人的作用都是正面的。

假设 3 中的信息在"合同采矿"中是非常常见的，也是非常重要的。虽然矿山业主已经通过前期的地质勘探掌握了一些地质资料，但在开采中还会暴露一些新的地质现象，比如小断层、裂隙和其他的地质现象。这些信息可以完善或修正前期的依据地质勘探结果而绘制的矿图。这些新的更详细的信息还可以在矿山企业的长远规划、开采计划、工艺设计、环境保护等方面进行更科学的决策，从而减少额外成本，为双方合作带来更多利润空间，实现双赢。这里所提到的"超委托"委托代理关系不仅能够消除信息不对称带来的社会效用损失（从而最终导致委托人和代理人双方的潜在利益损失），而且通过信息共享，透明合作，为双方带来更大的潜在利益。

2.4.2　传统模型下信息完备的利益及优化模型

基于 2.4.1 中委托代理关系的"超委托"特征及其假设，可以认为在我们定义的"超委托"委托代理（以下简称超委托）关系中，事前信息是信息完备的。

这样依据前文分析，从委托人的角度，我们就可以对于高效率代理人减少信息租金（$r^{SB} - r^*$），或对于低效率代理人提高产量（$\bar{q}^* - \bar{q}^{SB}$）。其中后者实际上提高了社会效用。

下面通过类似传统的效益工资理论、雇农理论（分成制）来比较说明信息完备带来的利益。

2.4.2.1 基于效益工资理论的外包业务优化模型

依据现有的效益工资理论，对于代理人（外包方），按照风险中性来考虑，其条件和 2.3.2 中类似。当 $\delta \in 1$ 时，业主（委托人）获得的高收入为 $\bar{V}$ 的概率为 π_1，获得低收入 $\underline{V}$ 的概率为 $(1 - \pi_1)$；当 $\delta \in 0$ 时，业主（委托人）获得的高收入为 $\bar{V}$ 的概率为 π_0，获得低收入 $\underline{V}$ 的概率为 $(1 - \pi_0)$。为激励代理人努力程度，委托人必须给予补偿（$\underline{r}, \bar{r}$），其模型（P2.4）如下：

$$\max_{(\underline{r}, \bar{r})} \pi_1(\bar{V} - \bar{r}) + (1 - \pi_1)(\underline{V} - \underline{r})$$

s. t.

$$\pi_1 \bar{r} + (1 - \pi_1)\underline{r} - H \geq \pi_0 \bar{r} + (1 - \pi_0)\underline{r} \tag{2.40}$$

$$\pi_1 \bar{r} + (1 - \pi_1)\underline{r} - H \geq 0 \tag{2.41}$$

$$\underline{r} \geq 0 \tag{2.42}$$

和前面对模型（P2.3）的讨论类似，式（2.42）其实是保证代理人的有限责任。对该模型的求解及分析也与模型（P2.3）类似。

2.4.2.2 基于雇农理论的分成制模型

依据雇农理论，委托人对代理人的转移支付按照产出的一定比例进行。这里假设产出的分成代理人为 α，委托人保留 $(1-\alpha)$，则有 $\underline{r} = \alpha \underline{q}$，$\bar{r} = \alpha \bar{q}$。分成制模型（P2.5）如下：

$$\max_{\alpha}(1 - \alpha)[\pi_1 \bar{q} + (1 - \pi_1)\underline{q}]$$

s. t.

$$\alpha[\pi_1 \bar{q} + (1 - \pi_1)\underline{q}] - H \geq \alpha[\pi_0 \bar{q} + (1 - \pi_0)\underline{q}] \tag{2.43}$$

$$\alpha[\pi_1 \bar{q} + (1 - \pi_1)\underline{q}] - H \geq 0 \tag{2.44}$$

可以看到，式（2.43）在最优时应该是紧的，由此可求得最优时的线性分配规则为：

$$\alpha^{SB} = \frac{H}{\Delta\pi\Delta q} \tag{2.45}$$

为了让委托人有利可图,必须有 $\alpha^{SB} < 1$,即 $H < \Delta\pi\Delta q$。

在此分配原则下,委托人和代理人的期望效用分别为:

$$EV_\alpha = \pi_1\,\bar{q} + (1 - \pi_1)\,\underline{q} - \frac{H[\,\pi_1\,\bar{q} + (1 - \pi_1)\,\underline{q}\,]}{\Delta\pi\Delta q} \tag{2.46}$$

$$EU_\alpha = \frac{H[\,\pi_1\,\bar{q} + (1 - \pi_1)\,\underline{q}\,]}{\Delta\pi\Delta q} \tag{2.47}$$

与效益工资模型(具体分析参考第 2.3.2 节道德风险下的委托代理模型)类似,这里的 α^{SB} 是次优选择下的,但在 $H < \Delta\pi\Delta q$ 的条件下,不会影响最优产量和社会效用。

2.4.2.3　交易成本与信息完备的利益

前面所涉及的效益工资理论和雇农理论,都需要对代理人的努力成本 H,以及努力程度对高产出概率的影响 $\Delta\pi$、Δq 等进行调查,这构成了较高的交易成本。另外,信息不完备情况下从第 2.3.2 节的模型和前文的效益工资理论、雇农理论等分析可以看出,由于有限责任租金的抽取,次优选择压缩了最优产出的潜在可能。

在超委托假设中的信息完备情况下,这些交易成本和事前事后的信息不完备导致的社会效益成本都是可以避免的。

2.4.3　超委托关系模型及其讨论

2.4.3.1　委托人的效用函数形式

在特定的应用场合,委托人的效用函数是不同的。在各种形式的业务外包中,委托人往往有自己的生产计划和产量目标。这里仍以前述的"合同采矿"为背景,提炼其中的委托人效用函数。

这里假定委托人的效用函数 $V(q)$ 在问题开始时是可选的,如图 2.12 所示。委托人可以通过不同的技术设备投资获取不同的产量效用曲线。注意,这里的曲线不同于前面同一配置下的等效用曲线,这里的不同曲线是可以有交叉的。在交叉点,说明这两种不同的技术配置形式,在这一产量处有相同的效用水平。

图 2.12 的委托人效用曲线 $V_1(q)$ 和 $V_2(q)$ 可能是不同的技术经济决策导致的。曲线 $V_1(q)$ 可能意味着较少的初期投资,更低的产量要求;而 $V_2(q)$ 则需要更多的初期投资,更高的产量要求。

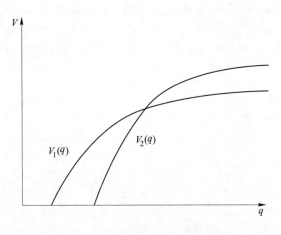

图 2.12 委托人不同的效用曲线

2.4.3.2 代理人的效用函数形式

与委托人的效用函数曲线类似，代理人也有一个技术决策的问题，不同的效用曲线意味着不同的初期投资和单位成本，如图 2.13 所示。

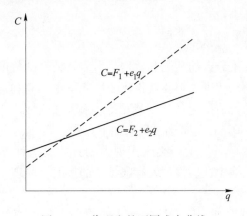

图 2.13 代理人的不同成本曲线

2.4.3.3 超委托关系下的协调决策的优势

超委托关系实际上是一种竞合关系，通过创造共同价值、克服局部最优来实现更高的效益，追求共赢。在传统的委托代理关系中，通常由委托人先进行技术决策，然后再通过前文中的模型提高契约供代理人选择。在开始委托人进行技术投资决策时，就和代理人协调，可以创造更多的盈利。

为简化问题分析过程，假设委托人和代理人各有两种曲线，如前面图 2.12

和图 2.13 所示。如果协调合作，集成决策，就存在 4 种决策组合，$\Phi = \{(V_1, e_1), (V_1, e_2), (V_2, e_1), (V_2, e_2)\}$。

从图 2.14 可以看出，组合 (V_2, e_2) 是最优的。这种最优利益只有在协调决策下才有保证。

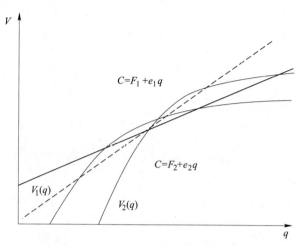

图 2.14　委托人和代理人不同的决策组合

2.4.3.4　协调决策下的利益分配

对应前面协调决策导致的共同利益增量，需要公平的分配机制。公平分配机制的前提是，委托人和代理人都要获得比非协调下更多的利益。假设在协调条件下的效用函数增加的价值量化（比如货币等值化）分别为 ΔU 和 ΔV，则首先要保证 $\Delta U > 0, \Delta V > 0$。在此基础上采取如下方式：

（1）以委托人为主的，适当奖励代理人的方式。这种方式适用于委托人主导，并且委托人为风险中性、代理人有限责任的情况。体现了风险和利润平衡的原则。

（2）业务量比例原则。依据增量产生的原因，对增值部分进行分配。以图 2.14 所示的案例为例进行分析，因协调决策生产规模扩大了，而双方都需要为增加产量而提高投资和业务量。可以根据投资和业务量的各自增加而决定增值价值的分配。

（3）基于生产要素的方式。这个和业务量比例原则相似，不同之处在于考虑除了投资和业务量之外的要素，包括市场开拓、资源消耗等。如矿山业主，提高开采量意味着消耗了更多的资源，可能缩短矿山服务年限，在分配价值增量部分时，要考虑资源价值的影响。

基于以上原则，超委托关系下考虑利益分享的委托代理优化模型（P2.6）

的一般形式如下：

$$\max_{\{q\}} E(U + V) = E\left[S(\tau_p, q) - C(\tau_a, q) \right] \tag{2.48}$$

s. t.

$$r \geqslant C(\tau_a, q) + \lambda \left[S(\tau_p, q) - C(\tau_a, q) \right] \tag{2.49}$$

$$r - C(\tau_a, q) \geqslant 0 \tag{2.50}$$

$$S(\tau_p, q) - C(\tau_a, q) \geqslant \max_{\{\tau_p, \tau_a\}} E(U + V) \tag{2.51}$$

其中，目标函数式（2.48）表示以委托人和代理人的共同利益的数学期望最大化为目标，这是超委托关系和一般的委托代理关系最大的区别之处，该目标保证了协调机制下的最大社会效用。式中的 τ_p 和 τ_a 分别表示委托人和代理人在协调决策中采用的技术决策（采用哪种投资和工艺技术路线）；$S(\tau_p, q)$ 表示委托人在工艺技术路线 τ_p 下，代理人的产量 q 带来的收益；$C(\tau_a, q)$ 表示在代理人选择技术路线 τ_a 的前提下，产量 q 对应的生产成本。

约束式（2.49）表示委托人愿意通过转移支付将协调带来的部分溢出效用分享给代理人，其中 λ 表示代理人利润分配系数。约束式（2.50）保证代理人的有限责任，即代理人不能获得低于成本的转移支付。约束式（2.49）和式（2.50）只有一个是紧的。通常约束式（2.49）是紧的，除非 $S(\tau_p, q) - C(\tau_a, q)$ 小于 0，即双方的合作带来的总社会效用是负的，也就是合作失败。约束式（2.51）表示双方选择的工艺技术路线（即图 2.14 中的曲线）都是在产量 q 下的最优选择。

模型（P2.6）是"超委托"关系中，以社会总效用最优为目标，并让渡代理人适当合作利润溢价的委托代理模型。其前提是，双方都没有信息隐瞒的能力和动机。这里也可以将协调决策带来的社会总效用提升称为"超委托"溢价或"合作"溢价。

2.5 超委托关系中的业务信息共享

不论传统制造企业或是新兴高技术企业，信息都是企业的宝贵竞争资源。在"业务外包"关系中，由于合同中的生产计划及价格等条款都是基于事前信息订立的。在合同执行中是，由于代理人处于生产的最前沿，其获取信息也往往更加便利，因而可能掌握更多信息，及时和委托人共享这些信息，对于委托人制定更好的生产计划、节约成本、创造更多的利润，都是非常必要的。需要制定合理的激励机制，使得委托人能够共享代理人在执行外包业务过程中获得的信息，用于更新对相关业务的既有信息。但代理人由于不同的利益立场，往往把对这些信息的优势作为和委托人进行博弈的工具，从而有隐藏信息的道德风险。

这里通过传统委托代理关系中对信息的共享激励方式的分析，对比说明超委托关系条件下的信息共享优势。

2.5.1　传统委托代理关系下的业务信息激励模型及其分析

传统的"业务外包"作为一种委托代理关系，存在代理人隐藏信息的道德风险。对于执行合同中，代理人的信息共享问题，许多学者在传统委托代理关系的框架下，提出了一些激励模式。这里以供应链上下游企业间的信息共享激励模型为例，分析传统委托代理关系中的信息共享激励模式。

假设委托人为在供应链中居于支配地位的制造商 M，代理人为零售商 R。以 e_M 和 e_R 分别表示委托人和代理人在信息共享方面所做的努力程度。$e_M = 1$ 或 $e_R = 1$ 分别表示委托人或代理人没有进行信息共享的努力。以 α 和 $(1-\alpha)$，$0 < \alpha < 1$，分别表示代理人和委托人在信息共享方面的重要程度，即其信息共享对于提高合作业务收益方面的重要性。

假设双方信息共享对合作业务收益方面的提高这里设为对数关系，为 $W(e_M, e_R) = \ln e_M (1-\alpha) e_R^{\alpha} + \varepsilon$，其中 ε 为影响收益的随机因素，且 $\varepsilon \sim N(0, \delta^2)$。假设信息共享的成本分别为 $C(e_M) = \frac{1}{2} \lambda e_M^2$，$C(e_R) = \frac{1}{2} \lambda e_R^2$。假设信息共享的收益分享系数委托人和代理人分别为 $(1 - \beta)$ 和 β，则委托人的期望收益为

$$E(W_M) = (1 - \beta) \ln e_M^{(1-\alpha)} e_R^{\alpha} - \frac{1}{2} \lambda e_M^2 \tag{2.52}$$

代理人的期望收益为

$$E(W_R) = \beta \ln e_M^{(1-\alpha)} e_R^{\alpha} - \frac{1}{2} \lambda e_R^2 \tag{2.53}$$

基于以上假设和分析，激励优化模型（P2.7）如下：

$$\max_{e_M, \beta} E(W_M) = (1 - \beta) \ln e_M^{(1-\alpha)} e_R^{\alpha} - \frac{1}{2} \lambda e_M^2 \tag{2.54}$$

s. t.

$$E(W_R) - \frac{1}{2} \mu \beta^2 \delta^2 \geqslant \overline{\omega} \tag{2.55}$$

$$e_R \in Argmax E(W_R) \tag{2.56}$$

模型（P2.7）中，考虑代理人通常是风险厌恶型的，故令 $\frac{1}{2} \mu \beta^2 \delta^2$ 为代理人的风险成本。$\overline{\omega}$ 为代理人不进行信息共享时的保留收益。约束式（2.55）为参与性约束，式（2.56）为激励可行约束。

求解模型（P2.7）得

$$e_R^* = \sqrt{\frac{\alpha \beta}{\lambda}} \tag{2.57}$$

$$e_M^* = \sqrt{\frac{(1-\alpha)(1-\beta)}{\lambda}} \qquad (2.58)$$

目标函数

$$\max E(W_M) = \ln e_M^{(1-\alpha)} e_R^\alpha - \frac{1}{2}\lambda e_M^2 - \frac{1}{2}\lambda e_R^2 - \frac{1}{2}\mu\beta^2\delta^2 - \bar{\omega} \qquad (2.59)$$

对求解结果分析可得如下结论：

（1）只有同时满足 $\lambda < \alpha\beta$ 和 $\lambda < (1-\alpha)(1-\beta)$ 时，委托人和代理人才有共同的意愿共享信息。

由于 λ 为信息共享的成本系数，所以，只有信息共享的成本较低时，才更有可能达成信息共享。

（2）由式（2.54）和式（2.55）看出，合作双方的最优努力水平和其在共享中的重要性和收益成正比。

（3）如果分享系数由委托人给定，代理人的最优分享系数 β^* 与代理人的风险规避度 μ，随机影响的波动程度 δ^2 以及其权重 α 有关。

由以上分析结论可知，降低信息共享成本、提高代理人在信息共享中的获益比例、降低其风险，可以提高代理人信息共享的积极性。

另外，必须强调的是，这里的所谓信息共享是中性信息共享，及该信息不会对双方的利益分割产生影响，不涉及合同中的标的利益。也就是说，对于这些信息，双方都没有隐瞒的动机，考虑的信息共享成本仅包括用于公开其内部信息的专用性投资的资金数，为信息共享进行的必要信息传递和分析而花费的成本。在实际的业务外部实践中，存在一些代理人有隐瞒动机的信息。如果共享这部分信息，在代理人和委托人的博弈中，代理人会处于更不利的位置，影响代理人的合同收益分成。比如，在合同中按照更高难度进行成本估算的某项工作，在实际中可能和估计的情况不符，是较低成本完成的。如果代理人共享了部分信息而让委托人知悉实情，可能影响合同中的转移支付数量。这种情况的信息就是敏感的，代理人有隐瞒信息的动机，可能因为代理人的"隐瞒信息"而导致委托人对以后的生产计划做出错误判断，从而产生大的"社会成本"。

2.5.2 超委托关系下中性生产信息共享分析

我们定义的"超委托"关系如前所述，通过在资本、人员等层面的深度融合，委托人和代理人双方对信息共享的成本、程度，以及信息共享给双方带来的共同收益，都是透明的。

这里所谓的"生产信息"是指在生产中代理人获取的对委托人有一定价值的信息，也称业务信息。业务信息不同于前文提到的"信息不对称"中的信息。这些业务信息有些对代理人没有利害关系，有的可能会涉及委托人和代理人之间的转移支付。比如，在"合同采矿"的外包业务中，代理人在矿山开采中发现某些地质条件与委托人在矿图中提供的不符，委托人将实际的软岩或土层当成了硬岩。如果报告委托人这一情况，可能会导致委托人降低潜在的转移支付或者未来在新一轮合同谈判中降低转移支付。这里所谓的"中性信息"，就是指对代理人没有利害关系的但对于委托人有一定价值的信息。"非中性业务信息"的共享将在下一节讨论。

假定委托人向代理人提供了充分的相关信息，这里仅考虑代理人信息共享的情况。代理人共享信息程度设为 $e \in [0, 1]$ ，$e = 1$ 为完全信息共享。考虑在信息共享下的代理人成本为 $C(q, e) = C(q, 0) + \gamma e q$ ，其中 $\gamma \in (0, 1)$ ，为信息共享的成本系数，$C(q, 0)$ 为不共享信息（即 $e = 0$ ）时的业务成本。令 $C_0(q) = C(q, 0)$ ，则 $C(q, e) = C_0(q) + \gamma e q$ 。这里假定信息共享的成本与业务产量成正比，因为生产信息是在生产中获得的，产量越多，信息量越大，成本越高。

信息共享下委托人的收益通常抽象为 $S(q, e, \theta)$ ，其中，θ 为随机变量，假定 $\theta \sim N(0, \delta^2)$ 。令 $S_0(q, \theta) = W(q, 0, \theta)$ 表示不共享信息（即 $e = 0$ ）时的委托人收益。令 $E(\Delta W) = E[S(q, e, \theta) - S_0(q, \theta)] - [C(q, e) - C_0(q)]$ 表示由信息共享带来的溢价。

超委托关系下的中性业务信息共享的一般优化激励模型（P2.8）为：

$$\max_{q,e} E[S(q,e,\theta) - C(q,e)] = E[S(q,e,\theta)] - C(q,e) \qquad (2.60)$$

s. t.

$$E(\Delta W) \geq 0 \qquad (2.61)$$

$$r \geq (q,e) + \lambda E(\Delta W) \qquad (2.62)$$

模型（P2.8）的目标函数式（2.60）是最大化社会效用（委托人和代理人总效用）的数学期望。约束式（2.61）是表示信息共享的社会效用数学期望大于不共享的社会效用数学期望，相当于经典委托代理问题的激励兼容约束。由于目标函数已经包括 e 的优化，所以约束式（2.61）没有必要。约束式（2.62）是利益分配约束，通过分享系数 λ ，$0 \leq \lambda \leq 1$ ，给予代理人信息共享方面的正向激励。

2.5.3　生产信息非中性条件下的模型修正

如果生产信息对代理人的转移支付有一定的影响，则有基于公平原则和基于激励兼容原则两种信息共享激励模式。

（1）基于公平原则的非中性生产信息共享激励模式。目标函数依然为模型（P2.8）的目标函数。即仍以社会效用为优化目标。在转移支付部分和模型（P2.8）也相同，只是需要强调在共享信息情况下，转移支付依据的成本函数 $C(q, e)$ 是真实的成本函数，不再是原来基于错误信息的成本函数。因为信息溢价也加进了代理人转移支付，而且根据实际的成本决定转移支付，也符合公平原则。也是信息透明下有利于长期合作的优势。

（2）基于激励兼容原则。基于激励兼容原则的方式，是在委托人对代理人某些信息共享难以监督的情况下，以牺牲公平来换取信息共享的方式。及在信息共享影响的支付转移的情况下，以不小于原支付转移为原则，换取代理人对信息共享的激励。

3 超委托代理关系下的生产安全问题

<<<<<<<<<<<<<<<<<<<<<<<<<<<<<<<<<<<<<<<<<<<<<<<<<<<<<<<<<<<<<

考虑到矿山生产的特殊性,超委托代理还要考虑矿山安全问题。矿山安全管理除了涉及矿山业主和外包方,可能还涉及政府监管行为。针对多方、不同层次参与的委托代理问题,本章建立生产安全模型、两阶段委托代理模型,以及考虑时间特性的纵向委托代理模型。从理论上分析在不同的安全管理投入、激励参数、政府奖惩力度以及政府安全绩效等安全管理机制下,各参与方理性博弈方式及其对矿山安全保障水平的影响。并结合实际案例分析,为矿山安全管理提供决策支持。

3.1 矿山生产安全问题及其监管机制

矿山企业鞍钢矿业与外包公司鞍矿爆破在关宝山铁矿石开采方面进行深度合作。鞍钢矿业和鞍矿爆破不仅有开采业务上的外包关系,还有企业股份上的合作。鞍矿爆破公司成立了关宝山项目部,承担着关宝山矿业年 1500 万吨的穿孔、爆破、采装、运输、排土的生产任务。在各种生产过程中存在着信息不对称的情况,爆破公司有可能将生产作业中某些情况进行隐瞒处理。这些信息如,采矿过程中发现文物或者在作业中造成人员死伤,由于爆破公司担心信息上交可能对代理生产进度造成一定的影响,甚至可能是停产,最终部分安全信息有可能会被隐藏。为了避免这些信息被隐藏的风险,制定强有力的合同十分必要。委托代理理论认为,当代理人的真实行为不能完全被委托人观察到时,利益冲突和信息不对称必然会促使代理人将自己的利益置于委托人的利益之上。那么,如何减少信息不对称带来的委托方利益损失成为研究的重点。

这里主要探讨生产安全管理方面的委托代理关系。以前出现生产安全问题往往把责任归咎于操作人员,并未考虑到是管理层的管理方式有问题,这是因为操作人员的作业也受到管理者的控制、影响和约束。如想预防铁矿重大事故的发生,就必须充分调动铁矿管理者的安全工作积极性,减少其在安全管理工作上的失误或错误。在实际生产作业时,往往存在两方面绩效,生产绩效和安全绩效。生产绩效是指生产作业所带来的利润,安全绩效是指在生产安全方面取得效果而得到的奖励。

本书在委托代理模型的框架下对矿业生产中安全生产方面进行了分析,期望能对鞍钢矿业的安全生产有所帮助。

3.2 考虑生产安全的超委托代理模型

根据国家统计局发布的权威数据显示，2017 年全年各类生产安全事故共死亡 37852 人，其中工矿商贸企业就业人员 10 万人生产安全事故死亡人数 1.639 人，矿山百万吨死亡人数 0.106 人；2018 年全年各类生产安全事故共死亡 34046 人，其中工矿商贸企业就业人员 10 万人生产安全事故死亡人数 1.547 人，矿山百万吨死亡人数 0.093 人。从近两年的数据看，由于生产安全问题所造成的死亡人数呈下降趋势，这说明政府、企业和管理者等各方在为保证安全生产方面所作的努力是有成效的。由于工程的特殊性，难以做到零事故，故各方应继续努力，不断提升生产安全水平，降低事故率。

3.2.1 问题假设和参数

假设 1：管理者在生产过程中要保障安全生产，即保证生产的同时，要保证企业的生产安全。现在假设管理者必须提升安全方面能力，降低事故率，并将安全努力水平用 e 表示。管理者可以观察到自己的努力水平，但是政府和公司无法观察到其努力水平。此处存在信息不对称。

假设 2：将这两方面的努力成本设为 $C(e) = be^2$，$C(e)$ 具有以下性质：$C'(e) > 0$，$C''(e) > 0$，其含义是，越努力，付出的成本越高，且努力越大，则代价越大。b 为努力系数，$b > 0$。

假设 3：管理者安全任务上的努力产生安全绩效，政府和公司可以观测到这种安全绩效信息。管理者安全绩效记为 P。

安全绩效 P 主要是指工人生命保障和公司社会地位与声誉等，其可以由事故损失、事故率、死伤人数等衡量判定。生产绩效容易测量，而生产安全绩效则要通过间接变量来测量，很难做到准确和具体。有些管理者可能会隐瞒生产过程中发生的事故和死伤人数等。再加之安全管理工作缺少稳定性，有时一个小小的过失就有可能酿成重大事故。

假设 4：管理者在安全任务中的生产函数：$P = e + \theta$，θ 均符合正态分布 $(0, \delta^2)$。P 为矿业公司可以观察的安全绩效。θ 符合正态分布 $(0, \delta^2)$。

假设 5：管理者获得的报酬为线性函数，线性函数比非线性函数更贴合实际生产，产生的激励效果更好：$S = a + \beta P$；a 为固定收入；β 是管理者从委托者那里得到的收益。

假设 6：管理者的效用函数为 $u(x) = -e^{-rx}$，其中：x 为管理者的实际收益；r 表示管理者对于风险的规避程度，其表达式为 $r = -\dfrac{u''(x)}{u'(x)}$。如果 $r = 0$，说明管理者是风险中立者，既不喜欢风险，也不规避风险；如果 $r > 0$，说明管理者是风险厌恶者；如果 $r < 0$，说明管理者是喜欢风险者。

　　假设 7：奖惩函数：$Z = d(P - P_0)$，d 为奖惩系数，P_0 为一定时期政府监管部门设定的安全绩效目标值；P 为管理者取得的实际安全绩效。当 $P > P_0$ 时，公司将受到安全奖励，而当 $P < P_0$ 时，公司将受到安全惩罚。

　　假设 8：管理者的安全绩效为公司带来的效用相互独立，设公司的安全收益为 J、安全绩效、政府在安全绩效上的奖惩三者之和，即 $J = Z + P$。

　　假设 9：政府的收益取决于管理者的安全绩效情况，即 $W = P = e$。

　　假设 10：公司和政府是风险中性，管理者是风险规避的。

3.2.2　问题模型

　　管理者的收入 Y；根据假设管理者的风险收益为 $Y = S(P) - C(e) = a + \beta P - be^2$。由于管理者是风险规避者，因此将管理者的上述风险收益用其确定性等价收益来代替。管理者的确定性等价收益为：$\overline{Y} = a + \beta e - be - \frac{1}{2}\rho\beta^2\delta^2$，$\frac{1}{2}\rho\beta\delta^2$ 是管理者的风险成本，也就是他要承担的风险，即管理者宁愿在其随机收益中放弃该成本以换取确定性收益。

　　公司安全收益 T：由于其是风险中性，所以用其总收益代替其确定性等值收益。即：

$$T = E(P + Z - (a + \beta P)) = e + d(e - P_0) - (a + \beta e)$$

　　政府的收益 W：根据之前假设政府收益来自于安全绩效。因为在生产安全方面投入越大，越能降低风险发生概率，安全风险概率的降低意味着为工人和周边居民的生活带来益处。公式如下：

$$W = P = e$$

　　建立过程：三方面组织都是期望自己的收益最大化，即在设置激励契约时，政府的目标是使自己的收益 W 最大化，公司的目标是使自己的收益 T 最大化，而管理者的目标是使自己的收益 Y 最大化。

　　由于政府的目标主要是通过设置安全绩效奖惩系数 d 来实现的，公司的目标主要是通过设管理者的固定报酬 a 和浮动报酬 β 来实现的，而管理者的目标主要是通过自己的付出 e 来实现的。因此，政府、公司和管理者之间的委托代理问题实际上就是：政府如何确定公司的安全绩效奖惩系数 d，以使政府的收益 W 最大化；同时，公司如何确定管理者的固定报酬 a 和浮动报酬 β 以使公司的收益 T 最大化，即满足激励相容约束条件；并且公司的收益应该大于或等于某个确定性等价收益 $\overline{Y}_0$，即满足参与约束条件。

　　此时的激励合约优化模型为：

$$\max W = e$$

s. t. 　矿业公司：

$$(IR)e + d(e - P_0) - (a + \beta e) \geqslant \overline{T}_0 \tag{3.1}$$

$$(IC)\max\{e + d(e - P_0) - (a + \beta e)\} \tag{3.2}$$

管理者：

$$(IR)a + \beta e - be^2 - \frac{1}{2}\rho\beta^2\delta^2 \geqslant \overline{Y}_0 \tag{3.3}$$

$$(IC)\max\{a + \beta e - be^2 \frac{1}{2}\rho\beta^2\delta^2\} \tag{3.4}$$

3.2.3　模型求解及结论

对管理者（IC）求导，得到：$e^* = \dfrac{\beta}{2b}$

取式（3.3）的等号形式得到 $a = \overline{Y}_0 - \beta e + be^2 + \dfrac{1}{2}\rho\beta^2\delta^2$

将 e^* 与 a 代入式（3.2）中，得到式（3.5）：

$$\max T = \frac{\beta}{2b} + d\left(\frac{\beta}{b} - P_0\right) - \overline{Y}_0 - \frac{1}{2}\rho\beta^2\delta^2 + \frac{1}{4}\frac{\beta^2}{b} \tag{3.5}$$

对式（3.5）求导得到 β：

$\dfrac{\partial T}{\partial \beta} = 0$，求得 　　　　　 $\beta = \dfrac{1 + 2d}{2b\rho\delta^2 - 1}$

再将 β 代入 e^* 中得到：

$$e^* = \frac{\beta}{2b} = \frac{1 + 2d}{4b^2\rho\delta^2 - 2b}$$

结果分析：管理者在安全方面的努力程度 e 与安全绩效奖惩系数 d 呈现正相关趋势，即安全绩效奖惩系数 d 越大，管理者在安全方面的努力越大，但是不是安全绩效奖惩系数越大越好，如果这个系数太大，可能导致管理者直接不参与此项生产；管理者在安全方面的努力程度 e 与努力成本系数 b 呈现负相关，这其中的原因就是每单位努力成本越大，努力一份力所付出的成本越高，这将直接导致管理者在安全管理方面努力的态度，这也是出于人的本性，总是想"事半功倍"，而不想"事倍功半"。

委托者应该合理安排安全绩效奖惩系数与努力成本系数。在实际生产中安全绩效奖惩系数可以参考同水平、同类的公司的要求，在合理范围内即可。降低努力成本的因素很多，如外界大环境不好导致的努力成本上升，无论管理者多努力业绩依然不理想。

该模型还可以进行延伸。本书在 3.3 节中将结合将环境绩效与生产绩效同时考虑并建模。

3.3　考虑上级（或政府）安全监管的两阶段超委托代理模型

3.3.1　两阶段委托代理问题及其模型

我国矿山安全管理模式一般为国家监察，地方监管、企业主体，三方面配合。国家监察一般是对企业生产的安全监察及安全监督，地方监察是地方政府及相关单位进行监察。我们知道，针对矿山的开采等大型生产活动之前必须通过政府相关部门的审批。政府部门不仅要考察项目承包者是否有生产能力，还要对承包商的资质进行审核等。

在双重委托代理的关系中，政府代表工人的利益，意味着政府必须对管理者的安全工作实施监管。然而，由于直接管理管理者收入情况的是公司而非政府，所以政府对管理者安全工作的监管实际上是通过公司间接地加以实施。这就说明，政府对管理者安全工作的监管实质上是一种双层委托代理关系，即政府委托公司，公司再委托管理者来从事安全管理工作，这种双重委托代理关系又是通过公司对管理者的两种任务委托代理关系来实现的（见图3.1）。

图 3.1　双重委托关系示意图

3.3.2　考虑上级安全监管的两阶段超委托代理模型

假设 1：现在假设管理者必须兼顾生产与安全两个方面，并将生产努力水平用 e_1 表示，安全努力水平用 e_2 表示。管理者可以观察到自己的努力水平，但是政府和企业无法观察到其努力水平。e_1、e_2 相互独立，产生不同的绩效。政府的收益来源于安全绩效，委托方企业的收益来自于安全绩效和生产绩效两个方面。

假设 2：将这两方面的努力成本设为 $C(e_1, e_2) = \dfrac{\gamma_1 e_1^2 + \gamma_2 e_2^2}{2}$，$C$ 具有以下性质：$C' > 0$，$C'' > 0$，其含义是，越努力，付出的成本越高，且努力越大，则代价越大。γ 为努力成本系数，其值大于零。

假设 3：管理者会在两种任务上的努力分别产生生产绩效和安全绩效这两种相互独立的绩效信息，并且公司可以观测到这两种绩效信息，政府可以观测到其安全绩效信息。对应地，管理者的生产绩效和安全绩效分别记为 P_1 和 P_2。

生产绩效 P_1 指的主要是指管理者在经营和管理过程中创造的利润等，其显性表现变量主要有产量、股票涨幅等；安全绩效 P_2 主要是指工人生命保障和矿业公司社会地位等，其可以由事故损失、事故率、死伤人数等衡量判定。生产绩效容易测量，而生产安全绩效则要通过间接变量来测量，很难做到准确和具体。有些管理者可能会隐瞒生产过程中发生的事故和死伤人数等。再加之安全管理工作缺少稳定性，有时一个小小的过失就有可能酿成重大事故。因此种种原因导致管理者可能将更多的精力花费在赚取生产绩效方面，而忽视了在安全方面的努力，这将大大提升生产安全作业风险值。

假设 4：管理者在生产任务中的生产函数：$P_1 = e_1 + \theta_1$；θ_1 符合正态分布 $(0，\delta_1^2)$，θ_1 均值为 0，方差为 δ_1 的随机正态分布变量，即白噪声，δ 表示矿山管理者在生产任务努力的风险程度。

假设 5：管理者在安全任务中的生产函数：$P_2 = me_2 + \theta_2$，θ_2 均符合正态分布 $(0，\delta_2^2)$。θ_2 均值是 0，方差为 δ_2 的随机正态分布变量，δ 表示管理者在安全任务方面努力存在的风险程度。P_2 为公司可以观察的安全绩效。m 表示管理者的努力绩效系数。此处 m 有以下含义，如果 $0 < m < 1$，代表管理者在安全工作上付出一份努力，相比生产只能够获得小于一份的安全绩效，可以理解成在安全工作方面管理者较难取得绩效；如果 $m = 1$，说明管理者的努力在生产和安全两个方面所能够获得的绩效是相同的；如果 $m > 1$，说明管理者在安全工作上付出一份努力，相比生产能够获得大于一份的安全绩效，即安全方面的努力工作更容易取得绩效。

假设 6：对管理者的资金奖励采用线性报酬方式，这种方式从某个方面来说更加合理，因为如果是非线性报酬，当管理者知道自己无论怎么样努力都达不到要求时，则会选择放弃努力，进而导致委托人收益损失。报酬为线性函数：$S = a + b_1 P + b_2 P_2$；a 为固定收入；b_1、b_2 是管理者从企业那里得到的相应的收益。

假设 7：管理者的效用函数为 $u(x) = -e^{-\rho x}$，其中：x 为管理者的实际收益；ρ 表示管理者对于风险的规避程度，其表达式为 $\rho = -\dfrac{u''(x)}{u'(x)}$。如果 $\rho = 0$，说明管理者是风险中立者，即他不喜欢风险，也不规避风险；如果 $\rho > 0$，说明管理者是风险厌恶者；如果 $\rho < 0$，说明管理者是喜欢风险者。

假设 8：政府作为委托人，他的权利发挥主要是通过考核公司的安全生产绩效与自己设订下目标绩效之间的差额的大小，政府采用线性奖酬函数方式对公司进行奖惩。奖惩函数：$Z = d(P_2 - P_0)$，d 为奖惩系数，P_0 为一定时期政府监管部门设定的企业安全绩效目标值；P_2 为管理者取得的实际安全绩效。当 $P_2 > P_0$ 时，公司将受到安全奖励，而当 $P_2 < P_0$ 时，公司将受到安全惩罚。

假设 9：管理者的生产绩效和安全绩效相互独立，且公司的总效用 J 等于管理者的生产绩效、安全绩效、政府在安全绩效上的奖惩三者之和，即 $J = Z +$

$P_1 + P_2$。

假设 10：政府的收益是根据管理者的安全绩效情况而定，即 $W = P_2 = me_2$。

假设 11：矿业公司和政府是风险中性，管理者是风险规避的。

模型建立过程：在博弈的过程中包含三种角色的收益权衡：（1）管理者收益 Y；（2）公司收益 T；（3）政府的收益 W。下面对各个收益方的收益进行假设。

管理者的收益 Y：根据假设，管理者的风险收益为

$$Y = P(P_1, P_2) - C(e_1, e_2) = a + b_1 P + b_2 P_2 - \frac{1}{2}(\gamma_1 e_1^2 + \gamma_2 e_2^2)$$

由于管理者是风险规避者，将管理者的上述风险收益用其确定性等价收益来代替。管理者的确定性等价收益为：

$$\overline{Y} = a + b_1 e_1 + mb_2 e_2 - \frac{\gamma_1 e_1^2 + \gamma_2 e_2^2}{2} - \frac{1}{2}(b_1^2 \delta_1^2 + b_2^2 \delta_2^2)\rho$$

其中，$\frac{1}{2}(b_1^2 \delta_1^2 + b_2^2 \delta_2^2)\rho$ 是管理者的风险成本，也就是他要承担的风险，即管理者宁愿在其随机收益中放弃该成本以换取确定性收益。

公司收益 T：由于其是风险中性，所以用其总收益代替其确定性等值收益。即

$$T = E(P_1 + P_2 + Z - (a + b_1 P + b_2 P_2))$$
$$= e_1 + me_2 + d(me_2 - P_0) - (a + b_1 e_1 + mb_2 e_2)$$

政府的收益 W：根据之前假设政府收益来自于安全绩效。因为在生产安全方面投入越大，越能降低风险发生概率，安全风险概率的降低意味着为工人和周边居民的生活带来益处。

两个委托方和一个代理方都是期望自己的收益最大化，即在设置激励契约时，政府的目标是使自己的收益 W 最大化，公司的目标是使自己的收益 T 最大化，而管理者的目标是使自己的收益 Y 最大化。

政府的目标主要是通过设置安全绩效奖惩系数 d 来实现的，公司的目标主要是通过设置管理者的固定报酬 a 和浮动报酬 b_1、b_2 来实现的，而管理者的目标主要是通过自己的付出 e_1 和 e_2 来实现的。因此，政府、公司和管理者之间的委托代理问题实际上就是：政府如何确定最优的公司的安全绩效奖惩系数 d，以使政府的收益 W 最大化；同时，公司如何确定管理者的固定报酬 a 和浮动报酬 b_1、b_2 以使公司的收益 T 最大化，即满足激励相容约束条件；并且公司的收益应该大于或等于某个确定性等价收益 $\overline{Y}_0$，即满足参与约束条件。

此时的两阶段激励合约优化模型为

$$\max W = me_2$$

s.t.　矿业公司：

$$(IR)\ e_1 + me_2 + d(me_2 - P_0) - (a + b_1 e_1 + mb_2 e_2) \geqslant \overline{T_0} \qquad (3.6)$$

$$(IC)\ \max\{e_1 + me_2 + d(me_2 - P_0) - (a + b_1 e_1 + mb_2 e_2)\} \qquad (3.7)$$

管理者：

$$(IR)\ a + b_1 e_1 + mb_2 e_2 - \frac{\gamma_1 e_1^2 + \gamma_2 e_2^2}{2} - \frac{1}{2}(b_1^2 \delta_1^2 + b_2^2 \delta_2^2)\rho \gg \overline{Y_0} \qquad (3.8)$$

$$(IC)\ \max\{a + b_1 e_1 + mb_2 e_2 - \frac{\gamma_1 e_1^2 + \gamma_2 e_2^2}{2} - \frac{1}{2}(b_1^2 \delta_1^2 + b_2^2 \delta_2^2)\rho\} \qquad (3.9)$$

3.3.3　模型求解及结论

对管理者激励相容约束（IC）求导，得到：$e_1^* = \dfrac{b_1}{\gamma_1}$，$e_2^* = m\dfrac{b_2}{\gamma_2}$

在最优的情形下，管理者的参与约束必定取等号，即取式（3.8）的等号形式，得到

$$a = \overline{Y_0} - b_1 e_1 - mb_2 e_2 + \frac{\gamma_1 e_1^2 + \gamma_2 e_2^2}{2} + \frac{1}{2}(b_1^2 \delta_1^2 + b_2^2 \delta_2^2)\rho$$

将求得的 e_1^*、e_2^* 与 a 代入到式（3.7）中，得到

$$\max T = \frac{b_1}{\gamma_1} + \frac{m^2 b_2}{\gamma_2} + d\left(\frac{m^2 b_2}{\gamma_2} - P_0\right) - \overline{Y_0} - \frac{1}{2}\rho(b_1^2 \delta_1^2 + b_2^2 \delta_2^2) + \frac{1}{2}\left(\frac{b_1^2}{\gamma_1} + \frac{m^2 b_2^2}{\gamma_2}\right)$$

$$(3.10)$$

对式（3.10）求导，将导数等于零，得到：

$$\frac{\partial T}{\partial b_1} = 0,\ 求得 \qquad\qquad b_1^* = \frac{1}{\gamma \rho \delta_1^2 + 1}$$

$$\frac{\partial T}{\partial b_2} = 0,\ 求得 \qquad\qquad b_2^* = \frac{1 + d}{1 + \gamma_2 \rho \delta_2^2 / m^2}$$

根据假设 8 中公式 $Z = d(P_2 - P_0)$，政府方面的收益 W 主要随着奖惩系数 d 的增加而增加，即政府如果想增加收入，则要增加奖惩系数 d，换句话说，政府想要得到最大的收益必将设置最大的 d，但是这个 d 设置到多大也是有限度的，因为设置时还要考虑到必须满足公司参与约束条件式（3.6），即 d 设置需要满足公司的总收益需要大于设置的最低目标收益 $\overline{T_0}$。那么奖惩系数 d 的式子如下：

$$d = \frac{T_0 + a + b_1 e_1 + mb_2 e_2 - e_1 - me_2}{me_2 - P_0} \qquad (3.11)$$

$$d \geqslant 0$$

为什么要求解表达式 d 呢？因为在求解最终的管理者努力水平的函数表达式 e_1^*、e_2^* 时，其中含有 d，那么 d 是多少又没有明确的固定表达式，因为 d 与安全绩效 e 有关。但由于分母 $me_2 - P_2$ 表示企业的实际安全绩效能否达到政府设置的安全绩效目标值，而分子 $T_0 + a + b_1 e_1 + mb_2 e_2 - e_1 - me_2$ 表示管理者产生的收益是否达到公司期望水平或目标收益 T_0。所以分子和分母正值和负值组合共有四种形式，即正负、正正、负正以及负负。下面详细分析这四种情形：

（1）当 $me_2 > P_2$，$T_0 + a + b_1 e_1 + mb_2 e_2 - e_1 - me_2 < T_0$，式（3.11）右边为正值。此时公司处于亏损状态，政府设置的奖惩系数能够补偿公司的亏损额，以此来赢得公司的参与。

（2）当 $me_2 > P_2$，$T_0 + a + b_1 e_1 + mb_2 e_2 - e_1 - me_2 > T_0$，式（3.11）右边为负值。此时奖惩系数的设置不影响公司的参与行为，因此，政府可以选取较高的奖惩系数。当然，政府设置的奖惩系越高，取得的安全绩效越好，但是，政府需要支付给公司的奖励也就越多。

（3）$me_2 < P_2$，$T_0 + a + b_1 e_1 + mb_2 e_2 - e_1 - me_2 < T_0$，式（3.11）右边为负值。此时，公司处于亏损状态，从争取公司参与的角度出发，政府不应再对公司进行惩罚，应将奖惩系数设置为 0。

（4）$me_2 < P_2$，$T_0 + a + b_1 e_1 + mb_2 e_2 - e_1 - me_2 > T_0$，式（3.11）右边为正值。此时，政府应根据公司的赢利额来设置奖惩系数，政府可在保证公司参与的前提下尽可能提高奖惩系数。

政府奖惩系数的确定主要取决于公司的参与约束条件。政府应在保证公司参与的前提下尽可能提高奖惩系数，以此来提高企业的安全绩效。

将确定的奖惩系数用 d^* 表示，并且将上述分析结果代入管理者在生产和安全工作任务上的努力水平，于是将求得的 b_1、b_2 代入到 e_1^* 与 e_2^* 中得到：

$$e_1^* = \frac{b_1}{\gamma_1} = \frac{1}{\gamma_1 + \gamma_1^2 \rho \delta_1^2} \tag{3.12}$$

$$e_2^* = \frac{mb_2}{\gamma_2} = \frac{m(1 + d^*)}{\gamma_2 + \dfrac{\gamma_2^2 \rho \delta^2}{m}} \tag{3.13}$$

根据 3.3 节式（3.12）式（3.13）得到的生产和安全工作努力水平 e_1^*、e_2^*，现在对两项努力水平做如下分析：

（1）努力成本系数的影响。γ_1 是努力成本系数，从式（3.12）可以很直观的观察到随着 γ_1 的变大，e_1^* 变小，这表明任务需要的努力成本系数越大，努力程度越小。可以做如下解释，某些工作每努力一份，花费的成本是其他工作的几倍时，自然不愿意在其上投入过多精力；因为管理者厌恶风险（$\rho > 0$），风险系

数 δ_1 与 e_1^* 成反比，即风险程度越大，管理者在生产工作上的努力水平就会越小。这也是在情理之中的，试想你是一位管理者，在两项任务中投入相同精力时，其中一项生产所获得的收益明显大于另一项生产时，自然会把主要精力放在收益大的一方，而忽视了另外一方面。

（2）工作风险程度的影响。管理者在生产和安全工作上的努力水平与其风险程度呈反比，即安全工作的风险程度越大，管理者在安全工作上的努力水平就会越小。而且安全工作方面的绩效并不是像生产方面一样稳定，不是说在安全方面努力了，就会有相应的收获。而且事故是伴随工程始终，无法避免。有些时候小小的失误，可能酿成较大的事故，种种原因导致生产绩效不容易测量，且导致管理人员不愿将主要精力投放在生产安全方面。这些都说明，安全工作的风险程度比生产工作的风险程度大。这就造成了在相同条件下，管理者在安全工作上的努力水平会小于其在生产工作上的努力水平。

（3）工作努力绩效水平的影响。由于管理者是风险规避的，于是有

$$\frac{\partial e_2^*}{\partial m_2} = 2m \frac{1+d}{m_2 r_2 + r_2^2 \rho \delta^2} + m^2 \frac{-(1+d^*)r_2}{(mr_2 + r_2^2 \rho \delta^2)^2} = \frac{(1+d^*)(m^2 \gamma_2 + \gamma_2^2 \rho \delta^2)}{m\gamma_2 + \gamma_2^2 \rho \delta^2} > 0$$

这说明，管理者在安全工作上的努力水平是其努力绩效系数的增函数，即管理者在安全工作上的努力绩效系数越大，其在安全工作上的努力程度也将越大。换句话讲，绩效系数就是奖励倍数，假设存在两份工作，其中往第一份工作中投入 n 份努力，得到 $3n$ 份回报；往另一份工作中投入 n 份努力，得到 $1.5n$ 份回报，那么得到的奖励越多，则管理者越倾向于奖励多的任务。众所周知，安全工作涉及面广而宽，影响和制约因素很多，很难像生产工作那样获得较稳定的绩效水平，因此，管理者在安全工作上的努力绩效水平通常比生产上的小。这也造成了在相同条件下，管理者在安全工作上的努力水平会小于其在生产工作上的努力水平。

政府安全奖惩的影响。管理者在生产绩效上的努力水平不受政府安全奖惩的影响，但其在安全绩效上的努力水平将受到政府安全奖惩的影响。由于奖惩系数 $d^* > 0$，说明政府对公司的合理奖惩会提高管理者在安全工作上的努力水平。政府设置的奖惩系数 d^* 越大，对提升管理者安全工作努力水平就越大。当然政府必须在保证公司参与的前提下提高奖惩系数。

经过一系列的分析，得出管理者在安全工作上的努力水平受其努力成本系数、风险偏好、安全工作风险程度与安全努力绩效系数等因素的影响。且管理者风险类型的不同得出的结论也不同，本篇不赘述。本篇讨论的管理者类型为风险规避型，风险规避类型的管理者在安全工作上的努力水平与安全工作风险的程度成反比，与安全工作绩效成正比，与政府奖惩系数成正比。一般来说，政府应该在保证公司参与的前提下尽可能提高奖惩系数，即提升奖惩力度，以此来激励管

理者在安全工作方面的投入。

3.4　考虑过度自信特质的委托代理管理者契约设计

经济学，一般将参与人设定为理性人，但是这忽略了参与人的行为特征，行为心理学研究表明人在决策时与相对实际情形都表现出一定程度的偏差，导致这些偏差的一个重要原因就是决策者的过度自信行为。本小节主要针对含有过度自信特质的管理者在生产安全方面的建模与分析。

3.4.1　问题假设

假设1：委托方将安全管理和生产两项任务委托给代理方（管理者）。企业的生产绩效为 $P_1 = e_1 + \theta_1$，安全管理绩效为 $P_2 = me_2 + \theta_2$，其中 e_1 为管理者在生产方面的努力程度，e_2 是管理者在生产安全方面的努力程度，θ_1 服从 $N(0, \delta_1^2)$ 分布，θ_2 服从 $N(0, \delta_2^2)$ 分布。θ_1 均值为0，方差为 δ_1 的随机正态分布变量，表示矿山管理者在生产任务努力的风险程度。θ_2 均值是0，方差为 δ_2 的随机正态分布变量，δ_2 表示管理者在安全任务方面所存在的风险程度。e_1、e_2 相互独立，产生的是不同的绩效。政府的收益来源于安全绩效，委托方企业的收益来自于安全绩效和生产绩效两个方面。

m 是管理者的安全绩效系数，其含义是单位努力取得的安全管理绩效与生产绩效的比值。当 $0 < m < 1$ 时，其含义是指在单位安全管理努力程度下管理者获得的安全绩效低于生产绩效，即安全管理工作的收效甚微；当 $m = 1$ 表示每单位安全管理努力程度所获得的绩效等于在生产方面所获得的绩效；当 $m > 1$ 时，其含义是管理者在安全管理方面的工作取得不小成绩。

假设2：委托方企业是理性人，但是代理方的管理者是有过度自信特质的"理性人"。代理人其过度自信具体体现在不能正确认识 θ_2 的概率分布以及自身安全管理能力或者对外部环境产生错误估计，对矿山安全管理绩效的均值和方差的认知存在着一定程度的偏差，其主观安全绩效形式为：$P_0 = m(k+1)e_2 + \theta_0$，$\theta_0$ 分布为 $N(0, (1-k)^2\delta_2^2)$，$k \in [0, 1]$，为过度自信程度，其含义是当 k 增大时，管理者主观安全绩效的均值会逐渐高于实际的情形，而其眼中安全绩效方差则要越来越小于实际的方差，即 k 与过度自信程度呈正比，$k = 0$ 表示管理者完全理性。

假设3：两方面的努力成本设为 $C(e_1, e_2) = \dfrac{\gamma_1 e_1^2 + \gamma_2 e_2^2}{2}$，其中，$\gamma_1$、$\gamma_2 > 0$ 为努力成本系数。C 具有以下性质：$C' > 0$，$C'' > 0$，其含义是，越努力，付出的成本越高，且努力越大，则代价越大。

假设4：管理者的报酬来自于企业的生产绩效以及安全管理绩效，采用线性激励模式：$P(P_1, P_0) = a + b_1 P_1 + b_2 P_0$，这里 a 表示固定工资，b_1 和 b_2 分别为管理者从两种绩效中得到的报酬。线性报酬方式从某个方面来说更加合理，因为如果是非线性报酬，当管理者知道自己无论怎么样努力都达不到要求时，则会选择放弃努力，进而导致委托人收益损失。

假设 5：委托方对企业的奖惩主要依据为安全绩效，实行奖惩时依据企业的实际安全绩效与其设定的目标绩效间的差异，设奖惩函数为 $Z = d(P_2 - x_0)$，$d > 0$ 为奖惩系数，x_0 为一定时期政府监管部门设定的企业安全绩效目标值；P_2 为管理者取得的实际安全绩效。当 $P_2 > x_0$ 时，公司将受到安全奖励，而当 $P_2 < x_0$ 时，公司将受到安全惩罚。

假设 6：企业的生产绩效、安全绩效以及政府基于安全绩效的奖惩构成了企业的总收益，即 $J = P_1 + P_2 + Z$。

假设 7：政府的收益等于安全绩效的收益，$W = P_2 = me_2$。

假设 8：委托人风险中性，代理人为风险规避。管理者的效用函数为 $u(x) = -e^{-\rho x}$，其中：x 为管理者的实际收益；ρ 表示管理者对于风险的规避程度，其表达式为 $\rho = -\dfrac{u''(x)}{u'(x)}$。如果 $\rho = 0$，说明管理者是风险中立者，即他不喜欢风险，也不规避风险；如果 $\rho > 0$，说明管理者是风险厌恶者；如果 $\rho < 0$，说明管理者是喜欢风险者。

3.4.2 信息不对称情形下安全生产激励

在信息不对称状态下的博弈过程中包含三种角色的收益权衡：（1）管理者收益 Y；（2）公司收益 T；（3）政府的收益 W。下面对各个收益方的收益进行假设。

过度自信下的管理者的净收益 Y：根据假设，管理者的风险收益为：

$$Y = P(P_1, P_0) - C(e_1, e_2) = a + b_1 P + b_2 P_0 - \frac{1}{2}(\gamma_1 e_1^2 + \gamma_2 e_2^2)$$

$$(3.14)$$

由于管理者是风险规避者，因此将管理者的上述风险收益用其确定性等价收益来代替。管理者的确定性等价收益为：

$$\bar{Y} = a + b_1 e_1 + mb_2(1 + k)e_2 - \frac{\gamma_1 e_1^2 + \gamma_2 e_2^2}{2} - \frac{1}{2}(b_1^2 \delta_1^2 + (1 - k)b_2^2 \delta_2^2)\rho$$

$$(3.15)$$

其中，$\frac{1}{2}(b_1^2 \delta_1^2 + (1 - k)b_2^2 \delta_2^2)\rho$ 是管理者的风险成本，也就是他要承担的风险，即管理者宁愿在其随机收益中放弃该成本以换取确定性收益。

公司收益 T：由于其是风险中性，所以用其总收益代替其确定性等值收益。即

$$T = E(P_1 + P_2 + Z - (a + b_1P + b_2P_0))$$

$$= e_1 + me_2 + d(me_2 - P_0) - (a + b_1e_1 + (1 + k)mb_2e_2) \quad (3.16)$$

政府的收益 W：根据之前假设政府收益来自于安全绩效。因为在生产安全方面投入越大，越能降低风险发生概率，安全风险概率的降低意味着为工人和周边居民的生活带来益处。公式

$$W = P_2 = me_2$$

设置激励契约时，政府的目标是使自己的收益最大化，公司的目标是使自己的收益最大化，而管理者的目标是使自己的收益最大化。

此时的激励合约优化模型为

$$\max W = me_2 \quad (3.17)$$

s.t.　公司：

$$(IR)e_1 + me_2 + d(me_2 - x_0) - (a + b_1e_1 + (1 + k)mb_2e_2) \geqslant \overline{T}_0 \quad (3.18)$$

$$(IC)\max\{e_1 + me_2 + d(me_2 - x_0) - (a + b_1e_1 + (1 + k)mb_2e_2)\} \quad (3.19)$$

管理者：

$$(IR)a + b_1e_1 + (1 + k)mb_2e_2 - \frac{\gamma_1e_1^2 + \gamma_2e_2^2}{2} -$$

$$\frac{1}{2}(b_1^2\delta_1^2 + (1 - k)b_2^2\delta_2^2)\rho \geqslant \overline{Y}_0 \quad (3.20)$$

$$(IC)\max\{a + b_1e_1 + (1 + k)mb_2e_2 - \frac{\gamma_1e_1^2 + \gamma_2e_2^2}{2} -$$

$$\frac{1}{2}(b_1^2\delta_1^2 + (1 - k)b_2^2\delta_2^2)\rho\} \quad (3.21)$$

3.4.3　信息不对称情形下模型求解及分析

对管理者激励相容约束（IC）求导，得到：

$$e_1^* = \frac{b_1}{\gamma_1}, \quad e_2^* = m\frac{(1 + k)b_2}{\gamma_2}$$

在最优的情形下，管理者的参与约束必定取等号，即取式（3.20）的等号形式，得到

$$a = \overline{Y}_0 - b_1e_1 - mb_2(1 + k)e_2 + \frac{\gamma_1e_1^2 + \gamma_2e_2^2}{2} + \frac{1}{2}(b_1^2\delta_1^2 + (1 - k)^2b_2^2\delta_2^2)\rho$$

将 a、e_1^*、e_2^* 代入到式（3.19）中，得到式（3.22），

$$\max T = \frac{b_1}{\gamma_1} + \frac{(1 + k)m^2b_2}{\gamma_2} + d\left(\frac{m^2b_2(1 + k)}{\gamma_2} - x_0\right) - \overline{Y}_0 -$$

$$\frac{1}{2}\rho(b_1^2\delta_1^2 + (1-k)^2b_2^2\delta_2^2) + \frac{1}{2}\left(\frac{b_1^2}{\gamma_1} + \frac{(1+k)^2m^2b_2^2}{\gamma_2}\right) \tag{3.22}$$

将式（3.22）求导，将导数等于零，得到 β_1^* 和 β_2^*：

$$\frac{\partial T}{\partial b_1} = 0，求得 \qquad\qquad \beta_1^* = \frac{1}{\gamma_1\rho\delta_1^2 + 1}$$

$$\frac{\partial T}{\partial b_2} = 0，求得 \qquad \beta_2^* = \frac{1 + d^*}{1 + \dfrac{\gamma_2\rho\delta_2^2(1-k)^2}{m^2(1+k)} + k}$$

将 β_1^*、β_2^* 代入到 e_1^*、e_2^* 中，得到：

$$e_1^* = \frac{1}{\gamma_1(1 + \gamma_1\delta_1^2\rho)}$$

$$e_2^* = \frac{1}{\gamma_2}\frac{m(1+d)}{1 + \dfrac{\gamma_2\rho\delta_2^2}{m^2}\left(\dfrac{1-k}{1+k}\right)^2}$$

结果汇总：为了方便将 $\gamma\rho\delta_1^2$ 设为 A_1，$\gamma\rho\delta_2^2$ 设为 A_2，则

$$b_1^* = \frac{1}{A_1 + 1}$$

$$b_2^* = \frac{1 + d}{1 + \dfrac{A_2}{m^2}\dfrac{(1-k)^2}{(1+k)} + k}$$

$$e_1^* = \frac{1}{\gamma_1(1 + A_1)}$$

$$e_2^* = \frac{1}{\gamma_2}\frac{m(1+d)}{1 + \dfrac{A_2}{m^2}\left(\dfrac{1-k}{1+k}\right)^2}$$

结果分析：在均衡状态下，当过度自信程度 k 逐渐增大时，管理者的安全努力程度 e_2^* 也逐渐增大，并且 e_2^* 随着因子 A_2 的增加而增加。直观的解释是，过度自信程度 k 逐渐增大，意味着管理者对未来前景充满希望，觉得市场一片大好，所以，他会在安全方面更加努力，以期望获得更多的收益；在管理者在安全方面多做努力的同时，政府的收益也会将得到提升，即社会福利得到提升。同时 e_2^* 关于 A_2 单调递减，意味着安全努力程度 e_2^* 随着安全管理努力成本和安全绩效方差之积的增加而减小。安全管理努力成本的增加意味着一份的努力换来的安全绩

效结果下降，换句话说，以前努力 $1N$，得到 $2N$ 的结果，但是现在努力成本增加，努力 $1N$，回馈给管理者只有 $1.5N$；e_2^* 随着风险规避系数 ρ 的增加而减小，这表现管理者规避风险的本质特征，即管理者认为风险越大，期望收益要大打折扣，随之相应的安全努力将会下降。对此，政府应该加大安全方面的奖励，刺激更多的过度自信的管理者参加到管理当中，实现生产安全的进一步优化。

安全生产责任制下，政府设置奖惩系数时应考虑到管理者的安全绩效系数及其过度自信程度，同时还需兼顾到企业和管理者的安全效益和经济效益，进而最大化社会福利。

3.4.4　信息对称状态下的安全生产激励

信息对称指在激励契约签订前，公司对管理者的能力水平信息有着充分的了解，管理者对公司不存在任何信息隐瞒，并且公司可以直接观测到管理者的任何管理和生产，以及安全信息，并对其努力程度十分清楚。因而激励契约只需满足管理者的个人理性约束 IR 就可以让管理者选择签订契约。

在 3.4.1 节基础上新增假设 9。将信息不对称状态改为信息对称状态。

假设 9：公司与管理者利益与信息共享。获得收益在一定时期进行分红；管理信息将由管理者及时并全透明的交给公司。因此目标函数设为管理者和企业利益之和。

（1）模型建立：

$$\max G = e_1 + me_2 + d(e_2 - P_0) - \frac{1}{2}(b_1^2\delta_1^2 + (1+k)b_2^2\delta_2^2)\rho - \frac{\gamma_1 e_1^2 + \gamma_2 e_2^2}{2}$$

$$(3.23)$$

s.t　管理者理性约束 IR：

$$(IR)a + b_1 e_1 + (1+k)mb_2 e_2 - \frac{\gamma_1 e_1^2 + \gamma_2 e_2^2}{2} - \frac{1}{2}(b_1^2\delta_1^2 + (1-k)b_2^2\delta_2^2)\rho \geqslant \bar{Y}_0$$

$$(3.24)$$

（2）求解过程：将管理者的理性约束变为紧约束，式（3.24）变为：

$$(IR)a + b_1 e_1 + (1+k)mb_2 e_2 - \frac{\gamma_1 e_1^2 + \gamma_2 e_2^2}{2} - \frac{1}{2}(b_1^2\delta_1^2 + (1-k)b_2^2\delta_2^2)\rho = \bar{Y}_0$$

$$(3.25)$$

将式（3.25）对 e_1、e_2 求导，得：

$$e_1^* = \frac{b_1}{\gamma_1}, \ e_2^* = \frac{b_2(1+k)m}{\gamma^2}$$

将式（3.25）转化成如下形式：

$$a = \overline{Y}_0 - b_1 e_1 - (1 + k) m b_2 e_2 + \frac{\gamma_1 e_1^2 + \gamma_2 e_2^2}{2} + \frac{1}{2}(b_1^2 \delta_1^2 + (1 - k) b_2^2 \delta_2^2) \rho$$

$$(3.26)$$

将 e_1^*、e_2^* 代入到式 (3.26) 中，得到 a^*：

$$a^* = \overline{Y}_0 - \frac{b_1^2}{\gamma_1} - \frac{(1 + k)^2 m^2 b_2^2}{\gamma_2} + \frac{b_1^2}{2\gamma_1} + \frac{(1 + k) m b_2}{2\gamma_2} + \frac{1}{2}(b_1^2 \delta_1^2 + (1 - k) b_2^2 \delta_2^2) \rho$$

(3) 结果浅析：信息对称时，管理者在生产和安全两个方面的最佳的努力程度分别是 $e_1^* = \frac{b_1}{\gamma_1}$ 和 $e_2^* = \frac{b_2(1 + k) m}{\gamma_2}$。安全方面的努力水平 e_2^* 与过度自信程度 k 成明显正相关，管理者越是对安全投入所获利益方面自信，在其安全方面的努力将会越大，这与信息不对称情况下的结果一致，但是，比率和其他影响因素种类有所不同。建议企业降低成本努力系数，途径有很多，如为管理者营造良好的管理环境；企业在合理范围内增加安全管理方面的报酬，以激励管理者注重企业安全生产。在博弈之中，企业首先发出在安全管理方面高回馈的信号，将会赢得更多过度自信的管理者参与其中，以实现帕累托最优。同样，在其他方面的高回馈信号也将赢得管理者的积极参与。

在合理范围内，企业如果想增加安全生产所带来的回馈，那么应该加大安全绩效的薪酬，以吸引在安全方面有过度自信的管理者参与进来。

4　环境保护对委托代理关系的影响及其模型

<<<<<<<<<<<<<<<<<<<<<<<<<<<<<<<<<<<<<<<<<<<<<<<<<<<<<<<<<<<<<<<<<

在矿山开采、化工生产等行业的"业务外包"关系中,除了委托人和代理人的信息和利益博弈外,还会涉及到环境污染和治理问题。将环境因素作为外部性特征,设计具有针对性的超委托代理模型,有利于建立出环境友好型的激励机制。

4.1　带外部性特征的委托代理问题及其模型

4.1.1　问题描述及其模型

对于考虑外部性的委托代理问题,假设委托人为一个风险中性的企业,该企业的生产活动具有负的外部性(比如噪声、排废等类型的环境污染)特征,委托人需要雇佣代理人进行经营活动时,该代理人除了具备企业生产经营能力外,还要具有一定的外部性管控能力。该外部性管控能力可以表现为新的工艺方法、严格的管理手段等。

4.1.1.1　前提和假设

假设代理人事前被委托人估计的外部性管控能力为 θ ,则其实际的外部性管控能力表示为 $x \in [\underline{\theta}, \overline{\theta}]$,$0 \le \underline{\theta} < \overline{\theta}$,且 x 符合概率密度为 $f(x)$ 的概率分布。企业的经营利润可以表示为经营产出减去外部性处理成本。其中企业产出决定于代理人的努力 e ,其对代理人的成本为 $C(e)$ 。企业的毛利润为:

$$q(x,e) = \lambda e + \varepsilon_1 - y h_1(x,e) - (1 - y) h_0(e) \tag{4.1}$$

企业毛利润函数式(4.1)中,$\lambda e + \varepsilon_1$ 表示企业的实际产出,其中 λ 为对应于努力程度 e 的产出系数,ε_1 表示随机因素,且 ε_1 服从 $N(0, \sigma^2)$ 。函数 $h_1(x, e)$ 和 $h_0(e)$ 分别表示采用代理人提出的管控方案的外部性控制成本和不采用代理人提出的管控方案的外部性控制成本,通常令 $h_0(e) = c(\lambda e + \varepsilon_1)$ 。y 为 0~1 变量,$y = 1$ 表示采用代理人提出的管控方案;$y = 0$ 表示不采用代理人提出的管控方案。是否采用代理人提出的管控方案的决策权在于委托人。

委托人是否采用代理人提出的管控方案取决于代理人向委托人报告的外部性管控能力 $u \in [\underline{\theta}, \overline{\theta}]$ 。假设 θ_0 为委托人决策截止点,则有

$$y = \begin{cases} 0, u \in [\underline{\theta}, \theta_0) \\ 1, u \in [\theta_0, \bar{\theta}] \end{cases} \tag{4.2}$$

考虑到契约的可操作性，对于代理人的转移支付主要依赖于企业利润和代理人报告的外部性管控能力 u，转移支付函数 $w(x,u)$ 为：

$$w(x,u) = \alpha(u) - \beta(u)q(x,e) \tag{4.3}$$

代理人的利润函数为

$$U(x,u,e) = w(x,u) - C(e) \tag{4.4}$$

4.1.1.2　决策模型及分析

在决策模型中，考虑到代理人的风险厌恶特征，其追求的通常不是效用函数的数学期望，而是

$$\pi(x,u,e) = E[U(x,u,e)] - \frac{1}{2}\rho \mathrm{Var}[U(x,u,e)] \tag{4.5}$$

式中，$\rho \geqslant 0$ 为代理人的风险厌恶程度；$\mathrm{Var}[U(x,\ u,\ e)]$ 为 $U(x,\ u,\ e)$ 的方差。

代理人的努力水平 e 和报告的 u 值取决于，

$$\max_{(u,e)} \pi(x,u,e) \tag{4.6}$$

式（4.6）的含义为，代理人在选择努力水平 e 和报告的 u 值时，以自身效用函数最大化为目标。

委托人的效用函数的数学期望为

$$EV = \int_{\underline{\theta}}^{\bar{\theta}} [q(x,e) - w(x,u)]f(x)\mathrm{d}x \tag{4.7}$$

令 $M(x,u) = \max_{(u,e)} \pi(x,u,e)$，则委托人的优化问题可以建立模型（P4.1）如下：

$$\max_{(\alpha(\cdot),\beta(\cdot),\theta_0)} EV = \int_{\underline{\theta}}^{\bar{\theta}} [q(x,e) - w(x,u)]f(x)\mathrm{d}x \tag{4.8}$$

s. t.

$$e \in \arg\max_e \pi(x,u,e) \tag{4.9}$$

$$M(x,x) \geqslant M(x,u) \tag{4.10}$$

$$M(x,x) \geqslant H \tag{4.11}$$

模型（P4.1）中，目标函数式（4.8）通过优化 $\alpha(\cdot)$、$\beta(\cdot)$ 和 θ_0 三个函数，来获得委托人最优的效用。式（4.9）和式（4.10）为激励兼容性约束。约束式（4.9）保证代理人选择最大化自身效用水平的努力程度。式（4.10）保证代理人诚实报告自身的外部性处理能力。约束式（4.11）为参与性约束，保证代

理人及其外部性处理能力的参与汇报高于其机会成本（即保留价值）。

模型（P4.1）仅是描述问题的一般模型，一些效用函数没有结合具体应用背景给出实现细节。但从此一般模型可以看出一些传统委托代理关系下外部性处理的以下特点：

（1）委托人设计的转移支付、外部性处理补偿等方案追求的是委托人自身的效用最大化；

（2）委托人对代理人的事前信息不了解，存在"逆选择"；

（3）代理人考虑的是自身效用的最大化，所以有隐藏行为的道德风险；

（4）当外部性是环境保护等问题时，只是考虑以最低成本完成各种规章制度的要求，并没有追求环境保护的更好效果。

4.1.2　带外部性委托代理模型研究综述

委托代理理论和基于各种应用背景的模型研究已经有很多，但在外部性（主要是负外部性）尤其是在排污、排废等环保背景下的研究相对较少。另外，以往的研究重点侧重于企业（如股东会、董事会）和管理者（职业经理人）之间关于环保问题的委托代理关系和企业对管理者的激励机制[162~166]。

近几年，发表了一些关于激励机制与环保效果之间关系的研究。Berrone 和 Gomez-Mejia 的研究[167]强调薪酬对环保的重要性。Goktan[168]揭示固定工资和绩效奖金对代理人环保行为及效果的不同影响。Francoeur 等人[169]发现环境友好型企业和不注重环保的企业在薪酬激励上的不同。

很多学者对企业环保策略问题进行了大量研究，主要有终端排放控制策略和污染预防策略两个方面[167]。虽然有相当一部分公司采取终端排放控制策略[170]，但污染预防策略更有研究价值[171]。不同的环保制度，也可能会导致代理人尝试终端排放控制策略来确保排污达到最低的环境绩效标准[167]。Yang、Tang 和 Zhao 的研究[172]从委托代理的角度解释了上述两种方式的优劣，并认为环保策略的选择与经理的能力、企业的生产规模、污染预防效率等相关。

4.2　超委托关系下考虑环境因素的业务外包问题及其模型

在超委托关系中，上述经典问题的前提和假设发生了变化。委托人和代理人的关系不再是纯粹的不完全信息博弈关系，因而模型中的多种表达式发生了变化。

4.2.1　不同信息条件下考虑环保的业务外包问题的模型和分析

4.2.1.1　业务外包问题的具体背景条件

由于这里主要以"业务外包"中的委托代理问题作为应用背景，与前面介绍的经典模型（P4.1）在细节上有所不同，具体表现如下：

（1）在具体的环保因素控制上，有不同工艺技术的选择。这里假设代理人有两种工艺路线选择，工艺路线 $t \in \{\underline{t}, \bar{t}\}$。不同的工艺路线对应不同的环保处理成本曲线，如图 4.1 所示。不同工艺路线下，处理成本和产量关系函数如下：

假设 $t = \underline{t}$ 时，

$$h_1(\underline{t}, e) = \underline{\theta} q(e) + \underline{k} \tag{4.12}$$

假设 $t = \bar{t}$ 时，

$$h_1(\bar{t}, e) = \bar{\theta} q(e) + \bar{k} \tag{4.13}$$

式中，$\underline{k}$、$\underline{\theta}$ 分别表示工艺路线 $\underline{t}$ 下的固定投资和成本系数；$\bar{k}$、$\bar{\theta}$ 分别表示工艺路线 $\bar{t}$ 下的固定投资和成本系数。这里，$\underline{k} < \bar{k}$，$\underline{\theta} > \bar{\theta}$。不同技术路线导致的代理人处理成本不同。$q(e)$ 表示在代理人努力程度 e 下的产量，其计算公式为

$$q(e) = \lambda e + \varepsilon_1 \tag{4.14}$$

式中，$\lambda e + \varepsilon_1$ 与式（4.1）中含义相同。

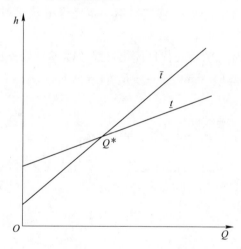

图 4.1　不同工艺路线下的产量成本曲线

（2）如果采用代理人的环保工艺技术（无论是哪种工艺路线），环保方面的费用由代理人承担，委托人需要给予代理人更多的转移支付。

委托人的效用（这里表示为 V）函数为：

$$V = \alpha q(e) - w(y, q(e)) - (1 - y) h_0(q(e)) \tag{4.15}$$

式中，α 表示单位产品对委托人的价值。符号 y 的含义与模型（P4.1）中类似，$y = 1$ 表示委托人采用代理人的环保技术（相当于将环保业务合并承包给代理人），$y = 0$ 表示不采用。$w(y, q(e))$ 表示委托人对代理人的转移支付，依赖于产量和是否采用代理人环保技术。

这里考虑的代理人为风险中性的有限责任代理人。代理人的效用函数为

$$U(y,t,e) = w(y,q(e)) - C(y,t,e) \tag{4.16}$$

式中，$C(y,t,e)$ 为代理人成本，与其努力程度、采用何种环保工艺路线（如果 $y=0$，则不用采取任何环保工艺路线）有关，其计算公式如下：

$$C(y,t,e) = \frac{1}{2}e^2 + yh_1(t,e) \tag{4.17}$$

式中，$\frac{1}{2}e^2$ 为生产努力成本，$yh_1(t,e)$ 为环保努力成本。

4.2.1.2　信息完备条件下的模型和求解

在信息完备条件下，委托人了解代理人采用了什么技术工艺，知道其努力程度。

委托人的效用函数的数学期望为：

$$EV = \alpha\lambda e - w - E[(1-y)h_0(q(e))] \tag{4.18}$$

因为在信息完备条件下，转移支付不一定完全依赖于业绩，所以这里表示为 w。

完备信息下考虑环保的委托代理优化模型（P4.2）如下：

$$\max_{e,y,t} EV = \alpha\lambda e - w - E[(1-y)h_0(q(e))] \tag{4.19}$$

s. t.

$$w - \frac{1}{2}e^2 - yh_1(t,e) \geqslant 0 \tag{4.20}$$

模型（P4.2）中，由于是信息完备的，委托人可以观测到代理人的努力程度和环保工艺路线，只要参与约束式（4.10）即可，这也是保证代理人有限责任的约束。

从式（4.12）和式（4.13）可得，图 4.1 中曲线的交点为 $Q^* = \dfrac{\bar{k} - \underline{k}}{\bar{\theta} - \underline{\theta}}$。

故令 $Q_0 = \dfrac{\bar{k} - \underline{k}}{\bar{\theta} - \underline{\theta}}$，则最优环保工艺路线选择为

$$t^* = \begin{cases} \underline{t}, q(e) < Q_0 \\ \bar{t}, q(e) \geqslant Q_0 \end{cases} \tag{4.21}$$

考虑到委托人和代理人都是风险中性的，故在保证环保工艺成本数学期望最小的情况下，令 $e_0 = \dfrac{Q_0}{\lambda}$，有

$$t^* = \begin{cases} \underline{t}, e < e_0 \\ \bar{t}, e \geq e_0 \end{cases} \tag{4.22}$$

在委托人获得最优解时，约束式（4.20）必为零。故有

$$w = \frac{1}{2}e^2 + yh_1(t,e) \tag{4.23}$$

下面讨论是否采用代理人环保工艺技术的条件。由式（4.23）可知，采用代理人环保工艺的条件是 $h_1(t,e) \leq h_0(q(e))$，令 $h_0(q(e)) = \theta_0 q(e)$，$\theta_0 \geq \underline{\theta}$，代入式（4.22）可得采用代理人环保工艺的条件为：

$$\begin{cases} e \geq \dfrac{\underline{k}}{\lambda(\theta_0 - \underline{\theta})} \\ e < e_0 \end{cases} \tag{4.24}$$

或

$$\begin{cases} e \geq \dfrac{\bar{k}}{\lambda(\theta_0 - \bar{\theta})} \\ e \geq e_0 \end{cases} \tag{4.25}$$

在不采用代理人的环保技术时，$y = 0$，有

$$EV = \alpha\lambda e - w - E\big[(1-y)h_0(q(e))\big]$$
$$= \alpha\lambda e - \frac{1}{2}e^2 - \theta_0\lambda e$$

由 $\dfrac{\mathrm{d}EV}{\mathrm{d}e} = 0$ 得，

$$e^* = \lambda(\alpha - \theta_0) \tag{4.26}$$

$$\max EV^* = \frac{1}{2}\lambda^2(\alpha - \theta_0)^2 \tag{4.27}$$

符合式（4.24）条件时，有

$$EV = \lambda e - w - E\big[(1-y)h_0(q(e))\big]$$
$$= \lambda e - \frac{1}{2}e^2 - \underline{\theta}\lambda e - \underline{k}$$

由 $\dfrac{\mathrm{d}EV}{\mathrm{d}e} = 0$ 得，

$$e^{**} = \lambda(\alpha - \underline{\theta}) \tag{4.28}$$

$$\max EV^{**} = \frac{1}{2}\lambda^2(\alpha - \underline{\theta})^2 - \underline{k} \tag{4.29}$$

同理，符合式（4.25）条件时，

$$e^{***} = \lambda(\alpha - \bar{\theta}) \tag{4.30}$$

$$\max EV^{***} = \frac{1}{2}\lambda^2(\alpha - \bar{\theta})^2 - \bar{k} \tag{4.31}$$

4.2.1.3　不对称信息条件下的模型和求解

在信息不对称条件下，委托人不知道代理人的努力程度，也不知道采用了什么技术工艺，只能通过观测到的结果给予转移支付。假设转移支付为

$$w(y,q(e)) = \mu q(e) + y\beta q(e) + x \tag{4.32}$$

式中，μ 为产量报酬系数；β 为环保补偿系数，环保补偿以委托人采用代理人的环保技术并将该业务外包给代理人为前提。$x \geq 0$，为补偿变量，以保证代理人的有限责任。

代理人的效用函数为

$$U(e,t) = \mu q(e) - \frac{1}{2}e^2 + y(\beta q(e) - \theta q(e) - k) \tag{4.33}$$

代理人效用函数的数学期望为

$$EU(e,t) = \mu\lambda e - \frac{1}{2}e^2 + y(\beta\lambda e - \theta\lambda e - k) \tag{4.34}$$

委托人的效用函数的数学期望为：

$$EV = (\alpha - \mu)\lambda e - y\beta\lambda e - (1 - y)\theta_0\lambda e \tag{4.35}$$

信息不对称条件下，考虑环保的业务外包问题优化模型（P4.3）如下：

$$\max_{y,\beta,\mu,x} EV = (\alpha - \mu)\lambda e - y\beta\lambda e - (1 - y)\theta_0\lambda e \tag{4.36}$$

s. t.

$$e \in Arg \max_{\tilde{e}} EU(\tilde{e},t) \tag{4.37}$$

$$t \in Arg \max_{\tilde{t}} EU(e,\tilde{t}) \tag{4.38}$$

$$EU(e,t) \geq 0 \tag{4.39}$$

$$\mu q(e) + y\beta q(e) + x \geq -l \tag{4.40}$$

模型（P4.3）中，约束式（4.37）和式（4.38）是激励兼容性约束。约束式（4.39）和式（4.40）是参与性约束。其中，约束式（4.40）保证代理人的有限责任，$l \geq 0$。由于问题的信息不对称性，和模型（P4.2）相比，这里松弛了代理人的有限责任约束，只保证负的转移支付不能有过大的绝对值。

由于信息不对称，委托人对代理人的成本、技术工艺等信息不清楚，这里不再讨论是否采用代理人环保工艺技术的条件。但仍有三种情况需要分析其最优解。

在不采用代理人的环保技术时，$y = 0$；忽略有限责任约束，即，令 $x = 0$，则有

$$EU(e,t) = \mu\lambda e - \frac{1}{2}e^2$$

由 $\dfrac{\mathrm{d}EU(e,t)}{\mathrm{d}e} = 0$ 得，

$$e^{As*} = \mu\lambda \tag{4.41}$$

将式（4.41）代入模型的目标函数，有

$$EV = (\alpha - \mu)\lambda e - \theta_0\lambda e$$
$$= (\alpha - \mu)\lambda^2\mu - \theta_0\lambda^2\mu$$
$$= (\alpha - \theta_0)\lambda^2\mu - \lambda^2\mu^2$$

由 $\dfrac{\mathrm{d}EV}{\mathrm{d}\mu} = 0$ 得，

$$\mu^{As*} = \frac{\alpha - \theta_0}{2} \tag{4.42}$$

$$\max EV^{As*} = \frac{1}{4}\lambda^2(\alpha - \theta_0)^2 \tag{4.43}$$

在委托人采用代理人的环保技术时，$y = 0$；因为委托人自己处理环保问题的成本为 $\theta_0 q(e)$，故 $\beta \leqslant \theta_0$。代理人接受环保外包并采用工艺路线 $t = \underline{t}$ 的条件为

$$\begin{cases} \underline{\theta} q(e) + \underline{k} \leqslant \beta q(e) \\ \underline{\theta} q(e) + \underline{k} \geqslant \underline{\theta} q(e) + \underline{k} \end{cases} \tag{4.44}$$

此时，先忽略代理人的有限责任约束，代理人效用函数的数学期望为

$$EU(e,t) = \mu\lambda e - \frac{1}{2}e^2 + (\beta\lambda e - \underline{\theta}\lambda e - \underline{k})$$

$$= \lambda e(\mu + \beta - \underline{\theta}) - \frac{1}{2}e^2 - \underline{k}$$

由 $\dfrac{\mathrm{d}EU(e,t)}{\mathrm{d}e} = 0$ 得，

$$e^{As**} = \lambda(\mu + \beta - \underline{\theta}) \tag{4.45}$$

$$EU^{As**}(e,t) = \frac{1}{2}\lambda^2(\mu + \beta - \underline{\theta})^2 - \underline{k} \tag{4.46}$$

此时

$$EV = \lambda^2(\alpha - \mu - \beta)(\mu + \beta - \underline{\theta})$$

令 $v = \mu + \beta$，则

$$EV = \lambda^2(\alpha - v)(v - \underline{\theta})$$

由 $\dfrac{\mathrm{d}EV}{\mathrm{d}v} = 0$ 得，

$$v = \mu + \beta = \frac{\alpha + \underline{\theta}}{2} \tag{4.47}$$

$$\max EV^{As**} = \frac{1}{4} \lambda^2 (\alpha - \underline{\theta})^2 \tag{4.48}$$

再分析委托人采用代理人环保工艺且代理人采用工艺路线 $\bar{i}$ 的条件。

因为委托人自己处理环保问题的成本为 $\theta_0 q(e)$，故 $\beta \leq \theta_0$。代理人接受环保外包且采用工艺路线 $\bar{i}$ 的条件为

$$\begin{cases} \bar{\theta} q(e) + \bar{k} \leq \beta q(e) \\ \bar{\theta} q(e) + \bar{k} \leq \underline{\theta} q(e) + \underline{k} \end{cases} \tag{4.49}$$

此时，先忽略代理人的有限责任约束，代理人的效用函数的数学期望为

$$EU(e,t) = \mu \lambda e - \frac{1}{2} e^2 + (\beta \lambda e - \bar{\theta} \lambda e - \bar{k})$$

$$= \lambda e (\mu + \beta - \bar{\theta}) - \frac{1}{2} e^2 - \bar{k}$$

由 $\dfrac{\mathrm{d} EU(e,t)}{\mathrm{d} e} = 0$ 得，

$$e^{As***} = \lambda (\mu + \beta - \bar{\theta}) \tag{4.50}$$

$$EU^{As***}(e,t) = \frac{1}{2} \lambda^2 (\mu + \beta - \bar{\theta})^2 - \bar{k} \tag{4.51}$$

此时

$$EV = \lambda^2 (\alpha - \mu - \beta)(\mu + \beta - \bar{\theta})$$

令 $v' = \mu + \beta$，则

$$EV = \lambda^2 (\alpha - v')(v' - \bar{\theta})$$

由 $\dfrac{\mathrm{d} EV}{\mathrm{d} v'} = 0$ 得，

$$v' = \mu + \beta = \frac{\alpha + \bar{\theta}}{2} \tag{4.52}$$

$$\max EV^{As***} = \frac{1}{4} \lambda^2 (\alpha - \bar{\theta})^2 \tag{4.53}$$

4.2.1.4　不同信息程度的对比分析及其结论

通过对求解结果中代理人生产努力情况的比较，可以分析出如下 3 个结论。

结论 1：与信息不对称问题相比，完备信息下的均衡点有更高的代理人生产

努力程度，从而有更高的产量。

证明：

（1）考虑委托人不让代理人外包其环保业务的情形。由于 α 表示单位产量的边际收益，而 μ 表示单位产量对代理人的转移支付，θ_0 表示环保方面的边际成本，故在委托人效用函数数学期望大于等于零的情况（这是应该保证的）下，有 $\alpha \geqslant \mu + \theta_0$，故由式（4.26）和式（4.41）比较得

$$e^* = \lambda(\alpha - \theta_0) \geqslant \lambda\mu = e^{As*}$$

结论 1 在此情况下成立。

（2）考虑代理人外包其环保业务的情形。在由于 α 表示单位产量的边际收益，而 $\mu + \beta$ 表示单位产量对代理人的转移支付，故在委托人效用函数数学期望大于等于零的情况（这是应该保证的）下，有 $\alpha \geqslant \mu + \beta$，则由式（4.28）和式（4.45）比较，由式（4.30）和式（4.50）比较，显然有 $e^{**} \geqslant e^{As**}$，$e^{***} \geqslant e^{As***}$。

结论 1 在此情况下成立。

综上，总有"与信息不对称问题相比，完备信息下的均衡点有更高的代理人生产努力程度"这一结论。而代理人产量的数学期望和其努力程度成正比，故结论 1 得证。

证毕。

结论 2：与信息不对称问题相比，完备信息下的均衡点委托人有更高的效用值。

证明：

（1）考虑委托人不让代理人外包其环保业务的情形。对比式（4.27）和式（4.43），有 $\max EV^* = 2\max EV^{As*}$，结论显然成立。

（2）考虑代理人外包委托人环保业务，且采用环保工艺路线 $t = \bar{t}$ 的情形。由于 α 表示单位产量的边际收益，而 $\mu + \beta$ 表示单位产量对代理人的转移支付，故在委托人效用函数数学期望大于等于零的情况（这是应该保证的）下，有 $\alpha \geqslant \mu + \beta$。

由式（4.51）和参与约束式（4.39）可得

$$\frac{1}{2}\lambda^2(\mu + \beta - \bar{\theta})^2 - \bar{k} \geqslant 0 \tag{4.54}$$

将式（4.44）代入式（4.54）得，

$$\bar{k} \leqslant \frac{1}{8}\lambda^2(\alpha - \bar{\theta})^2 \tag{4.55}$$

将式（4.31）中的委托人最优期望效用和式（4.53）中信息完备条件下的委托人最优期望效用相减，得

$$\max EV^{***} - \max EV^{As***} = \frac{1}{4}\lambda^2(\alpha - \bar{\theta})^2 - \bar{k}$$

代入式（4.55），得

$$\max EV^{***} - \max EV^{As*} = \frac{1}{4}\lambda^2(\alpha - \bar{\theta})^2 - \bar{k} \geq \frac{1}{8}\lambda^2(\alpha - \bar{\theta})^2$$

即

$$\max EV^{***} - \max EV^{As*} \geq 0 \qquad\qquad (4.56)$$

式（4.56）表明，在代理人采用 $\bar{t}$ 环保工艺时，和在信息不对称条件相比，完备信息条件下的均衡点有更高的委托人效用函数值。

（3）考虑代理人外包委托人环保业务，且采用环保工艺路线 $t = \underline{t}$ 的情形，其证明过程和（2）中完全相同，不再赘述。

综上，原结论得证。

证毕。

结论3：与信息不对称问题相比，完备信息条件下能产生更高的社会效用。

由于"与信息不对称问题相比，完备信息下的均衡能产生更高的产量"，而且在最优解中，委托人的目标函数其实是产量带来的收益减去代理人成本而得出的，故此结论显然成立。

上面三个结论，从理论上证明了信息透明在"业务外包"中的意义，这是"超委托"关系带来的合作共赢利益的重要部分。

4.2.2　超委托关系下问题的假设及一般模型

超委托关系不仅能克服委托人和代理人的信息不对称，实现在环境管控上的共赢，而且可以通过双方在技术、投资、运营等方面的深度合作，实现更多的合作红利。

4.2.2.1　问题假设

结合超委托关系和环保因素，在本章前面几节问题和模型的一般描述的基础上，还有如下假设：

假设1：委托人和代理人都是风险中性的，并且代理人没有有限责任保障；

假设2：委托人和代理人在环境管控技术、要求等方面的信息是透明的；

假设3：代理人向委托人报告的环境管控成本等经济技术指标是真实的；

假设4：环境管控的水平如果超过法定最低限度，可以获得某种量化为经济效益的奖励。

在超委托关系下，委托人知道代理人采用了什么技术工艺，知道并能够监督其努力程度，清楚代理人的成本，并按照代理人的成本进行转移支付。如果代理人是风险中性并没有有限责任要求的情况下，还可以和委托人协商一定的合作红利分成。

代理人的成本函数包括生产成本和环境治理成本两部分，前者是努力程度的函数 $c_1(e)$，后者是产量、治理水平的函数 $c_2(l,q)$。考虑到生产和环保之间的工作替代性关系，这里还有与替代性相关的成本扣除，体现了把生产和环保业务进行融合的理念。代理人成本函数为

$$C(e,l,q) = c_1(e) + c_2(l,q) - \gamma \min\{c_1(e), c_2(l,q)\} \tag{4.57}$$

式中，$c_1(e)$、$c_2(l,q)$ 分别表示生产成本和环保成本。令 $c_1(e) = \frac{1}{2}e^2$，$c_2(l,q) = \theta q + kql^2$。

通常 $c_1(e) \geqslant c_2(l,q)$，故

$$C(e,l,q) = c_1(e) + c_2(l,q) - \gamma c_2(l,q) \tag{4.58}$$

产量为生产性努力程度的函数 $q(e)$。超委托关系模型实际上是一种集成模型，考虑整个合作中的共同利益，在模型的目标函数中，不用考虑转移支付。这也是"超委托"关系区别于通常信息完备委托代理关系的一个重要特点。

在收益上，除了产量对委托人的收益外，还有环保治理程度的奖励，其奖励效用函数为：

$$R(l) = \begin{cases} 0, l \leqslant \overline{L} \\ P, l \leqslant \overline{L} \end{cases} \tag{4.59}$$

4.2.2.2 一般模型

在前面假设和公式的基础上，其优化模型（P4.4）为

$$\max_{e,l} S(q(e)) + R(l) - C(e,l,q) \tag{4.60}$$

s. t.

$$l \geqslant L_0 \tag{4.61}$$

$$\overline{Q} \geqslant q(e) \geqslant \underline{Q} \tag{4.62}$$

式中，目标函数式（4.60）是委托人和代理人的最大化总合作收益，也是社会总效用函数的最大化。其中 $S(q(e))$ 为基于产量的委托人的收益，该收益的具体实现形式可以根据不同的应用背景而变化。$R(l)$ 是对环境友好的贡献给予的奖励，虽然政府监管部门会制定一定的环保标准，强制企业遵守，但那只是最低的标准，如果采掘、土木工程等行业能够提高自己企业的环保标准，对企业形象、企业的长远发展利益都是有益的，对委托人具有一定的效用，并且政府可能也会给予奖励。式（4.59）中常数奖励的实现形式体现了政府奖励，但仅仅是政府奖励形式中的一种。

约束式（4.61）是企业必须遵守的环保的要求。约束式（4.62）是对企业生产产量的约束。不同的企业有不同的生产目标和市场预测，所以太高或太低的产能都可能是不被允许的，如矿山有一定的产能限制，产量必须控制在一定范围内。这一约束可以与目标函数中的 $S(q(e))$ 函数结合使用。如果 $S(q(e))$ 被定义为分段线性函数、二次函数等形式，也能起到和约束式（4.62）相同作用的约束。

除了模型（P4.4）中的目标和约束，结合不同的应用背景，还会有其他特定的目标和约束。如现在技术进步日新月异，委托人和代理人在合作中，由于代理人在一线生产中，因此代理人对环保相关的实际技术需求更有判断力，他们甚至愿意参与一定的环保技术研发，或者参与将环保因素融入其生产工艺的改进过程。而作为超委托关系中的代理人，对风险偏大、投资密集的技术研发项目往往不愿或不能承担其风险，这种情况下，就需要委托人和代理人之间新的目标和约束关系。

4.2.2.3   合作红利的分配

对于超委托关系中，委托人和代理人的集成决策而产生的合作红利或者信息红利（信息完备情况下和信息不对称情况下的社会效用差）的分配方式和其他一般的超委托关系模型类似，具体参见第 2 章。

5 平衡长远利益的多任务超委托代理模型

<<<<<<<<<<<<<<<<<<<<<<<<<<<<<<<<<<<<<<<<<<<<<<<<<<<<<<<<<<

鉴于鞍钢矿业业主和鞍矿爆破作为外包方的委托代理关系具有长期性，需要双方在公平偏好和长期绩效的基础上，针对矿山企业外包过程中信息对称特别需求和开采成本依赖不确定因素的问题，推导合理的成本函数和报酬契约，以设计科学的信息共享及建立其相应的激励机制。

5.1 多任务委托代理问题的数学表达

5.1.1 多任务委托代理问题及其模型

现有的多任务的委托代理问题中，常假定代理人需要同时完成委托人委托的多项任务。其复杂性在于代理人同时完成多项任务时需要决定多项而非单项任务的努力程度。

5.1.1.1 任务的互替性与互补性

多任务的委托代理问题涉及一些基本概念和属性。这里主要介绍替代性与互补性，横向多任务和纵向多任务等概念。

在"业务外包"等委托代理问题中，常涉及多项任务，这些任务之间存在互替性任务和互补性任务两大类关系。在互替性关系中，一种任务的完成使得另一项任务更加困难了，代理人完成两项任务的努力产生的负效用大于单独完成两项任务的负效用之和。而互补性正相反，代理人完成两项任务的努力产生的负效用小于单独完成两项任务的负效用之和。

假设有 n 项任务，其努力程度分别为 e_1, e_2, $\cdots$, e_n。以 $-1 \leqslant r_{ij} \leqslant 1$, i, $j \in \{1, 2, \cdots, n\}$ 且 $i < j$，表示两个任务之间的相关关系。

如果 $-1 \leqslant r_{ij} < 0$，表示任务 i 和 j 之间为互补性关系，且 $r_{ij} = -1$ 时互补性最强；

如果 $0 \leqslant r_{ij} < 1$，表示任务 i 和 j 之间为互替性关系，且 $r_{ij} = 1$ 时互替性最强；

如果 $r_{ij} = 0$，表示任务 i 和 j 完全不相关。

若对任意 $i \in \{1, 2, \cdots, n\}$，有努力成本 $C_i(e_i) = \frac{1}{2}e_i^2$，则同时对 n 项任务努力的成本为

$$C(e_1, e_2, \cdots, e_n) = \frac{\displaystyle\sum_{i=1}^{n} e_i^2 + 2\sum_{i=1}^{n}\sum_{j=i+1}^{n} r_{ij} e_i e_j}{2} \tag{5.1}$$

5.1.1.2　问题假设和条件

建模前，先要描述问题的条件和假设。

假设 1：所有的效用和成本都可以用货币来衡量；

假设 2：委托人是风险中性的，代理人是风险厌恶的；

假设 3：委托人委托代理人两项任务；

假设 4：委托人对代理人在每项任务上的努力程度不能观测，只能观测到在两项任务上的产量；

假设 5：代理人两项任务的努力程度分别为 e_1、e_2，产出为 q_1、q_2。

基于以上假设，有

$$\begin{cases} q_1 = e_1 + \varepsilon_1 \\ q_2 = e_2 + \varepsilon_2 \end{cases} \tag{5.2}$$

式中，$\varepsilon_1 \sim N(0, \sigma_1^2)$、$\varepsilon_2 \sim N(0, \sigma_2^2)$ 为影响产出的独立随机变量。

依据式（5.1），代理人的努力成本为

$$C(e_1, e_2) = \frac{e_1^2 + e_2^2 + 2r e_1 e_2}{2} \tag{5.3}$$

5.1.1.3　问题的模型

基于以上问题的假设和条件，委托人对代理人的转移支付设置为

$$w(q_1, q_2) = \beta_1 q_1 + \beta_2 q_2 \tag{5.4}$$

式中，β_1、β_2 为基于产量业绩的报酬系数。

代理人的转移支付减去努力成本的实际效用函数为

$$U = w(q_1, q_2) - C(e_1, e_2) \tag{5.5}$$

由于代理人为风险厌恶型的，其效用函数的等价确定性收入为

$$EU = \beta_1 e_1 + \beta_2 e_2 - \frac{e_1^2 + e_2^2 + 2r e_1 e_2}{2} - \frac{\rho \beta_1 \sigma_1^2 + \rho \beta_2 \sigma_2^2}{2} \tag{5.6}$$

式中，系数 ρ 为风险厌恶系数。

设产量 (q_1, q_2) 对委托人的收益函数为

$$S(q_1, q_2) = \alpha_1 q_1 + \alpha_2 q_2 \tag{5.7}$$

则委托人的效用函数为

$$V = S(q_1, q_2) - w(q_1, q_2) = q_1(\alpha_1 - \beta_1) + q_2(\alpha_2 - \beta_2) \tag{5.8}$$

委托人的效用函数数学期望为

$$EV = e_1(\alpha_1 - \beta_1) + e_2(\alpha_2 - \beta_2) \tag{5.9}$$

多任务下委托人激励代理人的优化模型（P5.1）为：

$$\max_{\beta} EV = e_1(\alpha_1 - \beta_1) + e_2(\alpha_2 - \beta_2) \tag{5.10}$$

s. t.

$$\beta_1 e_1 + \beta_2 e_2 - \frac{e_1^2 + e_2^2 + 2re_1e_2}{2} - \frac{\rho\beta_1\sigma_1^2 + \rho\beta_2\sigma_2^2}{2} \geq U_0 \tag{5.11}$$

$$e_1, e_2 \in Argmax \ \beta_1 e_1 + \beta_2 e_2 - \frac{e_1^2 + e_2^2 + 2re_1e_2}{2} - \frac{\rho\beta_1\sigma_1^2 + \rho\beta_2\sigma_2^2}{2} \tag{5.12}$$

模型（P5.1）中，U_0 代表代理人的机会成本，即代理人不接受契约时所能够获得的最大机会收入。约束式（5.11）为代理人的参与性约束；约束式（5.12）为激励相容性约束。

5.1.2 多任务委托代理问题的解析及结论

对模型（P5.1）求解得

$$\beta_1^* = \frac{\alpha_1 + \alpha_1(1-r)\rho\sigma_2^2}{1 + \rho\sigma_1^2 + \rho\sigma_2^2 + (1-r^2)\rho^2\sigma_1^2\sigma_2^2} \tag{5.13}$$

$$\beta_2^* = \frac{\alpha_2 + \alpha_2(1-r)\rho\sigma_1^2}{1 + \rho\sigma_1^2 + \rho\sigma_2^2 + (1-r^2)\rho^2\sigma_1^2\sigma_2^2} \tag{5.14}$$

由求解结果，可以得出结论：

结论 1：如果 $\sigma_1 = \sigma_2$，即两项任务的随机影响因素独立同分布，则 $\beta_1^* = \beta_2^*$，即两种任务对委托人的最优的报酬提成系数相同，即 $\dfrac{\beta_1^*}{\alpha_1} = \dfrac{\beta_2^*}{\alpha_2}$。

结论 2：如果 $r = 1$，即两项任务的为完全互替性的，则 $\dfrac{\beta_1^*}{\alpha_1} = \dfrac{\beta_2^*}{\alpha_2}$，即两种任务对委托人的最优的报酬提成系数相同。

结论 1 和结论 2 从式（5.13）、式（5.14）对比显然成立，这里不再证明。

结论 3：如果两项任务是不完全互补性任务，在分享激励机制的有效范围内部，代理人对第一项、第二项任务的报酬系数随着任务间的相关系数 r 的增大而减小。

结论 3 的实质是因为，随着互补性系数的增大，代理人的实际努力成本降低，所以有了更大的报酬减小空间。

5.2 考虑长期利益的多任务纵向协调模型

5.2.1 长期绩效与问题假设

在一般的委托代理模型中，委托人往往以当期效用函数为优化目标。委托人面临时间维度的多任务决策时，既要追求当前业务绩效的优化（避免企业因为当前业绩原因而发生现金流危机），又要追求企业可持续发展（满足长期投资的获利需求）。因此，将代理人的投入划分为两个部分，一个是对当前业务的投入，另一个是对委托人战略性规划方面的投入。

代理人的精力是有限的。当代理人总体投入水平既定时，两种投入之间既存在相互替代和排斥关系（长期投入的增加必然导致对短期利润的忽视），又存在着相互促进关系（长期投入的提升必然会增加后续各期投入的边际产出水平）。因此，需要合理权衡在上述两种投入之间的分配。

假设 1：设 e 为一维变量，用来描述代理人的努力程度，其努力成本函数表达式为：

$$c(e) = \frac{\gamma^2 e^2}{2}, \gamma > 0 \tag{5.15}$$

式中，γ 代表努力成本系数。

假设 2：代理人第 t 期产出函数取如下形式：

$$\text{II}_t = (1 + k_t) e_t p_t + \theta \tag{5.16}$$

式中，p_t 为代理人的能力函数。其中 p_t 表示第 t 期期初代理人的能力水平，代理人初始能力设为 p_1。假定代理人初始技术水平满足 $p' > 0$，$p'' \leq 0$，表示随着对战略性规划管理的投入对能力增长的边际贡献递减。设 $0 \leq k \leq 1$，说明代理人第 t 期的努力水平被分为两个部分：$1 - k_t$ 部分为当期行为，其显性表现为增加当期经营业绩；k_t 表示长期行为，其主要贡献为提升企业能力，有着长远意义。其中 θ 为外生不确定因素对当期企业产出的影响，符合均值为 0，方差为 δ^2 的随机变量，即 $\theta \in (0, \delta^2)$。

假设 3：由于存在信息不对称，委托人无法直接观察到代理人的努力程度，只能根据观测的产出向管理者提供线性激励支付。

假设 4：代理人的效用函数为 $u(x) = -e^{-rx}$，其中：x 为代理人的实际收益；r 表示代理人对于风险的规避程度，其表达式为 $r = -\frac{u''(x)}{u'(x)}$。如果 $r = 0$，说明代理人是风险中立者，即他不喜欢风险，也不规避风险；如果 $r > 0$，说明代理人是风险厌恶者；如果 $r < 0$，说明代理人是风险喜好者。假定代理人是风险规避的，委托人是风险中性的。

5.2.2 激励模型

5.2.2.1 单期静态契约模型

在静态报酬契约模型中，由于存在委托人和代理人双方的长期合作及对长期绩效的鼓励，所以需要有固定绩效。因而 $s(\mathbb{II}) = a + \beta(\mathbb{II})$，$a$ 代表代理人转移支付的常数，即固定绩效。β 代表利润分享系数，所以管理者的实际收入是：

$$w_A = s(\mathbb{II}) - c(e) = a + \beta((1-k)ep_1 + \theta) - \frac{b}{2}e^2 \qquad (5.17)$$

根据假设 4，风险规避的代理人的实际收入的确定性等值为：

$$\overline{w}_A = E(w_A) - \frac{1}{2}\rho\beta\delta^2 = a + \beta(1-k)ep_1 - \frac{b}{2}e^2 - \frac{1}{2}\rho\beta^2\delta^2 \qquad (5.18)$$

风险中性的委托人的期望效用等于收益函数：

$$E(w_p) = w_p = E(\mathbb{II} - s(\mathbb{II})) = -a + (1-\beta)(1-k)ep_1 \qquad (5.19)$$

因为此时代理人只追求提高当前生产效益以从委托人那里获得尽量多的奖励，增大自身的收益，所以不会投入精力在提高长期能力方面。将所有的努力都投入到当期的生产上，因此有 $k^* = 0$。于是可得单周期静态契约最优模型（P5.2）为：

$$\max E(w_p) = -a + (1-\beta)(1-k)ep_1 \qquad (5.20)$$

s. t.

$$\max\left\{a + \beta(1-k)ep_1 - \frac{b}{2}e^2 - \frac{1}{2}\rho\beta^2\delta^2\right\} \qquad (5.21)$$

$$k^* = 0 \qquad (5.22)$$

在模型（P5.2）中，约束式（5.21）为激励相容约束，设计不同的 a 和 β 来达到其收益最大化。

5.2.2.2 二阶段动态报酬契约模型

假设委托人跟代理人签订两期契约合同，且委托人仍然向代理人提供线性激励的转移支付。

线性合同为：$s(\mathbb{II}) = a + \beta(\mathbb{II})$。为了便于研究，将两阶段的努力程度假设为两期努力程度的平均值 e，外生不确定性因素 θ 影响不变，则企业各期的产出函数为：

$$\mathbb{II}_1 = (1-k_1)ep_1 + \theta \qquad (5.23)$$

由于第二期契约将到期，管理者为了追求利益最大化，不考虑努力对企业战略性能力的投入，将所有努力用于提高直接的经济效益，此时的函数表示式为

$$\mathbb{II}_2 = ep_2 + \theta \qquad (5.24)$$

两期企业生产总收益值函数为：

$$\Pi = \Pi_1 + \Pi_2 = (2 - k_1 + \tau (k_1 e)^{\frac{1}{2}}) e p_1 + 2\theta \tag{5.25}$$

因为管理者是风险规避的，所以管理者的确定性等值收入为：

$$\overline{w}'_A = E(w_A) - \rho \beta^2 \delta^2 = 2a + \beta (2 - k + \tau (k_1 e)^{\frac{1}{2}}) e p_1 - be^2 - \rho \beta^2 \delta^2 \tag{5.26}$$

期望收益是：

$$E(w_p) = w_p = -2a + (1 - \beta)(2 - k_1 + \tau (k_1 e)^{\frac{1}{2}}) e p_1 \tag{5.27}$$

对于给定的 (a, β)，对式（5.26）求解 k 的一阶导数：

$$k_1^{**} = \frac{\tau^2 e}{4} \tag{5.28}$$

将式（5.28）代入到式（5.27）可以得到 e 的一阶条件为

$$e^{**} = \frac{p_1 \beta}{b}$$

根据以上分析得到多周期动态激励契约模型（P5.3）如下：

$$\max E(w_p) = -2a + (1 - \beta)(2 - k_1 + \tau (k_1 e)^{\frac{1}{2}}) e p_1$$

s. t.

$$(IC_2) \ k_1^{**} = \frac{\tau^2 e}{4}$$

$$(IC_2) \ e^{**} = \frac{p_1 \beta}{b}$$

$$(IR) \ 2a + \beta(2 - k + \tau (k_1 e)^{\frac{1}{2}}) e p_1 - be^2 - \rho \beta^2 \delta^2 \geqslant w_0$$

模型中，w_0 为代理人的保留收入。

5.3　超委托条件下考虑长远利益的多任务委托代理模型及分析

5.3.1　前提假设

前面对多任务委托代理问题和模型的研究都是基于委托人和代理人信息不对称的假设，通过激励相容和参与性约束，在合理激励代理人的同时，实现自身利益的最大化。但从前面分析可以看到，所谓的委托人效用最大化和经典的委托代理问题类似，仅仅是在委托人和代理人博弈均衡意义上的效用最大化。

这里从超委托关系出发，提出如下假设：

假设 1：所有的效用和成本都可以用货币来衡量；

假设 2：委托人是风险中性的，代理人是风险中性但有有限责任的；

假设 3：委托人委托代理人长远利益和当前效益两项任务；

假设 4：委托人对代理人在每项任务上的努力程度可以观测；

假设 5：假设代理人对当期和长期的努力程度分别为 e_t、e_l。两项任务的关系符合 5.1.1 节对互替性和互补性的定义。并且努力程度带来的负效用成本符合式 (5.1)。

假设 6：对委托人的包含长期利益的效用函数为

$$U = e_l + he_t + \varepsilon - w \tag{5.29}$$

式中，h 为长期利益系数；$\varepsilon \sim N(0, \sigma^2)$ 为外部随机因素；w 为转移支付。

5.3.2　激励优化模型

由于超委托关系下，委托人和代理人信息透明，利益融合，所以能够集成进行优化，在模型中以委托人和代理人的总效用为优化目标。其集成优化模型 (P5.4) 如下

$$\max_{e_t,e_l} EV = e_l + he_t - w \tag{5.30}$$

s. t.

$$w - \frac{e_l^2 + e_t^2 + 2re_le_t}{2} \geqslant 0 \tag{5.31}$$

模型 (P5.4) 中，w 为转移支付。因为信息透明，所以只有约束式 (5.31) 作为参与性约束，没有激励相容约束。

5.3.3　模型解析和红利分配

由于是集成模型可以先假设约束式 (5.31) 是零，然后有

$$EV = e_l + he_t - w = e_l + he_t - \frac{e_l^2 + e_t^2 + 2re_le_t}{2} \tag{5.32}$$

由 $\dfrac{\mathrm{d}EV}{\mathrm{d}e_l} = 0$，$\dfrac{\mathrm{d}EV}{\mathrm{d}e_t} = 0$ 得

$$\begin{cases} e_l = \dfrac{1 - rh}{1 + r^2} \\[2mm] e_t = h - \dfrac{r - r^2h}{1 + r^2} \end{cases} \tag{5.33}$$

由于集成模型从合作双方的社会效用考虑，一方面简化了优化模型，更便于求解，另一方面，减少了交易成本，实现了全局最优，提高了总的社会效用。

模型求解假设约束式 (5.31) 是零，即代理人没有分享合作红利，实际上，为有效激励代理人的长期合作及对委托人和代理人双方对公平的偏好，可以采用第 2 章中所提到的原则和方法进行红利分配。

6 基于超委托代理关系的信息系统集成

<<<<<<<<<<<<<<<<<<<<<<<<<<<<<<<<<<<<<<<<<<<<<<<<<<<<<<<<<<<<<<<<<<<<

21 世纪是互联网时代，在互联网发展的强大推动下，智能化和信息化在各个行业领域中得到了充分的体现，对传统劳动密集型矿山的产业结构产生了极其深远的积极影响，其中工作方式的变革比较显著。同时以此来减少企业的事故发生率并提高矿山的生产效益。要想确保矿山经济效益的稳步提升，必须要注重加强信息化形式的应用，加强信息共享机制的构建，将各项业务之间的协同能力提升上来，进而将矿山企业的发展提升至全新的高度和深度，鞍钢集团关宝山矿业有限公司和鞍矿爆破基于超委托代理关系的管理模式优势在于资源共享、信息互通有无，有利于打破"信息孤岛"现象，实现了信息共享，大大提高了矿山的生产经济效益。

6.1 矿业信息系统及其数据共享机制现状

鞍钢矿业基于创建"安全矿山、高效矿山、清洁矿山"的原则，为了提升资源利用效率，并确保良好的配置效果，积极优化和整合资源。基于信息化背景视角对其各部门共享生产、信息等资料。促进对应部门对该类资料进行管理和维护，并将该项工作的效率提升上来。如果该类部门在运作中出现不足之处，借助共享资料，可以对部门业务进行有效评估，通过此类信息的共享，确保鞍矿爆破的各项工作与鞍钢集团关宝山矿业有限公司发展需求相一致。

6.1.1 地质资料数据库和生产管理信息系统

鞍钢矿业的地质资料库主要通过两种方式获取数据：一是矿山总公司设立一个测量部门（简称测量队），负责鞍钢所有矿山的地质测量，测量队分派测量人员去矿山进行测量，得到的数据导入基于 CAD 二次开发的系统中，分发给各个矿山，以便于进行下一步的采掘计划的执行。二是矿山各个分公司都有一个测量室，该测量室的主要工作内容是在收到测量队所给的地质数据后，进行下一步的采掘计划，如具体配矿等测量的数据。通过以上两种方式构成了鞍山矿业的地质资料数据库。

鞍钢矿业的地质资料管理体系如图 6.1 所示。

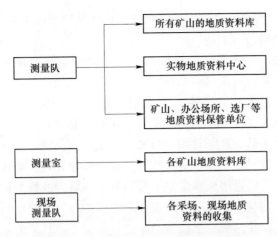

图 6.1　鞍钢矿业的地质资料管理体系

　　通过应用生产管理系统的生产管理模块，管理者能够随时了解生产情况、库存存货情况，自动生成生产配料单，跟踪整个生产过程，科学管理生产物料，同时还可以帮助企业管理者有效控制生产成本，及时了解产品产量及库存的业务细节，发现存在的问题，避免库存积压，做到快速的市场反应。

　　鞍钢矿业生产管理信息化，逐渐从数字矿山向智慧矿山转变。自 2008 年以来，公司用 5 年的时间，完成了"数字化矿山"信息化的五层架构，实现了"数字化矿山"蓝图的初级目标，累计投资 1.8 亿元进行大规模的信息化建设。建成了 460m^2 的标准化机房、万兆主干环网、GPS 车辆调度系统、牙轮精确定位系统、GIS 三维综合地质信息系统、基础数据自动采集系统、生产执行系统（MES）、决策分析系统等配套建设。

　　MES 系统是连接现场层与管理层的生产管理技术与实时信息系统，它是实施企业敏捷制造战略，实现车间生产敏捷化的基本技术手段。MES 在整个企业信息集成系统中承上启下，是生产活动与管理活动信息沟通的桥梁。该系统是基于仪控生产运作模式，进行系统信息化部署，推进流程系统优化，遵循统一性、先进性、实用性、可操作性、灵活性、适应性、经济性等原则，严格按相关标准规范执行控制，以实现鞍钢矿业效益最大化、提高产量、降低成本、增加效益。

　　2012 年 3 月，鞍钢矿业"知觉云"平台采用创新的"内存萃取"和"脱壳"技术，提升了系统的可靠性，并在国际矿山行业首次应用了 XEN 技术实现了云主机、云存储、云服务、云终端等创新应用，为企业的"两化"深度融合提供了技术支持，成为企业业务转型和创新及高效运营的助推器，实现了企业信息化向智慧化转变，为实现智慧人本管理、智慧决策支持、智慧业务协同的智慧矿山奠定了坚实基础。"知觉云"大大降低了云计算在企业落地的高门槛。集中、统一的云计算数据中心，不但消除了分散各处的数据机房的管理弊端，大幅度减少了 IT 投入与运行、维护的成本，更降低了整体的技术复杂性，为"两化"深度融合奠定了基础。

智慧矿山是基于矿区井上下一体化三维空间信息管理环境的信息网络综合化、宽带化、物联化、智能化的全面应用和综合高效集成。它包含两个层次，一个层次是将处于地表上下的实体（如主副井通风口、巷道、工作面、作业设备等）及其现状信息基于地理空间位置构建三维可视化管理平台，以真三维现实环境方式呈现给技术人员、业务管理人员及管理决策人员等；另一个层次是在该平台基础上嵌入检测传感器、人员定位管理、视频监控管理、矿压监控管理、储量动态管理等所有相关信息组成多维数字化和基于物联网的智慧矿山，进而构建矿山安全生产专题应用与智慧化决策应用，最终使矿井上下使用的设备全部实现智能化，使整个生产矿井形成一个设备的智能化集群。智慧矿山三维管理平台总体应用架构分为感知层、通信层、平台层和应用层。

感知层：感知层是由遍布各处的大量感知现实环境机电设备、人员的传感器和智能设备组成传感网络层，对矿山的核心系统进行监测、监控和分析，如温度、湿度、风压、风速、电压等感知传感器，甲烷、二氧化碳、锚杆压力、钻孔应力、顶板离层环境等监测传感器，以及皮带打滑等报警传感器。

通信层：通信层负责将来自感知层的各类信息通过基础承载网络传输到应用服务层，包括三网融合下的移动通信网、互联网、卫星网、广电网以及移动互联网等，形成了覆盖整个矿区的通信网络。通信层主要关注的是感知层初步处理的数据经由各类网络的传输问题，涉及到不同网络传输协议的互通、自组织通信等多种网络技术。

平台层：平台层就是基于时空信息云计算平台的矿山数据中心，主要对智慧矿山多源数据资源进行划分，并构建生产一体化监控平台。

应用层：应用层是矿区综合信息化系统，任务是根据战略管控的需求进行业务管理创新，主要包括矿山生产指挥调度、安全生产监测监控、生产经营智能决策、矿山资源储量管理与矿区应急指挥等业务应用，真正实现矿井"采、运、风、水、电、安全"等生产环节的信息化、自动化和智能化。

"智慧矿山"的智慧生产系统、智能职业健康与安全系统、智慧技术后勤保障系统，对时空信息管理云平台提出了可靠性与可控性要高、实时性和实用性要强、体验性要好、集成性要广等新要求，如生产系统的视频监控、机电自动化设备等物联网节点，尽管有信号的实时接入，但大多缺少空间定位，因此需要与地理信息有机整合，构建权威的、唯一的、通用的井上下一体化的三维地理信息公共平台，以便全面支持空间分析与决策。该平台主要集成和管理全矿域的以下各种智慧系统：

（1）智能主生产系统：实现智慧机械化掘进和凿岩爆破。

（2）智能辅助生产系统：实现全矿井排水、供电、皮带控制、通风、运输、提升、压风等辅助生产系统的智能化。

（3）智能职业健康与安全监控系统：矿山职业健康与安全系统包括环境、防火、防水等多个子系统，如智慧洁净生产监控系统、智慧冲击地压监控系统、智慧人员监控系统、智慧通风系统智慧矿山灾害监控系统，以及智慧视频监控系统、智慧应急救援系统，智慧污水处理系统以及智能安全监控系统。

（4）智能决策支持系统：矿区的人、设备、环境的全面感知，从而实现井下预警防范、应急信息显示、视频监控、人员定位。

（5）智能技术与后勤保障系统：保障系统就是采矿生产安全提供技术保障和支持的系统，分为技术保障系统、管理和后勤保障系统。

智慧矿山三维管理平台示意图如图 6.2 所示。

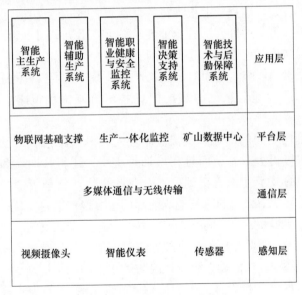

图 6.2　智慧矿山三维管理平台

6.1.2　数据共享机制及数据传输方式

矿山企业要对信息渠道和内容进行充分掌握，将全面性和精准性充分展示出来，确保该项工作质量的稳步提升。诸多子公司在开展该项工作过程中，必须要与各个部门结合在一起，所以在企业不断发展过程中，要将该项工作的作用体现出来，为各个部门之间的信息分享创造便利条件。然而一些子公司在构建生产管理信息系统的过程中，仅仅对自身需求进行了融合，尚未做好全面考察和分析工作，没有对自身功能和基本情况以及总公司和其他子公司进行充分了解，一定程度上导致内部生产管理等工作与企业日常工作出现了脱节现象。而企业各个部门之间也很难对此类信息进行传递，进而很难将信息的利用价值体现出来。对于企业生产管理等部门来说，由于公共性质的资料信息化平台尚未构建出来，极容易导致孤岛现象的出现。此类现象会导致各项工作效率低下，并不利于企业的正常决策，很难对市场实际情况进行充分了解，甚至导致决策的失误，从而对企业后续发展产生了极大的阻碍。

现阶段，在信息时代出现以后，企业的发展模式更具有自动化特点，机器化在企业诸多工作场所中得到了充分的体现，受人为因素的影响范围比较小。基于此，在各公司合作过程中，必须要加强信息共享平台的构建，不断提高资源共享程度，并将其各项业务紧密联系在一起。但是在该项工作实施过程中，以往传统的模式比较根深蒂固，很难与企业日常活动保持高度的同步，也很难使信息全面连接业务落实到位，一定程度上很难将各个资源之间的整合有效性提升上来，不利于企业的正确决策。此外，部分企业在构建其工作环境中应用了内部局域网，这很难与外部网络相互连通在一起，不利于工作人员工作的顺利开展，极容易受环境和时间等因素的影响，进而对该项工作的进展产生了极大的阻碍。

鞍钢矿山生产管理信息化的数据信息共享机制优化策略主要有以下三个方面：

（1）加强部门之间的沟通和交流。企业定期开展信息技术培训工作，将企业信息化建设积极提上日程，而且在培训过程中，还将长期性和短期性体现出来，重点将过程的技术知识落实到位。企业各个生产管理等部门针对相应的风险，将监管责任实施下去，同时其他职能部门也可以借助自身优点技术，对可能出现的风险进行预防和解决。同时，要将各个部门之间的交流力度提升上来，将合作理念提升上来，并对相应的信息技术进行选取，为后续过程中的数据维护和管理奠定坚实的基础，从而确保企业风险防范水平的稳步提升。

（2）加强信息化平台设计。要想确保矿山生产效率的稳步提升，促进生产工作的顺利进行，必须积极整合现有矿山的各种资源，加强信息共享机制的构建。因此，必须加强信息共享和业务协同平台的构建，借助平台，做好资源汇总工作，不同机构和业务之间，也可以借助平台，将交流和合作效率提升上来。在构建信息化平台过程中，其构成内容主要包括以下几个方面（见图6.3）：首先，对于数据源层来说，作为基础层，要求数据的来源必须要覆盖所有的业务模块，并将数据的精准化程度提升上来。其次，数据源层的数据采集可以在各个业务系统中进行，也可以借助生产工作，做好现场采集工作。再次，数据分析层作为平台的关键和灵魂，必须要加强数据分析模型的构建，将数据背后的隐藏信息挖掘出来，进而确保企业发展状况可以充分展示出来，并结合数据分析结果，将企业发展战略制定出来。最后，应用展示层主要是指展示出数据分析结果，并不断提高数据的实例化，进而确保生产结果展示的直观性和生动性。

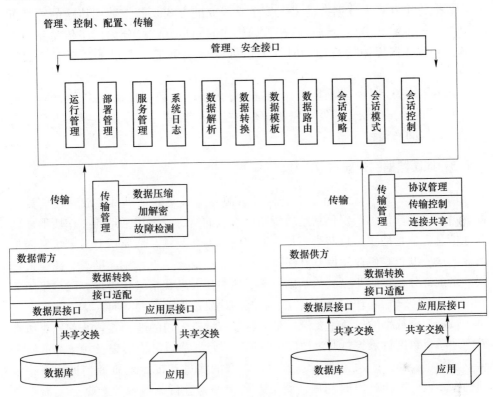

图 6.3　信息化平台功能结构

（3）加强数据信息共享协同管理模式的构建。对于数据信息共享协同模式来说，作为系统化工程之一，具有高度的复杂性，这在信息技术的设计和选择等方面得到了充分的体现，如重组和调整生产流程、生产组织机构。所以企业在加强信息化协同管理过程中，必须要做到以下几个方面：首先，在实施生产项目之前，要积极与外部生产信息机构进行交流和沟通，形成合力，进而为生产项目实施的关键阶段的确定提供依据。其次，内外生产监管部门要严格监督检查生产项目，保证生产项目与预期目标相符合。最后，内部工作人员、企业管理者之间的协调关系要处理到位。

数据传输是数据从一个地方传送到另一个地方的通信过程。数据传输系统通常由传输信道和信道两端的数据电路终接设备（DCE）组成，在某些情况下，还包括信道两端的复用设备。传输信道可以是一条专用的通信信道，也可以由数据交换网、电话交换网或其他类型的交换网路来提供。数据传输系统的输入输出设备为终端或计算机，统称数据终端设备（DTE），它所发出的数据信息一般都是字母、数字和符号的组合，为了传送这些信息，就需将每一个字母、数字或符号用二进制代码表示。

数据传输方式为数据在信道上传送所采取的方式。若按数据传输的顺序可以分为并行传输和串行传输；若按数据传输的同步方式可分为同步传输和异步传输；若按数据传输的流向和时间关系可以分为单工、半双工和全双工数据传输。

鞍钢集团关宝山矿业有限公司和鞍矿爆破之间的数据传输方式是异步传输，通过 PI 系统的接口软件开发实现现场不同控制系统和 PI 系统的连接，并用于现场生产数据的采集和存储。

6.1.3　地质数据的更新与双向共享

地质信息是地质工作所形成的信息资源，是重要的基础性、战略性信息资源。目前，地质信息不仅包括地质资料所承载的信息，还包括地质工作所形成的其他信息。但是地质信息共享不足，存在信息孤岛问题，地质信息共享机制尚未形成。地质勘查是矿业发展基础保障。在市场经济体制下，矿产勘查是矿业最重要的组成部分，是矿业赢利的基础。基于超委托关系和精细化管理，鞍钢集团关宝山矿业有限公司和鞍矿爆破建立了良好的地质数据更新和双向共享机制。

鞍钢地质数据的更新主要流程是：通过鞍钢总公司的地质测量队首先对所有矿山地质资料进行采集，通过地质资料进行设计，将设计内容以及对应的地质资料下发给子公司，矿山企业（子公司）内部的测量室按照地质资料进行下一步的勘探，现场工作一段时间后，测量人员在现场进行测量收集数据后反馈到总部，测量队将新的地质数据导入地质资料数据绘制系统中进行整合、更新，实现地质数据的定期更新。矿山地质测量如图 6.4 所示。

图 6.4　矿山地质测量

双向共享是基于超委托模式下的又一优势，甲乙双方在该模式下信任度高、同时合作积极性提升使得双方企业信息存量更高。打破了部门分割，消除信息孤岛，推进了地质信息共享，增加了地质信息利用率，极大地提升了爆破和采矿效率，创造了更大的经济价值。甲乙双方信息双向共享模式也为整个采矿行业做出了良好示范，促进了采矿行业的发展。

6.2　基于超委托代理模型的信息系统重构

鞍钢矿业和鞍矿爆破为了方便信息有效、快捷的通信，共用一个信息系统。该系统基于鞍钢矿业和鞍矿爆破的超委托代理模型，在设计时充分考虑了两个公司信息共享，通信等需求，可以快速查看矿山生产的状态，方便管理。系统实现了对多种信息资源的整合、处理、存储与共享。该信息系统与其他信息系统相比有很大不同，具有独一无二的功能性。该信息系统目标明确、准确合理，平台设计美观、便捷，访问速度在规定范围内，检索出的内容具有权威性，能够极大的帮助鞍钢矿业和鞍矿爆破信息共享，快捷通信，提高生产效率。

6.2.1　基于私密和共享的矿山生产数据分类

矿山生产过程中的基本工序为"地、测、穿、爆、采、运、排"，每一个工序都会产生大量的生产数据，数据是后续一切工作的基础，数据的齐全与准确关乎到能否准确对矿山经营状态进行准确的评估，影响整个资源储量动态管理的有效性，因此数据管理的环节是重中之重，要进行资源储量动态管理首先要规范建模数据管理中的每一环节。数据的分类与管理主要是数据收集、数据整理、数据结构化管理的过程。

对生产数据进行合理的分类与管理，有助于对矿山进行较好的管理。数据分类就是把具有某种共同属性或特征的数据归并在一起，通过其类别的属性或特征来对数据进行区别。为了实现数据共享和提高处理效率，必须遵循约定的分类原则和方法，形成一个有条理的分类系统。以下为数据分类的原则：

（1）稳定性：依据分类的目的，选择分类对象的最稳定的本质特性作为分类的基础和依据，以确保由此产生的分类结果最稳定。因此，在分类过程中，首先应明确界定分类对象最稳定、最本质的特征。

（2）系统性：将选定的分类对象的特征（或特性）按其内在规律系统化进行排列，形成一个逻辑层次清晰、结构合理、类目明确的分类体系。

（3）可扩充性：在类目的设置或层级的划分上，留有适当的余地，以保证分类对象增加时，不会打乱已经建立的分类体系。

（4）综合实用性：从实际需求出发，综合各种因素来确定具体的分类原则，使得由此产生的分类结果总体是最优、符合需求、综合实用和便于操作。

（5）兼容性：有相关的国家标准则应执行国家标准，若没有相关的国家标准，则执行相关的行业标准；若二者均不存在，则应参照相关的国际标准。这样，才能尽可能保证不同分类体系间的协调一致和转换。

由于鞍钢矿业与鞍矿爆破之间的超委托关系，因此鞍钢矿业与鞍矿爆破的信息系统中的信息是完全共享。矿山生产过程中，同一个部门划分为同一个用户组，在系统中具有相同的权限。

系统具备权限授予及权限验证的功能，权限授予实现某个用户对模块的某个功能的操作许可，组成权限数据库。为用户分配角色来实现授权。权限验证实现通过实现定义好的权限数据库，判断该用户是否对某个模块的某个功能具有操作权限，权限验证采用过滤器来设计，用户在应用系统中进行所有操作都需要经过这一层过滤器。

系统权限设计包括以下 5 个模块：

人员管理：创建、更新、删除、查询人员信息、人员角色维护。

功能管理：创建、更新、删除、查询功能信息。

模块管理：创建、更新、删除、查询模块信息、模块功能维护。

角色管理：创建、更新、删除、查询角色信息、角色权限维护。

验证权限：判断用户对某一个模块的操作是否合法。

各部门根据授予的权限查询本部门的数据，公司管理层授予高级管理权限，可以查看所有数据。管理权限详情见图 6.5，权限树状图的上一级可查看下一级的内容，下一级不可查看上一级的内容。

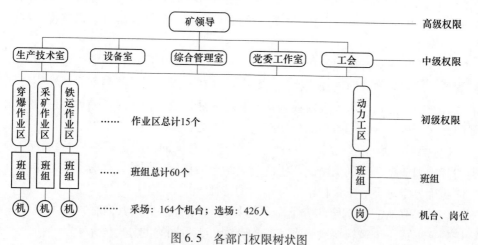

图 6.5　各部门权限树状图

6.2.2　基于超委托代理模型的鞍钢矿业和鞍矿爆破信息系统设计

6.2.2.1　矿山信息系统简介

矿山生产信息系统集生产计划、生产调度、取样化验、地测采验收于一体，把独立的业务应用及其数据库、静态的网站等建立和集成到一个可管理的环境中，实现一体化、集成式信息化应用（见图 6.6）。随着应用的深入系统可及时扩展和调整，从而缩短开发周期、避免重复建设、提高维护水平。

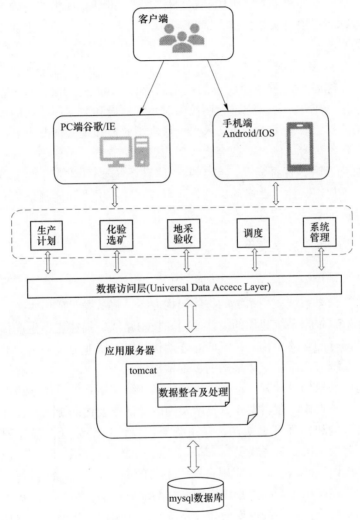

图 6.6　生产信息系统功能图

6.2.2.2　生产信息系统建设的目标及原则

系统建设的目标：全面实现鞍钢矿业和鞍矿爆破的信息共享和互联互通，为矿山综合管理与辅助决策提供了高效的手段。

系统建设的原则：为了有效贯彻系统建设的指导思想，科学地、经济地、合理地完成预定的项目建设任务，实现项目建设目标，在项目的规划、设计、建设、实施的各个阶段始终坚持如下原则：

（1）统筹规划，分步实施。矿山生产信息系统是一项庞大的系统工程，为确保建设的有序、规范，在实际工作中必须做好统筹规划。由矿山运营部和计划部领导小组统一领导和部署，组织制定总体规划，设计总体框架，确定总体目标与主要任务，制定项目实施总体方案和详细设计，形成统一的标准体系，并具体组织项目的实施。

（2）边建边用，注重实效。边建边用、以用促建的原则就是要求矿山生产信息系统的实施必须注重系统建设的应用效果，坚持以"用"为核心，建设一片，应用一片，成熟一片，通过应用拉动对系统建设和数据库建设的需求，以需求推动应用的扩大。从需求上找切入点，从应用效益和现实情况出发确定近期和长期的重点建设内容，满足对社会化服务的需求。

（3）加强管理，保证安全。矿山生产信息系统要严格执行国家和部委颁布的安全和保密规定，建立严格的信息公开审查制度，引进和研制系统安全与数据安全技术，保证系统和信息的安全。

6.2.2.3 生产信息系统架构设计

A 整体架构

矿山生产信息系统应用系统的整体架构方案，将从满足矿山生产信息系统的整体需求出发，根据系统建设的设计原则和技术路线，描述矿山生产信息系统应用系统软件部分的整体架构，系统的总体架构将以系统业务架构为核心，形成矿山生产信息系统应用系统整体架构的多维架构模型。

根据前面的架构设计方法，矿山生产信息系统应用系统整体架构的多维模型包括系统的业务架构、逻辑架构、技术架构以及部署架构四个维度（部署架构分为逻辑部署架构和物理部署架构，在系统架构设计这部分主要描述逻辑部署架构，物理部署架构给出参考模型）。其中，第一个维度反映系统的业务功能结构，主要描述了矿山生产信息系统应用系统中主要的参与者与系统的相互作用关系。第二个维度描述矿山生产信息系统应用系统的组成结构，反映了满足矿山生产信息系统应用系统业务和系统需要的软件系统结构，明确了矿山生产信息系统应用系统的基本构成及功能；第三个维度在矿山生产信息系统应用系统的逻辑架构的基础上，根据目前的 IT 技术现状以及相应的最佳实践，设计了矿山生产信息系统应用系统的技术实现方案；第四个维度根据软件组件之间的逻辑构成关系，将软件组件划分逻辑部署单元，描述了矿山生产信息系统应用系统的逻辑部署架构，同时在网络架构部分根据系统的非功能性需求给出了相应的物理部署。四部分架构相互联系，又彼此独立，从不同侧面反映系统的架构设计，其中，业务架构是整体架构的核心。

B 业务架构

统一的界面管理及统一身份认证的功能是实现对矿山生产信息系统应用系统和现有应用系统的界面集成，以及用户单点登陆的功能。使用户可利用统一的界面来进行"一次性登录"，用户通过统一的身份认证之后便可对所有应用系统进行其权限范围内的操作和访问。

C 逻辑架构

矿山生产信息系统的设计既要切实保证整个系统的安全性，同时也要确保系统的开放性、可扩展性、先进性和跨平台性，以满足用户对复杂业务逻辑可定制和可管理的个性化开发需求。根据架构设计的总体技术路线，多采用基于分布式组件技术的多层应用体系结构、模块化的设计方法的技术架构。为了能够清晰地表达架构设计思路，同时将复杂的软件设计关键点，以及如何使软件架构设计满足矿山生产运营管理信息系统的业务要求表述透彻，架构设计将主要采用以下方法进行说明：

首先描述系统技术架构的多层多阶模型，清晰地说明软件系统的宏观层次和各层次的组成；系统总体技术实现以实现模型形式形象表述，并解释技术实现的合理性；然后重点说明架构的关键技术机制及实现设计，说明软件系统如何实现矿山生产运营管理信息系统的主要功能，满足矿山生产信息系统应用系统各个层面用户的需求。

下面对矿山生产信息系统应用系统的各个层予以说明：

（1）硬件（网络层）：硬件是矿山生产信息系统应用系统的物理基础层，主要包括网络系统、计算机系统及磁盘存储系统，为整个矿山生产信息系统应用系统提供网络服务器环境、通信链路上的支持，同时通过系统软件和平台支撑软件对应用系统提供数据和运行环境上的保障，提供计算、存储和网络硬件，以及操作系统和网络协议等。

（2）系统服务层：系统服务层是与应用系统本身无关，具有高度的独立性的构件，主要提供与操作系统和硬件通信的功能，应用系统需要通过基础构件完成与操作系统的交互，系统服务层软件一般由操作系统厂商或第三方厂商提供。系统服务层主要由应用服务器、数据库、目录服务器等构成。

（3）应用支撑层：应用支撑层提供大量的易用的组件、提供业务应用的开发效率，降低开发的难度。使用开发工具可以快速地搭建出我们的业务系统，而使用管理控制台使得对各种运行期对系统的维护变得异常的方便。

（4）业务系统层：业务系统层构成典型的多阶结构，由信息资源、事务处理、应用软件系统和接入渠道几个子层次组成，其主要包括：

1）信息资源层有业务数据库、基础数据库、数据交换区等。

2）事务处理层支持所有与数据访问有关的业内主要标准。

3）应用软件系统层完成整个矿山生产信息系统应用系统的业务功能。

4）接入渠道层接受来自各种形式的请求。

D　技术架构

技术路线：矿山生产信息系统的设计与实现整体上要考虑技术先进性与成熟性相结合的原则，同时还要兼顾矿山生产信息系统的发展以及相关行业的发展。为此，采用的技术路线有：

（1）采用标准和开放的技术。针对矿山生产运营管理信息系统一期应用系统具体实现的技术，采用基于行业标准和得到广泛使用并已成为事实上的行业标准的技术和架构，这样，有利于降低技术风险以及特定供应商的依赖性；有利于保持系统的向后兼容性、可集成性和可扩展性。

（2）采用面向对象的技术。面向对象技术的发展已经成熟，基于面向对象技术的开发语言和应用框架，已经得到证明可以大大提高信息系统开发和建设的效率，提高架构的合理性和可扩展性。

技术实现：根据"矿山生产信息系统"总体设计的原则，结合信息技术的发展及在大型解决方案中的经验和产品，设计了"矿山生产信息系统"的实现方案。在整个"矿山生产信息系统"技术实现上，总体上采用基于 java 的技术架构来构建整个系统。应用层和支撑层的每个功能模块均是一个相对独立的组件，这些组件的开发和部署保持相对的独立性，而且在未来很可能是由不同的团队开发和部署的，也是可以相对独立的进化的。每个组件通过定义良好的接口，向外部提供服务。这些服务的获取者可能来自客户端、可能来自其他组件。这种基于组件的设计可以达到比较好的重用性。

6.2.2.4　生产运营管理信息系统详细设计

生产运营部分涵盖了整个生产工艺过程。从生产的组织过程包括了生产计划、生产调度、取样化验、地测采验收几大方面。每个模块之间既相互支持又相互制约，它们通过协调工作，形成一个有机的整体，这一整体效果便是运营管理部的业务范围。

生产运营的整体业务流程如图 6.7 所示。

系统采用统一登录界面，运用用户单点登录机制，实现系统的无缝连接。下面对生产计划、调度、化验分析、地测采验收的界面和数据库的概要设计进行阐述。

A　系统基本信息设计

a　界面设计

登录界面集成：管理系统中，无论有多少业务系统在使用都只有一个统一的系统登录界面。

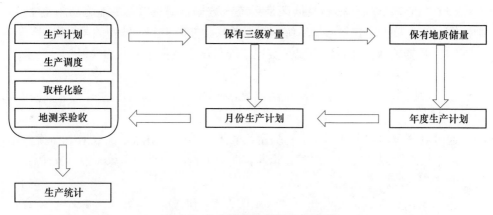

图 6.7 生产运营的整体业务流程

菜单组织界面集成：菜单是各业务系统的功能或模块的组织，各个业务系统将拥有一体化、统一风格的菜单，并可以采用平台进行统一的菜单权限管理和设置。

界面规范：除了登录界面和菜单界面集成之外，提供统一的界面规范供各业务系统构建的时候进行参考，包括统一的视觉标识、界面导航、提示信息、配色风格等。

b 系统功能结构

（1）系统角色的划分。系统角色划分为：

使用人员：此角色人员主要是系统的使用人员，利用系统的分析功能进行数据的分析、查询、生成报表等操作。

系统管理人员：此角色人员主要负责系统的日常维护和管理。

（2）系统功能模块划分。系统功能模块划分为：

生产计划：此功能主要是包括制定计划、下达计划、报表输出和统计分析等。

生产调度：生产调度是计划的执行、反馈、监督的过程，包括数据录入、数据分析、生成报表等。

取样化验：化验室承担穿爆、采掘系统、选矿系统中取样的化验工作。根据各个车间班组采样送来后（化验室）经编号后，进行各种化验工作，然后形成各种化验报告单，对这些化验单进行分类统计上报有关部门。本功能模块包括数据录入、数据分析、生成报表、报表共享等。

地测采验收：验收部门依据各种验收报告单，统计出地质储量、储量变动、三级矿量、贫化损失率计算等数据，同时根据不同的外包单位统计出其具体承包的各中段中的采场工作汇总统计，便于结算和归档。

系统管理：此功能主要是对系统访问资源的授权，角色的分配等。

（3）核心数据区。核心数据区是系统中数据信息的物理存储位置，包括基础数据和业务数据，它将通过系统的数据关联功能映射到系统中的逻辑视图。

（4）数据关联。此功能主要是实现系统与核心数据区之间的映射。

c　物理数据库

物理数据库特指矿山生产信息系统数据中心，从数据角度包括基础数据库、业务数据库。

通过对分布的物理数据库进行绑定，利用矿山生产信息系统数据中心统一界面，对数据库资源进行统一配置和管理，保证数据的完整性、统一性和安全性。

d　安全管理

（1）安全需求。首先，在设计安全的方案的时候应该定义一个合乎安全需求的安全策略。安全策略涉及评定机构中哪些信息是有价值的，决定谁将使用它们以及如何保证它们的安全。它驱动安全性需求，决定需要什么技术，并定义使整体风险降低到最小程度的最佳方法和程序。

一个整体的安全性方案将会使复杂系统环境下安全性漏洞所带来的风险降低到最小，选择合适的安全产品和标准包括：

1）对业界安全标准的支持。是否提供端到端的安全解决方案，在多层架构中，从浏览器到应用服务器，从应用服务器到数据库服务器每一段都提供安全支持。

数据安全需要特殊关注，许多应用通过同一个用户名和密码来访问数据库，这种方式存在潜在的数据风险，因为知道应用服务器连接密码的人可以直接连接到数据库查看所有的数据。

2）对 IT 系统管理人员的防范，一般系统都有系统的超级管理人员，这些人员的权限可以让他们可以看到所有的数据，所以如何限制这些人员查看数据的权限也是一个需要考虑的问题。

3）加密对系统性能的影响，一般系统都存在使用各种算法对数据进行加密的功能，这种方法带来的一个潜在的问题是在加密的数据列上将不能正确使用索引，会对性能带来较大的影响。

（2）数据安全设计。设计的数据安全方案基于最小权限原则：授予每一个用户所需要的最小权限，如一个区域用户只能够看到本地区的数据，而不能看到所有地区的数据，一个系统管理员只能够管理系统的启动、停止、备份、恢复，而不能够查看敏感数据，这些都是基于最小权限原则。

数据安全方案主要集中在 4A 设计，即认证（Authentication）、授权（Authorization）、访问控制（Access Control）、审计（Audit）四个方面。

（3）数据传输安全。数据安全不仅仅包含了数据的存储的安全和访问的安全，还包含数据在传输过程中进行签名和加密。敏感的数据不论是互联网还是在一个组织的内联网等网络中的明文传输都是易于受到窃取和攻击的。可以通过在数据传输上提供端到端的安全解决方案来解决传输上的安全问题。无论是从浏览器到应用服务器之间，还是从应用服务器到数据库之间，对于敏感数据都需要通过加密数据来保障敏感数据的安全传输。

这主要是通过以下两个方面来解决：

1）加密数据，使被传送的数据隐藏。

2）维护数据的完整性，确保数据在传输过程中不被改变。

（4）数据展现安全。数据展现层作为前端业务用户直接使用的分析应用，需要能够提供各级的安全权限控制，以保证各个不同级别的业务人员只能看到同自己职责相关的数据和信息，执行和自己职位相关的各项操作，最终保证数据和信息的机密性、安全性和可控性。

B 生产计划模块

针对全矿的年度计划、矿产储量信息和各工序生产能力制定各项技术考核指标（考核指标），并跟踪当月的各项指标的完成情况来调整下月的生产计划，计划的完成进度情况由地测采工程验收来确认和反馈。

（1）业务流程。生产计划的整体业务流程如图 6.8 所示。

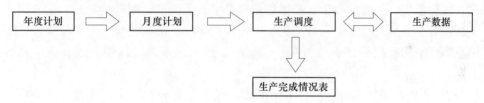

图 6.8 生产计划的整体业务流程

（2）功能设计。根据系统需求，生产计划模块功能如下：

1）生产计划基本数据录入、修改、删除；

2）生产计划任意时期的检索，包括单指标及多指标检索；

3）计划的制定，包括年度计划和月计划，月份的生产计划内容是根据年度的生产计划内容确定，是计划每个月完成年度计划的百分比，合理分配每个月的生产量，实现合理、优化分配每个月的生产任务；

4）输出报表，报表的 Excel 动态输出，根据已录入数据通过其他有用参数计算得到生产计划所需的各种数据表，并实现报表导出为 Excel 文件，并可以实现报表的在线显示。

C 生产调度模块

生产调度是计划的执行、反馈、监督的过程。车间接到生产计划后安排班组执行任务，并且接收现场每日的工作成果反馈，包含采矿、选矿、化验、验收等，原始的生产数据加工形成日报、月报数据进行上报。生产的过程发生异常，在调度管理过程中记录异常事件和计划变更处理。

（1）业务流程。生产调度的整体业务流程如图 6.9 所示。

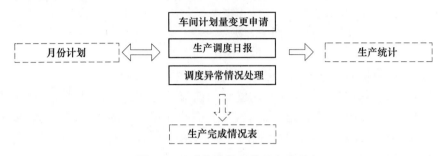

图 6.9　生产调度的整体业务流程

（2）功能设计。通过对调度各事件的信息化管理，为各层管理部门提供现场工作进展信息、异常信息，增强主动防御性管理。

1）调度日报管理。从最原始的数据来源处核子秤、委外单位、采矿车间、选厂、化验室、工程验收部门等收集各项数据，包含选矿生产日报、采矿生产日报、化验报告、工程验收单，采集到采掘总量、采矿量、掘进量、采矿量、掘进米、提升、通风、排水、处理矿量、处理原矿品位、精矿品位、尾矿品位、选冶回收率、平均日处理矿石量等数据，汇集成进入到系统，以便形成日报、月报数据。

2）数据的采集如有可能，采用自动读取（需要和各种生产现场管理接口进行自动采集）。

3）调度异常状况情况登记。通过记录调度管理各项事件，实时反馈和分析现场运行状况。

4）调度计划变更管理申请。由于生产现场、人员等情况，需要对计划进行调整，在月份计划的指导下，进行变更处理，并且可以走流程审批。

5）生产进度实际执行情况。生产实际执行情况动态反馈到计划上，可以看出计划的整体运行状况。

D　取样化验模块

根据各个车间班组采样送来后（化验室）经编号后，进行各种化验工作，然后形成各种化验报告单，对这些化验单进行分类统计上报有关部门。具体形成的统计报告有：选矿生产日报、选矿生产月报、月份选矿作业量报表、选矿技术经济指标。选矿技术经济指标中指标分类指出各项指标的本月实际完成百分数和本月累计完成百分数，具体指标：处理原矿品位、精矿品位、尾矿品位、选冶回收率、平均日处理矿石量。

（1）业务流程。取样化验的整体业务流程如图 6.10 所示。

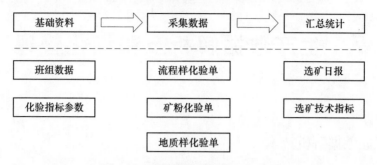

图 6.10 取样化验的整体业务流程

（2）功能设计。

1）基本数据录入、查询和删除。基本数据录入共包括：选矿日报、地质样化验单、流程样化验单、矿粉化验单、选矿经济技术指标等。

2）报表生成。生成的报表包括：化验结果、销售台账等。

3）数据检索。主要对化验库的各项数据指标进行检索。

4）统计分析。对同一时期或不同时期的精矿品位、细度、水分和含量等生产重要指标以各种图形形式进行比较分析，来服务和指导生产。

E 测量验收模块

验收部门依据着各种验收报告单（掘进量验收单、采矿量验收单、支护工程量验收单等），统计出地质储量、储量变动、三级矿量、贫化损失率计算等数据，同时根据不同的外包单位统计出其具体承包的各中段中的采场工作汇总统计，便于结算和归档。

在统计过程设计到诸多专业数据，例如各个项目中的采矿量、掘进量、损失率、贫化率、锚杆等的数据，在掘进量中的要分类出天井、平巷、斜坡道等。

业务流程如图 6.11 所示。

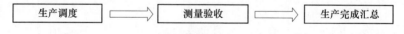

图 6.11 测量验收模块任务流程

功能设计包括：

（1）测量验收数据录入、修改、删除；

（2）测量验收任意时期的检索，包括单指标及多指标检索；

（3）输出报表。

7 生产数据解析及精细化管理

<<<<<<<<<<<<<<<<<<<<<<<<<<<<<<<<<<<<<<<<<<<<<<<<<<<<<<<<<<<<<<

7.1 工业数据解析技术

工业数据解析主要是对工业生产过程中的各种数据进行分析，提取有用信息进行详细研究和概括总结的过程。工业大数据分析是利用统计学分析技术、机器学习技术、信号处理技术等技术手段，结合业务知识对工业过程中产生的数据进行处理、计算、分析并提取其中有价值的信息、规律的过程。

7.1.1 工业数据解析的特点

工业数据的分析要求用数理逻辑去严格的定义业务问题。由于工业生产过程中本身受到各种机理约束条件的限制，利用历史过程数据定义问题边界往往达不到工业的生产要求，需要采用数据驱动+模型驱动的双轮驱动方式，实现数据和机理的深度融合，从而较大程度去解决实际的工业问题。

工业大数据的应用特征可以归纳为跨尺度、协同性、多因素、因果性、强机理等几个方面，这些应用特征是工业对象本身特性或需求所决定的。

其中，跨尺度、协同性主要体现在大数据支撑工业企业的在线业务活动、推进业务智能化的过程中。

跨尺度是工业大数据的首要特征，由工业系统的复杂性所决定，工业 4.0 强调的横向、纵向、端到端集成，就是把不同空间尺度的信息集成到一起。另外，跨尺度不仅体现在空间尺度，还体现在时间尺度。

协同性是工业大数据的另一个重要特征。工业系统强调系统的动态协同，工业大数据就要支持这个业务需求。对信息进行集成的目的是促进信息和数据的自动流动、加强信息感知能力、减少决策者所面临的不确定性，进而提升决策的科学性。

多因素是指影响某个业务目标的因素特别多，由工业对象的特性所决定，认清"多因素"特点对于工业数据收集有着重要的指导作用。

因果性源于工业系统对确定性的高度追求，为了把数据分析结果用于指导和优化工业过程，其本身就要高度的可靠性。工业大数据的分析过程不能止步于发现简单的相关性，而是要通过各种可能的手段逼近因果性。

强机理是获得高可靠分析结果的保证。要得到可靠性的分析结果，需要排除来自各方面的干扰。排除干扰是需要"先验知识"的，而所谓的"先验知识"就是机理。

7.1.2 工业数据解析的条件和意义

工业数据解析的条件主要在于数据采集系统和高并发、高实时的数据处理平台，用来将接收到的大量实时工业数据进行正确、快速的解析。

工业数据解析的意义在于可以充分利用和挖掘工业过程的数据资源，实现决策的科学化与运行优化，主要针对钢铁、石化、有色、能源、电力、资源、物流等工业中普遍存在的能效低、成本高、资源利用率低、设备利用率低、环境污染严重等问题。利用数据解析技术对生产与物流过程进行准确计量、诊断和预报，在此基础上对生产计划、调度、操作和控制进行优化决策，从而实现工厂的智慧能力。

自从工业从社会生产中独立成为一个门类以来，工业生产的数据采集、使用范围就逐步加大。泰勒拿着秒表计算工人用铁锹送煤到锅炉的时间，是对制造管理数据的采集和使用；福特汽车的流水化生产，是对汽车生产过程的工业数据的采集和工厂内使用；丰田的精益生产模式，将数据的采集和使用扩大到工厂和上下游供应链；核电站发电过程中全程自动化将生产过程数据的自动化水平提高到更高程度。

任何数据的采集和使用都是有成本的，工业数据也不例外。但随着信息、电子和数学技术的发展，传感器、物联网等技术的发展，一批智能化、高精度、长续航、高性价比、微型传感器面世，以物联网为代表的新一代网络技术在移动数据通信的支持下，能做到任何时间、任何地点采集、传送数据。以云计算为代表的新型数据处理基础架构，大幅降低工业数据处理的技术门槛和成本支出。

工业数据可以推动数据在产品全生命周期、产业链等全流程各环节的应用，诸如工业研发设计、生产制造、经营管理、市场营销、售后服务等，分析感知用户需求，提升产品附加价值，打造智能工厂，推动制造模式变革和工业转型升级。

数据推动信息化和工业化深度融合，研究推动大数据在研发设计、生产制造、经营管理、市场营销、售后服务等产业链的各环节的应用，研发面向不同行业、不同环节的数据分析应用平台，选择典型企业、重点行业、重点地区开展工业企业大数据应用项目试点，积极推动制造业网络化和智能化。在应用项目试点过程中，需要开展应用示范安全可靠性方面的测评，利用大数据测试技术、工业电子系统测试技术和工业云测试技术，保障工业企业大数据应用项目试点的稳步推进。

7.2　生产资料需求和开采成本精细化解析

7.2.1　露天开采系统及主要成本构成

目前我国的露天开采具有开采规模大、基建时间短、机械化程度高等特点，而且在矿产资源大力开发的过程中，露天开采也在不断的发展，各种现代化自动化的设备不断被应用于开采技术手段中，数字矿山管理系统等现代化的管理方式也不断应用，这样不断促进我国金属矿山露天开采技术的可持续发展，使得未来露天开采技术能够实现集中化、智能化、大型化开采，甚至达到无废开采，由此可见我国未来金属矿山露天开采还具有比较广阔的发展前景。

7.2.1.1　露天开采系统

露天矿的开采系统主要有地面场地的准备、矿床疏干和防排水、矿山基建、矿山生产、矿石运输、排土和矿山开采结束时的土地复垦等。

（1）地面场地的准备：地面场地的准备就是排除开采范围内的各种障碍物以及修建道路使得采场能够与外界联系。

（2）矿体疏干排水：在开采地下水很大的矿体时，为保证正常生产，必须预先排除开采范围内的地下水，并采用修筑挡水坝和截水沟的办法隔绝地表水的流入。矿床的疏干排水不是一次完成的，而是要在露天矿整个存在期间持续进行。

（3）矿山基建：矿山基建是指露天矿投产前为保证正常生产所完成的全部工程，包括供配电建筑（变电所、供配电线路）、工业场地建筑（机修、电修、车库、器材库等）、破碎筛分场地建筑（破碎厂、运矿栈桥、贮矿槽等）、建设排土场、建立地面运输系统及自地表至露天采场的运输通道、修建路基和铺设线路、完成投入生产前的掘沟工程和基建剥离量等。

（4）矿山生产：露天矿基建工程完成以后，按一定的生产制度和设计进行剥岩和采矿。

（5）矿石运输与排土（见图 7.1）：露天采场的矿、岩分别运送到卸载点（或选矿厂）和排土场，同时把生产人员、设备和材料运送到采场场。主要运输方式有铁路、公路、输送机、提升机，还有水力运输和用于崎岖山区的索道运输。选择运输方式必须综合考虑地形、地质、气候条件、露天矿生产能力、开采深度、矿石和围岩的物理力学性质等，经过全面技术经济比较后，确定合理的运输方式。

（6）土地复垦：把露天开采时所占用的土地，在生产结束时或在生产期间进行复垦工作，即矿业用地的再生利用和系统恢复。

图 7.1 露天矿石运输与排土示意图

7.2.1.2 露天开采主要成本构成

露天矿开采的成本构成十分复杂，包括运营成本、制造成本、销售成本、生产成本（爆破、采装、运输）、基建成本、复垦成本等。根据我国露天矿产生产管理和设计经验，统计露天矿开采的构成成本如表 7.1 所示。

表 7.1 露天矿开采成本构成

序号	项目	子 项
1	生态成本	直接价值损失（林木、农田损失等）
		外生生态价值损失（空气净化、生物多样性损失等）
		固碳地成本（矿山生产经营过程中的能源消耗而排放的 CO_2 量）
		复垦成本
2	经营成本	原材料
		设备
		动力（水、电供应）
		工资及福利费
		修理费
		地面塌陷补偿费
		其他支出
3	制造费用	折旧费
		50%维检费
		生产安全费用
		环境治理费用

序号	项目	子　　项
3	制造费用	可持续发展基金
		生产（穿孔、爆破、采装、运输）费用
		其他制造费用
4	管理费用	
5	销售费用	
6	财务费用	
7	增值税及附加	增值税
		城市建设维护费
		教育费附加
8	营业税	
9	资源税	
10	资源补偿费	
11	企业所得费	
12	运输成本	变动成本（油耗、轮胎消耗、维修保养）
		固定成本（折旧、工资、其他费用）

在露天矿成本构成中，众多项目是相互关联的，例如总成本的增加将导致企业税前利润降低，进而减少企业所得税；同理，原材料、燃料动力等包含进项增值税的成本项增大，会降低增值税的计征基数，从而减少增值税及附加的缴纳额和它在总成本中的比重。

7.2.2　超委托代理关系下生产过程数据收集及管理

露天矿山的生产信息包括地质建模、生产经营、调度系统、计划管理、销售库存、安全环保等方面。

其中地质建模数据以钻孔数据表、岩性表、测斜表、化验表为主，一般通过探矿工程运用钻探或坑探的手段直接向地下取得地质样品，利用实验室技术对各种地质样品进行实验化验而得到。

生产经营数据包括开采工艺、开拓运输、穿孔、爆破、铲装等各部分。数据获取来源有人工采集和自动采集两种。其中一部分诸如穿孔参数，炸药单耗等数据为事先设计好，需要采集的数据为穿孔效果、爆破效果等。

调度系统主要指卡车调度系统。计算机未普及前，信息采集主要依靠人工采集，现在的矿山大多使用卡车调度系统，信息采集可以自动完成。

计划管理方面的数据是委托方制定好后委托给代理方，不存在数据造假现象。销售库存数据对委托双方信息是否对称无大的影响。安全环保方面的数据来源也主要有人工采集和自动采集两种。

为保证获取信息的可靠性，可以从以下几个方面来优化数据采集过程：

（1）减少人工采集信息。在电子环境下，信息系统和工作人员一起成为流程的承担者，可以将许多原来由人工开展的业务活动交由信息系统来做，并且利用网络信息共享、并行处理等优势，调整活动及其秩序，文件形成和归档保存流程可以并行开展，并且实现更为紧密的信息输入输出，减少人工采集信息的比例，减少提供虚假信息的机会，可以增加信息的可靠性和真实性。

（2）人工采集信息和自动采集信息交互对照。矿山建设及生产过程中场景复杂，不可能完全依赖自动采集信息的方法。经过科学系统的设计后，采用人工采集信息与自动采集信息交互对照的方法，优化自动采集信息的环境，也可以有效解决信息不对称问题。

（3）信息录入主体与编著主体分离。施工阶段，电子文件的主要格式是表单。电子表单的形成可以分解为对信息的读识、录入、提交、编著、保管等步骤，其中读识、录入是指对业务信息读识后录入终端设备，编著是对提交到信息系统的信息按照逻辑结构进行著写、编辑。通过对信息的实时录入提交以及计算机智能编著，实现信息录入主体与编著主体的分离，减少业务人员掌控信息的机会。

（4）多媒体格式记录背景信息。把背景信息分为人员、时间、地点等要素，采用图像、声频等多媒体技术实时录入编著，保证信息采集的可靠性。

（5）赋予原始信息"即时凭证性"。相对于文件形成后第三方的"外部签名"，设置文件形成阶段业务人员的"内部签名"，从组件这一微观层面确立原始信息在业务流程中的"即时凭证性"，保证电子文件的业务有效性和法律凭证性。

（6）工序质量节点实时监控。以工序质量节点为信息源，以质量为核心，实时采集上传信息，相关业务和监督人员同步接受信息实现实时监督，实现业务有效性和无接触实时监控。

数据的实时共享是保证超委托信息对称的关键，为了实现数据的实时共享，需要对各种生产数据进行科学的管理。其中一种行之有效的管理办法是开发矿山生产信息管理系统。用数字手段对矿山生产信息进行高效处理、科学管理是空间技术、信息技术发展到一定阶段必然结果，是矿业科技创新的核心方向，也是实现数字矿山的必然途径。

矿山生产信息管理系统设计需要遵循以下原则：

（1）科学性。该系统基于数字矿山的概念思维，结合构建矿山地理信息系统的技术方法进行研究开发，同时在数据库、系统功能设计方面重点考虑科学、清晰的数据结构与组织，力求系统的开发全面科学严谨。

（2）实用性。数据库的建立和系统的开发能满足矿山相关生产部门对信息处理、计算输出以及日常生产管理的需求，同时满足将矿山管理部门的查询、统计、审阅和决策分析的要求。系统结构应简洁、功能方便、灵活、用户界面友好，以便于操作人员的管理和使用。

（3）统一性与规范性。系统设计遵循统一、规范的信息编码和坐标、数据精度与符号系统等。在此原则下，建立一个包括矿山总生产信息、图形、图像拓扑等数据在内的标准数据库。

（4）可延展性与开放性。设计时考虑系统的扩展和与其他系统的兼容，在矿产资源数据类型、数据编码、系统选择、数据库设计及系统功能等方面，尽可能留有余地，方便系统的扩充或数据库的移植。

（5）通用性。矿山采矿方法复杂，各个矿山情况多变，因此系统的开发应考虑系统功能的通用性，把握金属矿山生产模式的统一规律，应对不同的矿山，使新增的应对差异的模块不至于影响整个系统。

根据露天矿山生产数据特点，将矿山生产信息管理系统分为五个基本子系统：矿山数据管理子系统、矿山交互重构子系统、矿山管理输出子系统、矿山分析统计子系统、矿山用户管理子系统。每个子系统可由功能相对独立的模块构成，系统功能框架如图 7.2 所示。

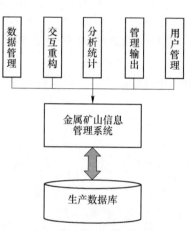

图 7.2　系统功能模块图

7.2.2.1　生产数据管理子系统

金属矿山生产数据管理子系统包括数据编辑模块、查询统计模块、数据输入模块，各模块又包括若干子模块。数据编辑功能主要实现在客户端对数据的录入、删除和编辑操作。露天矿山生产工作包括地质、测量、矿体，数据量巨大，格式差异较大，直接录入数据库服务器中会造成数据管理工作中查找困难、操作繁琐等问题。通过系统客户端，工程技术人员可将人工采集的数据按照统一的格式录入，自动采集的数据可以自动统一为相同的格式。这样可以方便地录入、编辑和删除数据，提高数据管理的效率，同时方便他人调取数据。

数据查询模块应具备对工程数据的数据查询功能，如工程位置坐标查询、钻孔信息查询，针对符合用户指定条件的数据信息进行查询显示，便于用户统计了解工程进展程序。

（1）输出模块数据多格式多用途输出，如通用处理文件格式输出，系统内根据查询将数据库中数据传递给调用程序。

（2）系统维护模块维护数据一致性，完整性。

（3）安全模块提供数据库密码保护，分不同用户赋予不同操作权限。

7.2.2.2 交互重构子系统

交互重构拓扑功能是露天矿山生产信息管理系统数据库主要功能之一。由于矿图在矿山日常生产过程中使用频繁，而且露天境界也随着生产活动的进行而不断变化，因此就需要提供数据成图，重复组织拓扑绘图和交互修改的功能，将矿山技术人员实际工作进程与计算机紧密结合，构建动态拓扑信息数据图形数据库，实现矿山总图的动态化管理。

7.2.2.3 矿体分析统计子系统

矿体分析功能是建立在数据库管理子系统与拓扑信息交互修改的基础上，在矿山生产数据录入后，进行矿体综合分析，包括矿体圈定、矿体自动连接、矿体产状和储量统计分析等功能。

7.2.2.4 管理输出子系统

（1）矿山系统开发要求系统具备绘图功能。将抽象的生产数据信息转化为具体形象的拓扑图形信息，便于用户进行比较分析，发现错误，减少重复作业，降低工程隐患，而且可以在一定范围内反映数据变化趋势，能够从整体上对工程情况进行把握。根据对工程矿山测量、地质、采矿数据的分析，金属矿山信息管理系统生产数据库需要绘制大量的图形以满足生产需要：如矿山工程三视图（平面、纵投影、横剖面）、地质三视图（平面、纵投影、横剖面）、矿体图、钻孔分布图等。

（2）输出、打印功能。现场的工程师一般都不是专业计算机系统维护人员，他们习惯采用常用办公软件和图形图像处理软件来完成他们的工作。因此，在数据库系统开发过程中充分考虑与常用办公软件和图形处理软件接口，必将更大程度上方便现场工程计算人员使用信息管理系统。

7.2.2.5 用户信息管理子系统

用户角色划分及权限设置是保证数据库安全的重要举措。金属矿山开发企业建制较为复杂，数据库使用人员较多，数据与生产安全责任息息相关。用户信息管理功能主要作用是将系统用户及对应数据库使用权限进行合理划分。如高层管理人员，可将其设置为管理员并拥有对数据库全面数据操作权限，一般工程技术人员，则可将其按专业划分为不同客户而仅具有各自的操作权限。

　　严格把控矿山采集信息的真实性和利用矿山生产信息管理系统进行信息管理，不仅可以很好的解决委托双方的信息不对等问题，还可以提高矿山的生产效率和经济效益。

7.2.3　基于工业数据解析的生产资料需求、生产指标和成本关系分析

　　生产资料也称作生产手段，定义为：劳动者进行生产时所需要使用的资源或工具，一般可包括土地、厂房、机器设备、工具、原料等。生产资料是人们在生产过程中所使用的劳动资料和劳动对象的总称，是企业进行生产和扩大再生产的物质要素，它是任何社会进行物质生产所必备的物质条件。

　　生产中需要多样的生产资料，常用的生产资料有固定的采购渠道，但有些生产资料的购买并不容易。市场上有大量的生产资料销售商，这些生产资料的销售商掌握着不同价格和质量的生产资料。经营管理者及时发出对生产资料的需求信息，有助于与供应商的联系沟通，得到所需要的生产资料。

　　矿山企业管理的生产指标体系由数量指标、质量指标、主要消耗指标、主要技术指标和主要经济指标等组成。其中，主要技术经济指标有工业总产值、全员劳动生产率、工人劳动生产率、采矿效率、掘进工效、中深孔凿岩设备效率、铲运机效率、电铲效率、牙轮潜孔钻机效率、损失贫化率、粉尘合格率、主要材料消耗指标、主要能源消耗指标、主要产品质量指标、成本、生产经营费等。

　　成本是以货币的形式体现的。在市场经济条件下，制造任何产品所耗费生产资料和生产者的劳动两部分的总和就表现为产品的成本。

　　成本控制是企业根据一定时期预先建立的成本管理目标，由成本控制主体在其职权范围内，在生产耗费发生以前和成本控制过程中，对各种影响因素和条件采取的一系列预防和调节措施，以保证成本管理目标实现的管理行为。企业成本的组成是料、工、费，控制了料、工、费也就控制了企业的整个成本。一个企业的成本费用控制在有效的范围内，才能进一步提高企业的经济效益。成本控制在企业管理中发挥着重要作用，对于国有矿山企业而言，物资采购成本影响突出，采购中的诸多流程，如果成本管控不严，将造成资金浪费，降低企业效益。

　　通常来讲，由于现代矿山企业经营管理的特殊性，其在对固定资产与设备进行弃置时涉及较大的资金金额，企业内部有关会计工作人员可以根据国际上相关的会计管理条例制定与企业实际发展情况相关的会计准则，并在会计准则中将核算指标、财务处理细则进行明确规定，以此为根据对现代矿山企业的固定资产成本进行计算，使矿山企业明确自身的社会责任。其次，矿山企业的财务管理人员还可以通过固定资产折旧的方式恢复企业的可流动资金，将企业未来需要支付的经营管理费用以资本折旧累积的方式列入资本损益之中，方便日后企业进行相关的成本核算。与此同时，会计人员在进行成本管理控制时，还需要关注矿山产品

回收再利用的逆向化增值，综合考虑环境、资源、经济、社会等各方面的因素，构建科学绿色的绩效评估体系，从整体上促进矿山企业经营成本的科学化。

矿山企业生产资料需求、生产指标和成本之间发展不协调主要表现在以下几个方面：

（1）成本管理工作缺乏科学性与严谨性。不同于其他企业，现代矿山企业的经营管理具有特殊性，其内部成本管理受到自然、环境、社会、技术等多方面因素的影响。加之大部分企业的财务管理人员受到传统管理理念与管理模式的影响，主要依据原有的成本管理核算方式进行财务核算，最终导致现代矿山企业成本核算管理缺乏准确性与科学性。

（2）现代矿产企业资源消耗率过高，其产能呈现高速下降的趋势。近些年来随着经济的进步与发展，各个领域对矿山资源的需求数量越来越高。为了满足日益增长的矿山资源需求，各大企业都在大力对矿山资源进行开采，其盲目过度开采会逐渐造成资源的浪费现象。各大矿山企业若想在紧张的发展格局中生存下来，就必须要实现成本管理的创新与转型。

（3）工作人员工作素养偏低。当前大部分矿山企业的领导人员都没有意识到成本管理的重要性，其在财务管理工作人员的招聘上过于重视工作经验，忽视工作人员的成本控制管理理念，同时在对工作人员招聘后也没有对其进行相关培训，导致工作人员的成本管理素养偏低。

生产资料需求、生产指标和成本关系分析，需要考虑国有矿山企业的生产特征，从生产单位提取物资需求计划、采购计划、结算、领用等方面，实行计算机管理，克服以往的各自为政、交流不畅等问题，促进各部门相互进步。基于工业数据解析下的分析，有助于提高物资信息的处理质量，提高相关信息的共享程度。比如，对仓储物资进行计算机管理，每种物资对应三级编码，和系统中的信息相对应，基于系统中的编码信息，就能定位需要的物资，保证仓储物资管理的标准化、专业化。另一方面，对于价格高、用量大的物资，进行代储代销，在材料房内开辟代储代销区域，引入外来客户，并为其提供针对性的仓储服务，从而减少仓储管理成本，提高国有矿山企业的综合效益。

基于此，国有矿山企业必须更加认真对待和采用工业数据解析技术，在进行物资采购时，应提高企业领导和工作人员的成本控制意识，科学编制采购计划，提高物资采购的透明度，明确物资采购方式，制定和落实物资比价体系，建立供应商的准入机制和信息化管理系统，便于规范物资采购和仓储流程，从而提高企业收益，促进国有矿山企业健康发展及时向现代化管理转型，以规范工作流程，推动企业发展。

7.2.4 生产成本的精细化管理与控制

生产成本的精细化管理与控制是一种新的成本管理思想，它是将精细化的思想与成本管理相结合，将常规成本管理方法中的工作和责任进一步细化，对成本管理方法中的各个环节进行监督、检查、不断纠偏的科学化管理模式。它的管理核心是对整个成本管理过程中的相关成本要素进行不断细分，并且重视全员参与，通过建立一套详细准确可操作性强的业务流程，来实现企业全员全要素全过程成本管理的目标。

成本精细化管理的内涵，"精"体现在责任划分精准；"细"体现在有详细的、可操作性强的管理方案。其内涵就是要按照"细化目标、精准划分责任、落实责任、严格控制、全面考核"的成本管理思路，创建一个责任与能力相匹配、绩效与收入严密挂钩、能够清楚反映员工主观努力成果的成本精细化管理体系。将成本目标精确细致地分解到不同的责任主体、岗位、个人，调动不同层次责任主体积极参与成本管理的主观能动性，集合全员的才能与创造能力从而达到成本管理水平显著提高的良好效果。

任何项目的建设都要耗费一定的经济资源即人力、物力、财力和信息资源，大如国家级的建筑工程，小如一个产品开发研制、一个应用软件的开发，都需要耗费大量经济资源，这就是所谓的项目成本。

生产成本是指项目从设计到完成期间所需的全部费用总和，其具体构成要素主要有人工成本、材料成本、机械使用成本、分包成本以及其他成本。其中人工成本是指一个施工项目从开始到结束所需支付的职工薪酬和各项保险费用等。材料成本是指一个施工项目从施工准备阶段到施工过程中所需购买各种原料、材料的成本。机械使用成本是指核算施工过程中使用工程用设备租赁、机关后勤用车，以及公司转设备折旧费。分包成本是指将项目的部分工作内容分包给其他协作单位时所发生的成本。其他成本是指施工过程中发生的除上述成本以外的其他成本，主要包括检验检测费、加工费、水电费、职工伙食补助、差旅费、办公费、会议费、招投标费、招待费、咨询费、修理费、图书资料费、物料消耗费、境内税费、保险费、房租及其他费用等。

项目成本需要采用价值计量，计量单位有人民币、美元、欧元、英镑等。项目成本是项目造价的基础。项目造价＝项目成本+税金利润。

在市场竞争格局中，项目造价受市场的制约，项目造价高竞标就会失去优势，造价定位的空间有限；而利润是有全国平均水平的，利润不是以企业的意志来随意定的。企业只有在项目造价既定的前提下，控制项目成本，才能使得项目盈利。众所周知，"企业是利润中心，项目是成本中心"，在低价中标已成为一种发展趋势的时代，施工企业要在低价中标工程中赢得生存和发展的空间，就必须重视项目成本管理工作，将项目成本管理工作贯穿于整个项目施工过程中，通过有效的成本管理来尽可能缩减项目成本，扩大项目利润空间，以此来提高企业的经济效益，增强竞争力。

施工项目成本管理，就是在一个施工项目从开始到结束的整个过程中，对在这期间所有发生的资源耗费，相关责任部门都要系统地进行估算、计划、分解、落实、控制、分析、考核，并对施工过程中成本要素偏离预定目标的情况进行及时纠偏，把各项生产成本要素控制在计划成本的范围之内，以保证最终成本目标实现的活动。一般来说施工项目成本管理主要依靠"制定资源计划、成本估算、成本预算、成本核算、偏差分析、控制纠偏、成本决算"七个步骤来完成。

科学的成本管理方法是有效进行成本管理的重要保障。对施工企业来说，成本管理的方法有很多，且有一些经过大量实践检验科学合理的方法已经应用于具体的实际项目，并在成本管理方面发挥了重要作用。目前常见的施工企业项目成本管理方法有标准成本管理、责任成本管理、目标成本管理、作业成本管理等，具体内容如下。

标准成本管理是指围绕标准成本的相关指标（如技术指标、作业指标、计划值等）而设计的，将成本的前馈控制、反馈控制及核算功能有机结合而形成的一种成本控制系统。标准成本制度的主要内容包括成本标准的制定、标准成本的控制，成本差异揭示及分析、成本差异的账务处理四部分内容。

责任成本管理是将施工从开始到结束整个过程中涉及的成本费用进行分解，并将分解后的各类成本划分至各个相关部门，这些相关部门就构成了一个个责任成本管理中心，然后各个责任成本中心再根据自己的具体责任范围以及统一的预算编制方法编制出责任预算，并将责任预算作为自己部门的目标成本，再制定各种措施去实现目标成本的过程。

目标成本管理是根据企业的经营目标，在成本预测、成本决策、测定目标成本的基础上，进行目标成本的分解、落实、分析控制、考核、评价的一系列成本管理工作。它以管理为核心，核算为手段，效益为目的，对成本进行事前测定、日常控制和事后考核，使成本由少数人核算到多数人管理，成本管理由核算型变为核算管理型。并将产品成本由传统的事后算账发展到事前控制，为各部门控制成本提出了明确的目标，从而形成一个全企业、全过程、全员的多层次、多方位的成本体系，以达到少投入多产出获得最佳经济效益的目的。

作业成本管理以提高客户价值、增加企业利润为目的，基于作业成本法的新型集中化管理方法。它通过对作业及作业成本的确认、计量，最终计算产品成本，同时将成本计算深入到作业层次，对企业所有作业活动追踪并动态反映，进行成本链分析，包括动因分析、作业分析等，为企业决策提供准确信息；指导企业有效地执行必要的作业，消除和精简不能创造价值的作业，从而达到降低成本，提高效率的目的。作业成本管理在制造企业应用得较多，在施工企业应用得较少。

矿山企业成本核算方法根据变动成本与固定成本的概念如下，变动成本的计算公式为：

$$变动成本=外购原材料费用+外购燃料和动力费用+利息支出$$
$$固定成本=工资和福利费+折旧费+推销费+修理费+其他费用$$
$$总成本费用=经营成本+固定资产折旧费+维简费+摊销费+利息$$

一般计算项目的经营成本计算公式为：

$$经营成本=总成本-折旧费-摊销费-利息支出$$

式中，由于在计算项目计算期内逐年发生的现金流入和现金流出时，将投资（包括固定资产、无形资产和递延资产）作为一次性支出在其发生的时间内已计入现金流出，为避免重复计算，不能以折旧和摊销方式计为现金流出。因此，在计算作为经常性支出的经营成本时不能再包括折旧与摊销费，必须从总成本费用中扣除。同理，在估算矿山项目的经营成本时也要扣除矿山"维检费"。另外，在计算全部投资现金流量时，是以全部投资为计算基础，利息支出不作为现金流出，而在计算自有资金现金流量时则已经将利息支出单列。因此，在估算经营成本时也不包括利息支出，要从总成本费用中扣除。全部产品分析：

$$实际总成本-计划总成本=\sum[实际产量（实际单位成本-计划单位成本）]$$

$$成本降低额=实际降低额-计划降低额$$
$$=\sum[实际产量×（上年实际单位成本-本年实际单位成本）]-$$
$$\sum[计划产量×（上年实际单位成本-本年计划单位成本）]$$

$$成本降低率=实际降低率-计划降低率$$
$$=[实际降低额/\sum（实际产量×上年实际单位成本）]×100\%-$$
$$[计划降低额/\sum（计划产量×上年实际单位成本）]×100\%$$

7.3　生产物资供应的精细化管理

7.3.1　物资需求的智能分析与预警

彼得·德鲁克提出了减少原材料和产品的浪费和消耗、改进产品生产建造工艺是企业创造利润的第一源泉；其次，增加产品与服务的销售与市场，提升销售的收入水平是企业的第二利润源泉；更进一步地，降低采购和其他相关成本是企业的第三利润来源。因此，灵活创新的采购管理是降低企业成本、提升企业利润、增强企业竞争力的必然内在要求，同时也是企业强健蓬勃发展中重要的基石之一。由此可见，采购管理对于企业发展有着不可忽视的重要意义，在激烈的市场竞争下决定了企业的竞争力，合理的采购管理战略及实践能给企业带来更多的利润与成长。

采购管理是企业对于产品、材料、服务等进行采买、物流运输和库存的管理活动。采购管理的目标是达到采购成本的降低、采购效率的提升、采购质量的保障以及整个采购供应链的持续协同发展。采购管理的主要过程涉及以下几个环节：采购需求管理、采购计划的确定、供应商选择与管理、交易价格洽谈确定、沟通交货物流及相关条件、合同签订并按照合同要求进行收货付款的经济过程。

采购管理根据按采购的组织结构可分为集中采购、分散采购以及集中与分散采购。集中采购的管理模式是一种非常有效的采购管理模式，其是指在企业自身内部来建立独立的集中采购部门，并将分散在各个二级核算单位的采购职能收归到集中采购部门，集中与统一各个二级核算单位及自身的各种采购需求，形成一个有着大规模采购产品品类及数量的采购订单。集中采购部门由于需采购产品规模较大，因此作为采购方具有更大的议价能力，在选择供应商时可以有更大的选择空间以及更多的产品备选，达到价格和采购质量的最优化。集中采购部门建立了统一采购统一管理的制度，从而达到了更好的控制采购产品品质、把控供应商提供的服务质量以及大幅度降低采购成本的目的。在企业集中采购管理模式下，该企业组织结构相对比较分散，采购管理的模式发生了非常大的变化，由于各个二级核算单位没有设立自己独立的采购部门，只能通过向集中采购部门提出采购需求申请，由集中采购部门将各个来源的需求进行集合和统一，形成一个可以满足所有需求的大规模采购订单。然后通过招标采购、供应商比价、合同签订等多个环节流程，来获得企业整体需求的满足。分散采购即是指企业将产品及材料采购权全权下放到各二级核算单位，并在二级核算单位成立独立的采购部门进行采购管理工作。在实行分散采购管理模式的企业中，采供工作是多个部门对外并通常单纯以价格为标准的采购模式。企业对供应商的采购需求信息来自于各个二级核算单位和各个集团部门，种类繁多且零散，企业作为采购主体没有采购规模优势。并且由于各部门信息不共享，对供应商的考核标准较为单一，其考核过程不甚透明，各个二级核算单位采购流程、标准不一，采购部门更容易存在灰色收入。集中/分散采购模式是指在企业总公司设立集中采购中心，并且在其各二级核算单位设立采购部门。通常集中采购中心需要负责制定企业整体采购战略，并且对各二级核算单位采购需求中的通用性产品实行集中采购，其余各二级核算单位的特殊采购需求由其采购部独立负责，同时集中采购中心还负责协调沟通各二级核算单位的采购管理活动。集中/分散采购模式综合了以上两种采购模式各自的优点，既可以通过对企业整体的通用性物品进行需求的整体汇集，制定规模采购计划，形成规模优势，又可以有针对性地对各个二级核算单位的特殊采购需求进行分散采购，满足特定的个性化需求。但由于集中/分散采购模式的组织结构设置较为复杂，因此在一般小型企业中并不适用，更多的适合于拥有比较多二级核算单位的大型集团公司。因此，电信运营商采用的即为集中/分散采购的管理模式，并且形成集团一级集采、省公司二级集采及地市分散自采的采购管理体系。

采购管理根据采购需求驱动方式不同可分为基于库存的采购和即时采购

（Just In Time，JIT）。福特·哈里斯在 1931 年提出了经典的经济订购批量（Economic Order Quantity，EOQ）模型，它假设单个产品的需求率是常量且不允许缺货，即通过对库存的控制来驱动采购需求的产生。库存控制是以控制库存水平为目的的方法、手段、策略的集成，主要是根据市场需求情况与企业的经营目标，决定企业的安全库存量、订货周期以及订货数量等。库存理论发展至 20 世纪 50年代形成了一门独立的理论，其针对企业在确定的需求下产生的库存控制最优化问题，主要包括不允许缺货、生产时间短不允许缺货、生产需要一定时间允许缺货、生产时间短允许缺货、生产需要一定时间价格有折扣等五种库存控制模型。近年来，更多的学者基于库存理论进行了相关的采购管理研究，Luis H R Alvarezhe 和 Rune Srenbacka 在需求不确定性的条件下，使用实物期权的方法来对零部件是自制还是外购进行决策，进而减少采购成本，降低采购风险。Adolfo Crespo Marquez 和 Blanchar 对企业战略性零部件的采购问题进行了分析，基于对采购问题的梳理提出了组合形式的采购合同，并且通过对中期柔性合同中的期权定价策略的调整来实现采购成本和库存成本的优化降低。即时采购是由即时生产发展演进而来，即时生产的基本理念是"彻底杜绝浪费只在需要的时间，按需要的量，生产所需要的产品"，其核心是追求一种最小化库存的生产系统。即时采购是根据生产计划严格组织采购原材料的采购管理过程，为了进一步减少采购成本提高采购效率，即时采购倡导采购的供应与采购的需求计划相辅相成，即采购需求是通过采购来满足而非通过产品库存来满足，这样在精确满足需求的同时极大程度的减少库存成本。Niallwater-Fuller 通过文献综述提出了及时采购的概念，恰当的时间、地点，以恰当的数量和质量提供恰当的物品，消除一切无效的劳动与浪费。研究了 EOQ 与 JIT 及时采购对比下的成本节约问题，结论给出了 EOQ与 JIT 即时采购相比更节约采购成本的具体条件。即基于库存理论的采购管理更适用于以生产为导向的企业，且最终产品与采购产品的配比简单并较为固定，采购需求一般较为稳定。物资材料供应对于保证项目建设和维护至关重要。项目建设和维护同设施及各种设备的供给是密切相关的。材料供应不及时将直接影响项目进度以及工程的建设和维护，材料质量问题将直接导致项目运行不稳定，甚至造成项目中断，如材料供应不及时将直接导致项目建设进度滞后，材料供应不及时，将直接影响到项目，甚至造成项目中断。材料质量是项目稳定的基础。保持项目稳定运行，它需要物质支持的高质量。物资材料质量问题带来的风险，可能导致项目事故，会造成严重的后果。许多种类的材料，需要面对不同的需求、不同的市场、不同的采购，配送、仓储、容易产生各种风险，确保材料质量和材料的及时供应管理难度是非常大的。物资管理中包含的风险主要分为两种。一种是供应风险，也就是由于物资供应不及时所造成的工程或项目延误的风险。另外一种是质量风险，就是由于物资的质量原因所造成的工程或项目不能正常运行的风险。

矿山企业的物资主要用于矿山生产。矿山企业的物资风险主要包括供应风险和质量风险两大块内容。物资的供应风险和质量风险管理，需要实行流程化、全周期化、集约化的风险防控和管理。

在物资的供应风险管控方面，需要完善从物资的采购，到供应商生产、合同履约，再到物资的配送、仓储，直至物资最后的领用环节的风险管理。在物资的质量风险管控方面，需要完善从供应商生产环节的质量管控和监督，到物资到货后采购方的质量管控和监督，最后到物资使用方的质量管控和监督环节的风险管理。企业物资需求预测可从数量、资金等多个角度开展。物资需求特性分为连续性需求特征和间断性需求特征两类时，需求特征较为显著。因此，预测方法分为连续性需求预测方法和间断性需求预测方法。

（1）连续性需求预测方法：时间序列预测法。时间序列是指将同一统计指标的数值按其发生的时间顺序排列而成的序列，可以是月度、季度、年度等多种时间形式。时间序列预测是基于某一个或一组分布于时间轴上的观测数据，通过挖掘分析观测数据自身的变化规律，形成符合变化的规律函数，继而按照等间隔时间预测未来的变化趋势，时间序列模型公式为：

$$X(t+1) = f[x(1), x(2), \cdots, x(t)]$$

等式左边表示对第 $t+1$ 期的预测值，等式右边表示由第 1 期至第 t 期时间段内的序列构成的规律函数。

（2）间断性需求预测方法：指数平滑法。指数平滑法本质上是一种特殊加权的移动平均法，常见的指数平滑法有一次指数平滑法、二次指数平滑法等，核心思想都是以历史全量数据信息为分析基础，通过对不同时期的观测值赋予不同的权重，实现对未来的预测该方法具备鲁棒性强的特点，由于操作简单、适应性强，常用于间断性的预测。

7.3.2 库存管理优化

库存产品是企业资产的重要组成部分，是指在一定阶段内产品检验入库，进行保存的为成功出售或准备出售的产品，可以是完成制作程序或流程的产品；也可以是尚未完成或未完成的产品，此外，也不仅仅是产品也可以是原材料等。

库存管理就是对上述货物进行协同高效的管理。布拉格（2006）认为库存管理隶属于企业的常规业务之中，将其简单的阐述为对货物进行搬运、专业和存储。而广义的库存管理则是有效管控企业资产的一种方式和方法。库存管理通常主要包括规划生产方案和目标、采购环节、出入库管理以及库存记录与清算等程序。

库存管理是企业各种管理活动中最关键的一个管理活动，也是常规的工作。在确保企业正常运转的前提下，通过高效的库存管理最大限度的减少企业经营活动中所产生的成本。主要包括以下三点：

（1）为企业持续的生产经营活动服务。库存管理最基本的职责就是为企业存储所需要的生产资料以及已生产的相关产品。控制库存能够为企业的生产和经营带来良好的效益。但是从价值规律以及经济规律的角度出发，大量的库存并不能为企业带来相应的利润，甚至可能使企业造成严重的亏损。高效的库存管理要求库存种类与市场需求相匹配，库存数量与客户以及潜在客户的需求相匹配，让企业供应链的各个环节互相连接、互相协调，使得企业的库存处于既能够满足市场需求，又能够最大限度的减少存储所产生的成本。

（2）降低存货成本。企业的库存管理并不是盲目的而是在制定具体管理计划后有步骤的实行的。此外，将库存管理与互联网信息技术相结合，能够使管理步骤最大限度的简化。管理过程可以实现在线上运行，要充分挖掘互联网的数据资料和对市场数据的分析，挖掘市场真正的需求点，进行产品的销售和原材料的采购，从而实现产品销售的利润最大化。另外，要加强物料存储过程中质量的监控，确保在存储期间产品质量能够长期保持。

（3）提升企业竞争能力。卓有成效的库存管理方式能够使企业在激烈的市场竞争中占据主导地位。整个企业的生产和经营活动中都会涉及库存管理，这要求企业要制定合理高效的库存管理模式。企业应当根据市场需求以及自身企业的实际经营状况，并结合互联网大数据对企业的库存管理模式进行制定。此外，库存管理模式并不是始终如一的要根据实际的市场情况而改变，并且对实际操作中出现的缺漏要及时纠正和完善。库存管理方法分为传统库存管理方法和供应链库存管理方法。其中，传统库存管理方法有 ABC 库存管理、需求预测、定期或定量订货模型；供应链库存管理方法包括 JIT 库存管理、供应商库存管理、联合库存管理等。

下面介绍传统库存管理方法：

（1）ABC 分类法。

原理：ABC 分类法也被称作帕累托分析法，这是一种在进行管理过程中区别对待的科学分析方法，它是参考在经济或者科技等方面事物的最为重要的特点，实行区分、排列，以更好的对重点及次要进行区别。依据所投资金额数及品种把库存中的物品区分为三个级别，包括特别重要（A 类）、一般重要（B 类）以及不重要（C 类）库存，最后依据各种等级的特点实行不同的管控。

分类法规律：进行分类时，主要是依据目标对象的有关对应指标，根据特定的信息次序把所有的库存实行合理的降序排列，然后根据相关的数量均分为 A、B、C 不同的类型，这样就可以划分成三组实行不同的管理。划分类别时，当前排序所参考的最主要信息包括主要程度、占有资金额以及相关价值等，操作者有特别的要求时可以依照自己的想法对目标实行有针对性的排列，使其更好的符合自己的排序意愿，库存额以及年库存量是当前使用最多的重要指标。在实际进行各类别的区分时，A 类为库存金额占据 70%，品种量为 10%；B 类为库存金额占 20%，品种量为 20%；C 类为库存金额占有 10%，品种量为 70%（见图 7.3）。

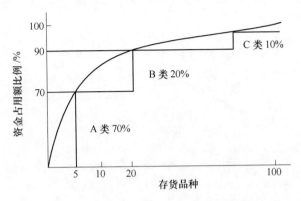

图 7.3　仓库管理中的 ABC 分类法示意图

（2）CVA 管理法。CVA 管理法是依据库存物品的关键性划分成 3~5 类并实行科学有效的管理，这是为了可以更好的弥补利用 ABC 分类法进行管理时出现的不足。在实际应用 ABC 法进行管理时，许多的企业并不是很满意，因为这个方法使 C 类物品很难得到重视，然而许多时候企业的生产线停工主要是因为缺少 C 类物品引起的，他们在出现这种问题时就会在管理库存时采取 CVA 法，把所有的物品依据其在生产中的重要地位区分成 4 类：1）最高优先级：产中具有最为关键的地位，不容许这种物品短缺。2）较高优先级：生产中具有很重要的基础性物品，但可以偶尔货物不足。3）中等优先级：生产中多为占有较重要地位的物品，但可以特定时间内缺货。4）较低优先级：生产中可以使用这类物品，但其很容易被替代，容许缺货。

（3）经济订货批量。经济订货批量主要经过对采购成本与保管成本核算进行科学有效的平衡，以更好的达到总库成本最低化的最优化的订货量。它属于固定订货批量模型，能够通过这种方法对企业一次订货量进行合理的确认。如果企业根据这种方法订货时，能够很好的实现订货以及储存成本两者总成本最小化的目标（见图 7.4）。年库存总成本公式如下：

$$TC = D \cdot U + \frac{D}{Q}K + \frac{1}{2}Q \cdot C + TC_S$$

式中　D ——年需求量；

　　　　K ——每次订购成本；

　　　　U ——单位产品成本（单价）；

　　　　TC_S ——缺货成本；

Q ——订购批量；

C ——年单位存储成本。

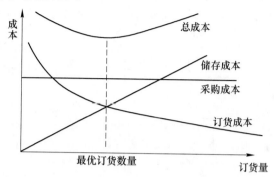

图 7.4 经济订货最优数量确定

库存总成本 = 采购成本 + 订货成本 + 存货成本

$$\min TC = D \cdot U + \frac{D}{Q}K + \frac{1}{2}Q \cdot C$$

对上式求 Q 的一阶导数，得到经典的经济订货批量 EOQ：

$$EOQ = \sqrt{\frac{2D \cdot K}{C}}$$

（4）订货点法。订货点法又被称作安全库存法，这种方法是在 20 世纪 30 年代提出的，是指：企业生产中的某物品因为各种原因数量慢慢的降低，当库存量到达设定的点时，就做出订货单来对其库存进行有效的补充，一到此物品的存量减少到安全库存时，所订购的物品正好抵达企业仓库，使其弥补前期的物品不足。

订货提前期：

$$R = LT \times D/365 + S^*$$

$$TC = D \cdot U + \sqrt{2D \cdot K \cdot C}$$

假设：

1）企业能够及时补充存货；

2）持续进货；

3）不允许缺货；

4）需求量稳定，并能够预测；

5）存货单价不变。

$$\min TC = D \cdot U + \frac{D}{Q}K + \frac{1}{2}(p - d) \cdot t_1 \cdot C$$

$$= D \cdot U + \frac{D}{Q}K + \frac{1}{2}(p - d) \cdot \frac{Td}{p} \cdot C$$

所以
$$\min TC = D \cdot U + \frac{D}{Q}K + \frac{1}{2}Q \cdot C \cdot \frac{p-d}{p}$$

$$EOQ = \sqrt{\frac{2D \cdot K}{C}\frac{p}{p-d}}$$

$$TC = D \cdot U + \sqrt{2D \cdot K \cdot C \frac{p}{p-d}}$$

供应链库存管理方法：这种方法指的是从点到链、从链到面的在供应链中加入库存管理，目的是为了更好的减少库存成本以及增强企业的市场反应力。以下为供应链库存管理中最重要的管理方法：

（1）供应商库存管理（VMI）。这是一个可以使库存管理不断实现优化完善的合作性策略，目的是为了让企业和供应商都能够在一个共同协议下实现成本最优和利润最大化。同时要经常对协议的执行状况进行监督和内容进行修改。

（2）联合库存管理（JMI）。这是一种基于供应商管理库存方法发展的上游与下游公司企业在经营中权责平衡以及共同承担其在风险的管理库存的模式。

供应链库存管理模式主要强调在供应链中要使所有的节点共同参加，一起设定库存管理计划，使整个供应链上的所有库存管理工作人员始终都能有大局观，使整个供应链上的所有的管理人员都能达到自己预期的需求，进而避免出现需求变异增大问题。

7.3.3 采购管理体系

钢铁工业是我国国民经济的基础产业，可以称为国之基石，经过70多年的锤炼，我国钢铁工业在世界钢铁业有着举足轻重的地位。

鞍山钢铁集团公司是新中国首个恢复建设的大型钢铁联合企业和最早建成的钢铁生产基地，为国家经济建设和钢铁事业的发展做出巨大贡献，被誉为"新中国钢铁工业的摇篮""共和国钢铁工业的长子"；集团于2010年5月由鞍山钢铁集团公司和攀钢集团有限公司联合重组而成。攀钢集团有限公司是世界大的产钒企业，是我国大的钛原料和重要的钛白粉生产基地。2019年，鞍钢集团以2018年236.19亿美元的营业收入第六次进入世界500强。

钢铁行业的发展经营非常受制于原材料的采购，鞍钢集团在大产业、多机构的环境下，一直在建设"阳光、降本、安全、高效"的采购管理体制。采购工作重要的是买准东西和买好东西，而买好东西的关键是从哪买，即从哪一供应商处买，所以管控好供应商对采购工作起决定性作用，是采购工作的致命环节。

鞍钢集团已形成跨区域、多基地、众产业、国际化的发展格局，成为中国具有资源优势的钢铁企业，2011年进入《财富》世界500强。铁矿石产量1亿吨/年，钢产量3900万吨/年，钒产量世界，业务覆盖70个国家地区。产业布局：

钢铁主业、钒钛产业、矿业资源、非钢产业等。

作为特大型企业，鞍钢集团多层次、多元化子企业众多，其生产经营对货物、工程、服务的采购需求五花八门、层出不穷，相应采购单位分布在全集团各单位，大小不一、数量众多。

鞍钢集团的招标采购业务由鞍钢招标有限公司归口实施，其是鞍钢集团的全子公司，专业从事国际国内货物、工程、服务项目的招标采购及咨询服务，年均招标采购 500 余类 5 万余个项目、金额超过 600 亿元，专业人员达 100 余人。

鞍钢招标有限公司招标采购的整个流程主要是由鞍钢集团各基层单位提出采购需求，委托招标公司进行招标采购，通过标准的招标采购。

鞍钢招标有限公司采购规范流程是向采购单位发出招标采购结果，由其与供应商签订合同，并组织到货、验收、配送到使用单位。鞍钢集团的采购工作是由若干采购单位完成，每个单位都有自己管控办法，这让鞍钢集团在采购的管控上存在一定的挑战。

鞍钢集团招标采购通过电子招投标平台、客商平台两大集中管控平台实现，两者前后贯通实现信息传送。

2013 年电子招投标平台 1.0 版上线，2015 年上线 2.0 版，2018 年上线 3.0 版。电子招投标平台实现集中招标采购后，在招标采购环节还需要实现各类供应商的集中、统一、共享。

鞍钢招标有限公司与用友规划实施了鞍钢集团客商平台，将原分散在各子企业的客商管理集中在客商平台统一标准、统一实现，实现了供应商统一注册、统一分类、统一分级、统一认证、统一评价、统一管理、统一共享。

现在客商平台已经成为鞍钢集团的供应商服务、共享、数据、监督的综合平台，实现供应商生命周期的全流程、全要素、集中化、差异性的标准化统一管理。"客商平台是一个传统业务在管理上实现两化融合的典型案例，对供应商的全生命周期管理形成系统性、完整性、追溯性、查询性和存储性。

7.4　矿山生产规划与工艺设计的精细化

7.4.1　矿山设计概况

7.4.1.1　矿山现状

关宝山铁矿在 20 世纪 70 年代进行过开采工作，原基建期间建设了部分工程：如平硐溜井系统，但内部设施已经锈蚀和报废不可使用；去采场东部的运输公路路基完好，但需要重新整平和增加路面工程等；采场东部拉开了部分掌子面，工作平台相对平坦，基本可以满足采场采剥工艺要求和主体设备的工作条件。采场南侧地形陡立，且有眼前山铁矿运输车间及铁路站场等设施，在采场中爆破时应采取相应措施。

采场西北侧为鞍山市鞍千公路、东南侧为眼前山矿检修车间、北侧为眼前山铁矿铁路排土场、东南侧为关宝山村;西南有一河流通过,河岸附近大部分为农田;矿床南侧为关宝山村居民、农田、果树及村农场。

眼前山铁矿 85m 矿山站位于关宝山铁矿东南侧,85m 矿山站是眼前山铁矿的运输枢纽,眼前山铁矿的矿岩均要通过此站运出。从 85m 矿山站至破碎站及 130m 排土站的铁路干线由矿床南侧、西侧通过。铁路线外侧为眼前山铁矿与鞍千路相连的柏油公路,矿床北侧为眼前山铁矿农场,矿体下盘距 85m 站(干线)最近处仅有 50m 距离,如境界向北偏移,则会增剥大量岩石。排岩场选择在眼前山铁矿铁路排岩场内,目前眼矿铁路排岩仍然进行。图 7.5 为露天矿坑卫星图。

图 7.5 露天矿坑卫星图

7.4.1.2 境界确定

A 境界圈定的原则

本次设计为一个矿段,由东 E′剖面至西 19 剖面,开采范围为由东 E′剖面至西 18 剖面,露天底标高为 −28m。

根据以上影响境界的因素,境界圈定的主要原则为:

(1)尽量圈定已勘探清楚,且易选易采的工业矿量;境界圈定要满足开拓运输系统布置对空间位置的需求,尤其要满足与眼前山铁矿 85m 矿山站及眼前山铁矿铁路排土场等现有各运输系统的衔接条件;

(2)满足鞍钢钢铁发展需求,产量规模、服务年限的需求;

(3)不改建眼前山铁矿 85m 站及主要铁路线路;

(4)以少动迁为原则;

(5)由于矿床储量巨大,为实施分期开采,使近期与长期的衔接、过渡留有条件；

（6）经济合理剥采比确定。

本次设计采用原矿成本比较法、金属成本比较法和价格法计算经济合理剥采比。售价和成本采用矿业公司目前的技术经济指标。

计算了各种方法的经济合理剥采比值，计算结果如下：

（1）原矿成本比较法为：$6.800t/t$，相当 $8.25m^3/m^3$。

（2）金属成本比较法（计算到精矿）为：$22.13t/t$，相当 $26.85m^3/m^3$。

（3）价格法为：$12.8t/t$，相当 $15.53m^3/m^3$。

综上，经济合理剥采比为 $6.8 \sim 22.13t/t$；$8.25 \sim 26.85m^3/m^3$，设计选取 $10m^3/m^3$ 左右。

B　境界圈定参数

根据矿体及围岩的物理力学性质、地质节理裂隙分布情况、境界圈定的基本原则、采矿装备水平等情况，本设计选取的境界主要参数如下：

（1）阶段高度：13m（封闭圈以下不并段）；

（2）阶段最终坡面角度：第四系取33°、上盘岩石取60°、下盘取65°、端帮逐渐过渡；

（3）平台宽度：4m、4m、8m 交替布置；

（4）公路参数：公路宽度20m，限制坡度8%，局部路段10%，缓坡段长度60m；

（5）最小露天底宽度：40m。

C　境界圈定结果

关宝山铁矿矿区范围内矿体储量大，埋藏较深，按技术经济条件，需要进行分期开采，本次设计一期开采至-28m，深部扩帮进行二期开采。

根据地质、地形条件及上述境界圈定的原则及参数，一期开采设计圈定了汽车开拓运输方案的露天开采境界。境界圈定结果见表7.2。

表 7.2　露天开采圈定结果表

序号	项目	单位	指标
一	地质赋存情况		
1	矿体长	m	1800
2	矿体厚（最大）	m	150
3	矿体倾角	(°)	70~85
4	地质品位	%	31.37
二	境界参数		
1	阶段高	m	13
2	台阶坡面角	(°)	60 和 65
3	安全平台宽度	m	4
4	清扫平台宽度	m	8

续表 7.2

序号	项目	单位	指标
二	境界参数		
5	运输（公路）平台宽度	m	20
6	汽车翻卸平台宽度	m	40
7	最小底宽	m	60
8	道路限坡	%	8
三	境界圈定的结果		
1	境界尺寸：上口（长×宽）	m×m	1545×360
2	境界尺寸：下口（长×宽）	m×m	1318×60
	最终边坡角		
3	下盘（南）	(°)	37°54′57″
	上盘（北）	(°)	36°51′15″
	东西端帮	(°)	45°19′
4	境界最高标高	m	180
5	封闭圈标高	m	76
6	露天底标高	m	-28
7	边坡垂高（按封闭圈计）	m	104
8	境界内矿石量	万吨	6331.58
	其中：红矿	万吨	5454.38
	黑矿	万吨	748.61
9	境界内岩量	万吨	8583.46
10	总量	万吨	14915.04
11	平均剥采比	t/t	1.36

7.4.1.3 排土场位置的选择

将采场北侧眼前山铁矿铁路排土场选做汽车排土场。

露天境界内第四纪覆盖物为 962.01 万吨，表土占 11.2%，需单独堆存。

7.4.1.4 采矿工艺及开拓运输方式

本次设计采场内采用汽车开拓运输方式，外部运输矿石采用汽车破碎胶带运输方式，岩石采用汽车直运到排土场的方式，后期进行二期开采时采用破碎胶带排土机排弃。

根据矿体的赋存情况，结合现有的公路开拓运输系统，采取移动坑线开拓，纵横向回采的开采方式。阶段高度为 13m，上盘台阶坡面角取 60°，下盘台阶坡面角取 65°，第四系工作阶段坡面角取 33°，端帮逐渐过渡；最小工作平台宽度为 40m。矿石的损失、贫化指标参照类似矿山的实际指标确定为 5%。

采场内矿石由汽车运至破碎站，破碎后经胶带送往选矿厂，岩石由汽车直运至汽车排土场。

7.4.1.5 开拓运输方式

采场内爆破采用 ϕ250mm 牙轮钻机穿孔，中深孔微差爆破。爆破后的矿岩利用 4m³ 液压挖掘机将矿石和岩石分别装入载重 45~60t 自卸汽车。开采初期，矿石运至临时存放场；破碎胶带系统建成后由胶带机运往新建的关宝山选矿厂。表土及岩石由 4m³ 液压挖掘机装入汽车直运至排土场。

7.4.2 采掘进度计划编制

7.4.2.1 编制主要内容和目的

根据矿山目前基建工程进展情况及矿山征地动迁进展情况，详细编排矿山前 6 年的开采计划方案；并结合设计研究院确定的关宝山铁矿开采成本设计详细编排由山坡露天开采向深凹露天开采过渡期间的开采方案。具体内容如下：

（1）编制关宝山 2013~2018 年 6 年采掘进度计划，确定每年生产能力及采掘重点工作。

（2）核定矿山生产设备能力及数量。

（3）绘制逐年采剥计划图。

（4）根据本工程原初步设计确定的规模及本公司设备状况生产组织形式及能力分别编制了两个规模进度计划。一是 400 万吨规模方案，另一是 500 万吨规模方案。两个方案的前 3 年是完全相同的。

7.4.2.2 编制主要原则

（1）以关宝山选矿厂建设周期和目前关宝山铁矿基建已施工项目进度情况为基础，开采前期以矿石破碎站建设为重点，以矿山生产规模的持续、稳定为原则，选厂投产前矿石贮存量达到 300 万吨。

（2）依据矿山的采场现状及设备情况，以投入少、见效快为原则。

（3）按采场不同部位分区编制，切合实际，有缓有急；科学合理确定采场开采顺序，采矿方法，采掘要素等。

（4）根据工程建设部位需要优先采掘。根据选厂建设工期及各工程的时间节点，尽量压缩矿石采掘量，合理安排矿石堆放场位置，保证矿产资源综合利用。

7.4.2.3 本次计划编制的总体考虑思路

（1）在征地动迁完成之前，先在现有地籍内进行采掘。在编排 2013 年和 2014 年的采掘计划时部位安排要具备：一旦矿石破碎站空间征地完成后，全力进行矿石破碎站空间采掘，不影响矿山总体开采进度。

（2）做到选厂投产后的矿石输出能力及矿山采掘空间科学合理布局。

（3）排土场在2018年前不拆除眼矿铁路排土的铁路线的前提下，完成汽车排土的全部工作。

7.4.2.4 400万吨矿石采掘进度计划的编制

本次设计编制了关宝山铁矿2013~2018年的采掘进度计划，并对矿山一期开采向二期开采过渡进行了安排。由于篇幅的限制，现仅列举2018年度采掘计划来说明鞍钢矿业规划设计实践。本次按照自有新增设备进行编制。

穿孔设备：ϕ250mm牙轮钻机，效率42000m/（台·年），综合延米爆破量110t/m，完成爆破量460万吨/（台·年）；考虑到生产初期作业条件较差以及外部因素影响，综合台年效率按40000m/（台·年），爆破量420万吨/（台·年）；孔径140mm液压潜孔钻机，台年效率20000m/（台·年）（考虑作业不均衡因素，具备连续作业条件时可达35000m/（台·年），爆破效率30t/m，爆破量60万吨/（台·年）。

挖掘设备：主体设备小松700型液压挖掘机，标准斗容4m³，综合效率350万吨/（台·年）（120×10⁴m³/（台·年））；配套辅助设备选小松450型液压挖掘机，标准斗容2.2m³，综合效率180万吨/（台·年）（60×10⁴m³/（台·年））。

运输设备：45~60t级自卸汽车，综合运输效率60万吨·km/（台·年）。

2018年采掘进度计划：根据矿业公司总体安排，2017年眼矿完成挂帮矿的采掘，铁路运量减少，具备85m站场改建的条件。同时通过编排前五年生产计划得知矿山即将完成山坡露天开采方式向深凹露天开采方式的过渡，矿石的生产能力随着矿山开采深度的增加，生产能力趋于下降。因此2018年矿山要重点研究一期境界向二期境界开采过渡的各项工作。

7.4.2.5 采剥总量安排

2018的采剥总量为1000万吨，矿石400万吨，岩石600万吨，生产剥采比为1.5t/t。

7.4.2.6 2018年年度工作要点

（1）为了保证一期境界向二期境界平稳过渡，年内要进行二期扩建征地的准备工作。

（2）全面完成二期境界扩建征地工作。

（3）全力进行岩石破碎胶带系统建设，年末投产使用。

（4）全力做好 85m 铁路站场改建工作。

（5）加强雨季泵站建设和各项防洪工作，保证雨季期间生产安全。

（6）做好岩石破碎系统建成后砬子山矿石的运输公路改线和采场到排岩场公路改线工作。

（7）年初拆除排岩场铁路，有效降低排岩运输距离。

7.4.2.7　2018 年年度工程量

（1）新水平准备工程量 28 万吨（东西采区融合为一个采场，只有一个新水平）。

（2）预裂爆破施工距离 3393m。

7.4.2.8　2018 年年度生产要点

（1）4 月份进行 63m 新水平准备工作，6 月中旬前完成采场泵站建设，保证雨季安全生产。

（2）2018 年年度主要采掘 102~115m、89~102m 和 76~89m、63~76m 四个阶段的矿岩。

详细的编制情况见 2018 年采掘进度计划表（表 7.3）及年末采掘要素表（表 7.4）。

表 7.3　2018 年采掘进度计划表

阶段	矿石/万吨		岩石/万吨		总量/万吨		靠帮预裂 /m	备注
	量	运距	量	运距	量	运距		
102~115m	29.1	1.09	53.1	3.21	82.2	2.46	216	
89~102m	92.5	1.08	220.5	3.70	313.0	2.93	306	
76~89m	197.4	0.98	302.8	3.61	500.2	2.57		
63~76m	81.0	0.95	23.6	3.39	104.6	1.50		
合计	400.0	1.01	600.0	3.60	1000.0	2.56	522	

矿石合计/万吨	400
岩石合计/万吨	600
采剥总量/万吨	1000
生产剥采比	1.50

表 7.4　2018 年关宝山铁矿年末采掘要素表

阶段	阶段有效工作线长度/m			开拓矿量		回采矿量	
	合计	矿石	岩石	量/万吨	保有期/年	量/万吨	保有期/月
89~102m	1341	467	874	31.6	0.08	31.6	0.95
76~89m	2000	500	1500	178.5	0.45	136.5	4.10
63~76m	1923	423	1500	441.5	1.10	65.3	1.96
合计	5264	1390	3874	651.6	1.63	233.4	7.00

7.4.2.9　设备投入情况

2018 年设备使用计划表见表 7.5，400 万吨矿石方案运量运距分配及设备数量计算表见表 7.6，关宝山铁矿 400 万吨规模采推进度计划表见表 7.7。

表 7.5　2018 年设备使用计划表

序号	设备名称	台数	备注
1	牙轮钻机	3	
2	液压潜孔钻机	1	
3	边坡钻机	1	
4	4m³ 液压铲	3	
5	2.2m³ 液压挖掘机	1	
6	自卸汽车	43	
7	推土机	6	
8	前装机	2	
9	晒水车	2	
10	碎石机	1	
11	平路机	1	
12	压路机	1	

表 7.6　400 万吨矿石方案运量运距分配及设备数量计算表

序号	项　目		单位	2013 年	2014 年	2015 年	2016 年	2017 年	2018 年	备注
1	矿石		万吨	72	400	400	400	400	400	
2	岩石		万吨	288	700	700	700	650	600	
3	总量		万吨	360	1100	1100	1100	1050	1000	
4	矿石运输方向	矿石临时堆放场	万吨	72	228					
		矿石破碎站	万吨	0	172	400	400	400	400	

序号	项 目		单位	2013 年	2014 年	2015 年	2016 年	2017 年	2018 年	备注
5	岩石运输方向	胶带机路堤	万吨	288	47					
		排岩场	万吨		653	700	700	650	600	
6	汽车运输	运量	万吨	360	1100	1100	1100	1050	1000	
		平均运距	km	2.09	2.57	2.56	2.59	2.49	2.56	
		汽车周转量	万吨·km	752.4	2827	2816	2849	2614.5	2560	
		汽车台数	台	50	48	47	48	44	43	
7	穿孔设备	年穿爆量	万吨	360	1200	1100	1100	1050	1000	
		牙轮钻机台数	台	2	3	3	3	3	3	
		潜孔钻机	台	1	1	1	1	1	1	预裂
8	采装设备	年采掘量	万吨	360	1100	1100	1100	1050	1000	
		4m³ 液压铲台数	台	3	3	3	3	3	3	
		2.2m³ 挖掘机台数	台	1	1	1	1	1	1	

注：2013 年采装和运输按照 4 个月生产。

表 7.7　关宝山铁矿 400 万吨规模采掘进度计划表

项目	第 1 年	第 2 年	第 3 年	第 4 年	第 5 年	第 6 年	第 7 年	第 8 年	第 9 年	第 10 年
矿石/万吨	32	54	400	400	400	400	400	400	400	400
岩石/万吨	168	346	500	600	600	600	600	600	600	600
合计/万吨	200	400	900	1000	1000	1000	1000	1000	1000	1000
剥采比/t·t⁻¹	5.25	6.41	1.25	1.5	1.5	1.5	1.5	1.5	1.5	1.5

项目	第 11 年	第 12 年	第 13 年	第 14 年	第 15 年	第 16 年	第 17 年	第 18 年	第 19 年	合计
矿石/万吨	400	400	400	400	350	330	300	274	190	6330
岩石/万吨	500	450	450	450	450	350	270	136	0	8320
合计/万吨	900	850	850	850	800	680	570	410	190	14650
剥采比/t·t⁻¹	1.25	1.125	1.125	1.125	1.286	1.06	0.9	0.5	0	1.31

7.4.2.10 主要工程量及设备数量

通过编制矿山 6 年详细的采掘进度计划，在这 6 年内 400 万吨矿石方案发生的主要工程量及需要的设备数量见表 7.8。

表 7.8 主要设备数量表

序号	设备名称	台数	备注
1	牙轮钻机	3	
2	液压潜孔钻机	1	
3	4m³ 液压铲	3	
4	2.2m³ 液压挖掘机	1	
5	自卸汽车	50	
6	推土机	6	
7	前装机	2	
8	洒水车	2	
9	碎石机	1	
10	压路机	1	
11	平路机	1	

7.4.2.11 节省投资情况

由于矿山生产经营模式的改变，使得原设计确定的矿山部分基建工程投资不必投入，矿业公司较原初步设计节省了基建投资（现已招标订货的设备可用于碰子山铁矿的生产）。节省的投资主要有：

（1）挖掘机和汽车设备工程投资。

（2）设备检修厂房及办公楼、加油站建设工程投资。

（3）基建剥岩工程投资。

（4）破碎机胶带机路堤回填工程投资。

（5）破碎站空间采掘工程投资。

7.4.3 人力资源配置

（1）配置前提：参照国内及鞍钢集团其他类似露天矿山的人员配置情况，并结合项目的具体情况，估算所需的职工人数，外包情况下仅估算管理人员。

（2）工作制度：矿山生产岗位按四班三运转配备，辅助岗位可按一班制组织，全年可按 330 天组织生产。

（3）配置结果：本次实施方案设计共需人员 387 人，详见表 7.9。

表 7.9　人力资源配置表

序号	岗位名称	人/班	班次	在册人数	备注
一	直接生产人员				
	穿爆工区				
1	牙轮钻机司机	3	1	3	
	爆破工	8	1	8	
	液压碎石机	1	4	4	
	混装炸药车司机	6	1	6	
	边坡钻机司机	1	4	4	
	班长	2	1	2	
	核算员	1	1	1	
	安全员	1	1	1	
	设备点检员	1	1	1	
	工区副主任	1	1	1	
	工区主任	1	1	1	
	小计	26		32	
2	采装工区				
	液压挖掘机司机	9	4	36	
	推土机司机	3	4	12	
	ZL50 前装机司机	2	4	8	
	班长	3	1	3	
	核算员	1	1	1	
	安全员	1	1	1	
	设备点检员	1	1	1	
	工区副主任	1	1	1	
	工区主任	1	1	1	
	小计	22		64	
3	汽运工区				
	加油车（15t）	2	4	8	
	KS-16 洒水车司机	2	4	8	
	生产辅助车辆司机	5	1	5	
	自卸汽车司机	50	4	200	
	指挥工	1	4	4	
	班长	2	1	2	
	核算员	1	1	1	

序号	岗位名称	人/班	班次	在册人数	备注
一			直接生产人员		
			汽运工区		
3	安全员	1	1	1	
	设备点检员	1	1	1	
	工区副主任	1	1	1	
	工区主任	1	1	1	
	小计	67		232	
			筑路工区		
4	推土机司机	6	4	24	
	压路机司机	2	4	8	
	平路机司机	2	4	8	
	工程指挥车司机	3	1	3	
	班长	1	1	1	
	核算员	1	1	1	
	安全员	1	1	1	
	设备点检员	1	1	1	
	工区副主任	1	1	1	
	工区主任	1	1	1	
	小计	19		49	
	直接生产人员合计	134		377	
二	管理及技术人员	10	1	10	直接管理
	人力资源合计	144		387	

7.5 矿山开采工艺的精细化设计

一直以来，国内外铁矿生产都属于粗放式的开采模式，矿石开采、矿岩运输与排放、边坡维护、废石场复垦等几个重要环节多是相对独立的，独立进行设计、施工与管理，矿山安全管理体系的建设与现场生产严重脱钩，生产、管理、安全指导以及领导的决策都不能达到信息及时共享，统一指挥，实时反馈的要求。随着当今世界科技的飞速发展以及现代化信息技术在矿业生产中的大范围采用，矿产资源"精细化"开采应运而生。随着矿山机械化水平的提高，矿山开采规模越来越大，矿山粗放式开采所带来的环保压力使得当前的矿产资源开采处于一个"经济""安全""环境""可持续"等多因素共同影响的尴尬境地。可持续发展是各行业的主旋律，矿产资源的可持续发展必须保证环境损害最小化、矿山经济效益、社会效益的最优化。

　　矿产资源精细化开采是将现代科技集成应用到矿业生产中，是一系列相关技术的综合开发应用，最主要的技术有4点：数据的采集调理、数据的有线无线传输、数据的分析管理及变量作业技术。精细化开采技术必须深入研究矿山工程学、恢复生态学、水土保持工程学、植物学、管理科学等理论，找寻关联学科的内在规律。综合采用多传感器技术、信号有线无线通信技术、PC计算机技术、各种数据库技术，通过对露天矿生产流程中的各工艺环节的信息数据采集、传输、存储及处理，建立露天矿精细化开采信息采集与处理系统，从而通过系统对数据分析处理，使露天矿精细化生产和安全精细化管理方案达到最优化的目的，增强矿山各部门对整个生产工艺的熟悉程度与监控能力，保证矿山企业生产的安全、经济、稳定。图7.6所示为安装了GPS定位系统和速度、行为监控系统的炸药运输车。

图7.6　安装了GPS定位系统和速度、行为监控系统的炸药运输车

7.5.1　生产工艺参数的优化技术

7.5.1.1　基于GPS的钻机定位技术

　　GPS钻机定位系统具有以下3个主要功能：

　　（1）孔位的定位。无需地测人员现场布孔，引导钻机导航到设计孔位。通过GPS的动态监测，进行实时的定位钻机所在的位置，最终通过钻机系统的导航功能，将钻机引导到设计的孔位点。

　　（2）孔深监测。通过钻机系统，提示司机钻孔的深度。通过硬件监测设备和软件系统的自动化流程控制，精确的监测钻机打孔的深度，统计出进米尺数。

（3）钻机体态定位。通过 GPS 的动态监测，进行实时的定位钻机所在的位置，并且通过系统实时计算，最终确定钻机的体态定位方向。

GPS 钻机定位系统主要有以下几方面组成：全球卫星定位系统（GPS）、宽带无线通讯网络系统、计算机网络系统、车载移动数据终端机、各种应用软件、数据库软件、车载终端软件。系统架构如图 7.7 所示。

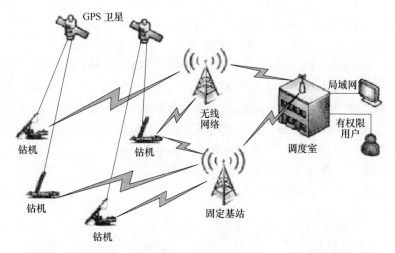

图 7.7 系统架构

GPS 是成熟的卫星定位导航系统，现已成为应用广泛的精确导航、指挥、调度系统。GPS 的定位精度已经放开，对于 2~4m 的定位精度要求已无需采用差分技术即可获得。但是对于钻机作业系统要求厘米级的高精度定位，则需要采用 GPS 差分技术来实现。GPS 在本系统中的主要作用是实现钻机导航，测量实时位置坐标、距离和时间等数据。

MESH 网络的覆盖半径为 1~2km，基于呈网状分布的众多无线接入点间的相互合作和协同，具有动态通信、优化数据通信路径、自我形成网络、自行区域诊断、快速布置、安装维护成本低等优势，可以方便地实现规模扩展和大数据传输。但是，MESH 网络绕射能力和穿透能力较差，实际应用中，露天矿区条件较为复杂，会有不同程度的遮挡，尤其是随着采区的推进，通信基站必将会出现一些通信盲区，为达到无盲区网络覆盖，需要根据现场实际情况。设置不同数量的固定通信基站，同时设置移动小车基站作为补偿，以达到使用要求。

钻机上安装的设备有高精度 GPS 接收器、GPS 接收天线、车载终端、数字倾角仪、终端应用软件、编码器。数字倾角仪用于测量钻机与水平面的倾角。编码器，用于测量回转小车行走的距离，并转算成钻孔的深度。

7.5.1.2 多源协同监测、预警技术

利用现代多源矿山测量新技术，对鞍钢露天铁矿采场边坡进行联合监测，对排土场进行稳定性评价，对可能出现的排土场滑动和失稳进行预警分析，为采矿生产计划安排提供参考。

A 红外热成像监测技术

德国生产的型号为 VarioSCAN-3021ST 高分辨率制冷、扫描式红外热成像系统是目前商业领域应用较多的热成像设备，也是现代化的科研设备，设备如图7.8 所示。利用该设备可以实时进行目标物体的辐射温度场获取。红外热成像技术是将不可见的红外辐射转化为可见图像的技术，利用这一技术研制成的装置称为热成像装置或热像仪。热成像仪是一种二维平面成像的红外系统，它通过将红外辐射能量聚集在红外探测器上，并转换为电子视频信号，经过电子学处理，形成被测目标的红外热图像，该图像用显示器显示出来。与可见光的成像不同，它是利用目标与周围环境之间由于温度与发射率的差异所产生的热对比度不同，而把红外辐射能量密度分布图显示出来，成为"热图像"。

图 7.8   VarioSCAN-3021ST 红外热成像仪

在热成像仪中，具体实现由红外光变电信号、再由电信号变可见光的转换功能是由热成像仪的各个部件来完成的。当代使用的热成像仪大都采用光机扫描，这种热成像仪主要由光学系统、扫描器红外探测器、信号处理电路和显示记录装置等几部分构成的。在这些组成部分当中，红外探测器为核心部件，在现代热成像装置中广泛应用了基于窄禁带半导体材料的光子探测器。其中，碲化汞（TeCdHg）器件占大多数。这种器件之所以受到重视，主要是它具有高的探测率和较合适的工作温度，且其工作波段可以通过改变材料中 CdTe 和 HgTe 的组分配比加以调整。

利用热成像仪不能直接测量物体的温度，其测量的是投射到热成像仪探测器上的红外辐射能。利用辐射能与温度之间的函数关系来确定温度，所以热成像仪所显示的温度值实际上是辐射温度。

B 在线监测技术

GNSS 在线监测以 B/S 架构设计，通过网页即可查询监测情况，目前可查询表面位移监测数据，并实现了预警功能。此外，该软件具有很强的可扩展性，除了常用的监测参数外，还预留了 100 多个监测参数接口，方便系统的扩展，可按需选择雨量计监测、内部位移监测、水位监测、土压力监测、裂缝监测等多个监测项目。软件中监测变化数据将直观的用曲线显示出来，并可进行相关报表分析。

GNSS 边坡在线监测数据处理和分析中心由多台计算机、软件、通信设备、宽带网和局域网等组成，可设定系统的工作方式，采集数据的传输方式以及在线监测系统分析、显示、发布等。在线监测系统包含数据自动采集、传输、存储、处理分析及综合预警等部分，并具备在各种气候条件下实现适时监测的能力。

在线监测系统总体可以分为三个部分：即 GNSS 数据处理分析模块、GNSS 数据传输与储存模块、GNSS 自动化监测预警系统平台。此三个部分是整个露天矿边坡 GNSS 自动化监测系统的核心组成部分，它们之间相互独立又紧密关联与配合，而且所有操作完全是人工提前设定后由软件自动完成。

如图 7.9 所示，这三个模块具体配合流程为固定布置的传感器将监测数据调制成可传输的信号，根据传输的远近、所处的位置选择无线或有线的通信方式，在数据采集工作站完成数据的自检和本地存储。并通过控制信号对参数配置和采样控制完成操作。

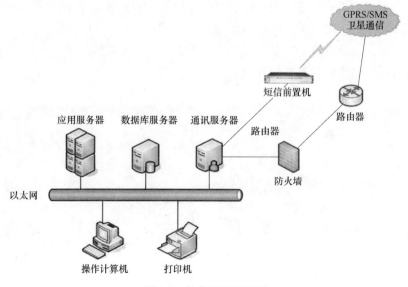

图 7.9 软件系统架构图

在数据进入处理服务器后，数据处理软件完成自动解算、平差等工作，数据分析和显示功能实现实时监测统计，并对数据进行评估和预警。

数据处理完成的同时将原始数据和解算结果存储到数据库，数据分析得到的预警信息，以及时间信息、健康状态等存储到数据库，数据库也为分析模块提供历史监测数据等信息供调用。

C　三维激光扫描测量技术

为精确了解排土场和边坡的三维形态，使用三维激光仪对排土场和边坡进行扫描探测。RIGEL VZ4000 型三维激光扫描仪，其探测最远距离可达 4000m，扫描视场角 60°×360°（垂直×水平），激光发射频率为 20 万点/s，精度达到 15mm。三维激光扫描仪见图 7.10。

对三维激光扫描数据生成点云数据，并进行拼接，如图 7.11 所示。原始点云数据经过抽稀、生成三角网、等高线生成以及 DEM 生成，实现三维模型的建立，如图 7.12 所示。

D　InSAR 测量

合成孔径雷达干涉测量技术（Interferometric Synthetic Aperture Radar，InSAR）作为一种新的空间对地观测方法，现已逐渐成为一种不可或缺的重要测量与监测手段。InSAR 技术可以大面积的密集采样，同时具有测量时间短、成本相对较低、可全天时全天候观测、高分辨率和连续空间覆盖的特征，

图 7.10　RIGEL VZ4000 型
三维激光扫描仪

能够提供短周期内空间连续面的综合形变信息。因此 InSAR 监测完全满足滑坡、地面沉降监测的要求，能弥补地面常规离散点测量（如测量机器人、GNSS 测量等）的不足，是现有常规测量手段的有益补充，在用于矿区滑坡、地面沉降监测方面具有巨大的优势和良好的前景。

图 7.11　三维点云分布

图 7.12 三维模型

7.5.1.3 采场矿体边界优化技术

露天矿采场不同品位矿体的快速、高效、精准、实时圈定与区划是采场矿体边界优化技术的核心，通过对现场采集的矿岩样本可见光近红外光谱测试与分析，建立磁、赤铁矿以及围岩的近红外光谱识别模型，利用该模型精准确定矿岩界线。同时以磁、赤铁矿样本进行化学分析及近红外光谱测试数据为数据源，通过对光谱特征及数据的深入分析，揭示光谱特征与矿石品位的内在规律，以数学统计分析、随机森林、BP 神经网络等为建模方法，科学建立不同品位磁、赤铁矿近红外光谱的系列分析模型及矿岩分类模型，实现露天矿采场不同品位矿体快速、高效、精准、实时圈定与区划。

A　可见光-近红外光谱测试

利用可见光-近红外光谱仪对磁、赤铁矿以及围岩样本进行光谱测试，获取其可见光-近红外光谱。可见光-近红外光谱仪采用 SVCHR-1024 便携式地物光谱仪，测试波段范围 $0.35\sim2.5\mu m$，光谱分辨率小于 $8.5nm$。对采集的所有样品进行可见光-近红外光谱测试，为了降低气溶胶和太阳辐射传播路径的影响，光谱测试在晴天 $10:00\sim14:00$ 进行，太阳高度角在 $45°$ 左右。测量时让样品观测面保持水平，光谱仪镜头与观测面基本垂直。将采样积分时间设置为 3s，每个样品重复测试两次，取其反射率平均值，赤铁矿和磁铁矿光谱特征见图 7.13 和图 7.14。

B　品位识别模型

在光谱测试基础上，将对样品的光谱特征进行分析，其次进行矿石类型识别模型的建立。铁矿石类型识别模型建立方法分别为基于铁矿石以及围岩的可见光近红外光谱图像特征建模的斜率法以及基于光谱数据数学分布特征建模的 BP 神经网络法以及随机森林法。

利用上述方法综合分析露天矿典型围岩及磁铁矿、赤铁矿样本特性与其可见光近红外光谱的内在规律，在对露天矿典型围岩及磁、赤铁矿可见光近红外光谱测试数据预处理操作的基础上，分析露天矿典型围岩及磁、赤铁矿块体的可见光

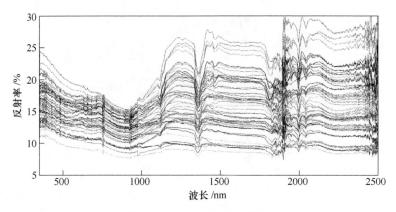

图 7.13　赤铁矿的光谱特征

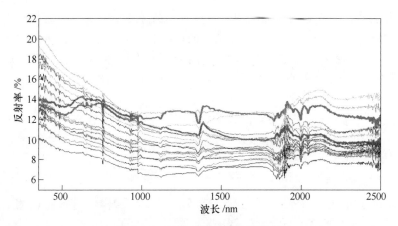

图 7.14　磁铁矿的光谱曲线特征

近红外光谱特性，揭示露天矿典型围岩及磁、赤铁矿特性与其可见光近红外光谱特征的内在规律。以露天矿磁、赤铁矿样本的化学分析数据及其可见光近红外光谱测试数据为数据源，以神经网络算法为建模方法，科学建立铁矿石、围岩与其类别的矿体识别模型。

C　采场矿体精准区划

通过对岩石或矿石的识别，进行矿石品位反演，进而进行露天采场矿体、围岩边界的圈定与不同品级区划。将模型的反演结果标注于三维模型上，实现三维可视化（见图 7.15）。

7.5.1.4　数字爆破优化技术

露天矿山数字爆破系统是数字矿山的重要组成部分，是在实现爆破科学管理和精细管理的基础上又一次新的提升。十多年来，根据这一概念，在行业协会的

图 7.15 露天采场精准区划三维可视化表达

支持下开展的中爆专网建设取得了积极进展。同时，随着信息技术的高速发展，汪旭光院士等提出了"智能爆破"概念，并逐步被爆破技术人员及管理人员所接受，这又是一次革命性的提升，是继精细爆破和数字爆破的基础上继承和升华。"智能爆破"发展的目标是使爆破行业数字化、网络化、可视化、精细化和智能化，实现爆破行业的高效、安全和绿色，最终推动爆破行业向科学发展的战略目标迈进。

A 露天矿爆破参数智能设计及大块率智能预测

基于矿山地质报告及现场跟踪测量的数据等资料，根据设计位置的实际情况进行地质条件的读取，以机器学习中神经网络为手段，结合贪心算法与 ELM 神经网络模型，建立以露天爆破大块率为目标的爆破参数动态优化设计模型，以贪心迭代的方式，确定最优化的输入权值、偏置等模型参数，在此模型的基础上，以特定步长进行露天爆破孔距、排距及底盘抵抗线的贪心寻优，通过寻找最佳爆破大块率的方式，确定所采用的露天矿台阶爆破设计参数，结合现场施工条件等因素，给出可行性方案。系统界面见图 7.16 和图 7.17。

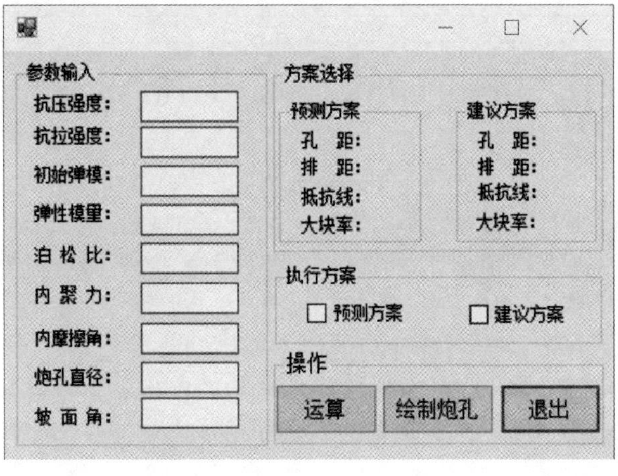

图 7.16 爆破参数智能设计及大块率智能预测界面

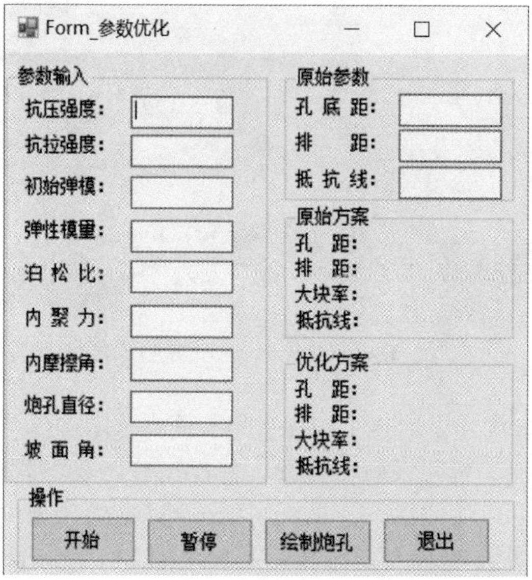

图 7.17　爆破参数智能优化及大块率智能预测界面

B　爆破专家系统

该系统具有爆破设计智能预测功能，基于产生式规则，通过自动/人工输入功能可完成对某一爆破设计进行专家评价与预测等。

仿真结果如图 7.18~图 7.20 所示。

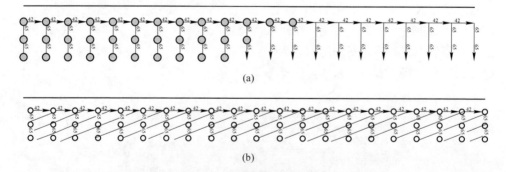

图 7.18　爆破模拟专家系统

（a）爆破模拟（起爆顺序，◉为已经传到，孔内未起爆，○为已起爆的孔）；（b）等时线平面图

C　露天矿爆破大块率智能统计

该部分具有爆堆大块率的统计功能。本模块功能实现将基于深度学习理论，建立适用于露天矿爆堆大块率统计的 RPNs+Fast R-CNN 式模型，通过对爆堆的定点拍照来获取标准照片，通过照片在爆破大块率智能统计模型中的运行，对露

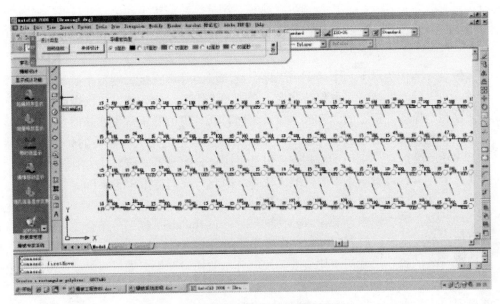

图 7.19 露天爆破设计爆堆移动显示

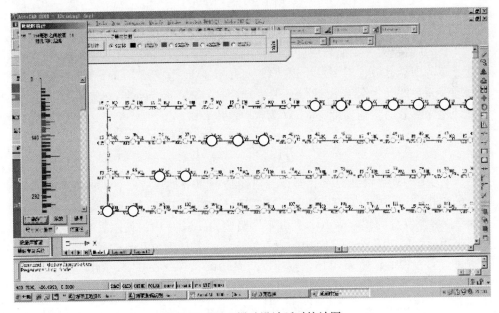

图 7.20 露天爆破设计延时统计图

天矿山爆堆照片中的大块矿岩进行识别，并给出大块尺寸范围及深度学习识别的置信度值，统计其中不同块度级别下矿岩的数量。并通过对爆堆大块进行大量统计的方式，求得不同块度级别下大块的平均投影面积，以此方式计算出不同块度级别下大块矿岩的总面积，通过巴隆的面积法来实现爆堆大块率的计算。

7.5.1.5　露天台阶硬岩爆破质量评价与优化

爆破环节作为承上启下的关键工序，其质量的好坏直接影响着采矿场的生产效益。对于硬岩区域，采取保持适度、合理的大块率，然后辅以二次爆破的方式能使穿孔、爆破、铲装的综合成本最低，同时满足矿山的正常生产。但是，随着安全生产监管部门对爆破安全的不断重视，强制禁止使用大块爆破的处理方式，于是大块的处理只能采用机械破碎；但是采矿场装配设备的破碎能力有限，而破碎块度的优劣直接影响正常的供配矿效率。因此，我们将采用 Kuz-Ram 数学模型对硬岩区域的爆破质量进行评价和优化分析。

Kuz-Ram 数学模型是 Kuznetsov 模型和 Rosin-Rammler 模型的结合，前者研究的是爆破平均块度，后者研究的是爆破块度的分布特征。Kuz-Ram 模型是用筛下累计为 50% 的筛孔尺寸为平均块度和块度分布的均匀性指标来预测爆破块度。由于 Kuz-Ram 数学模型与岩石性质、炸药性能以及爆破参数密切相关，所以在国内外得到广泛的应用。其主要的数学表达式有：

$$\beta = \left(2.2 - \frac{14W}{d}\right)\left(1 - \frac{\Delta W}{W}\right)\left(1 + \frac{m-1}{2}\right)\frac{L}{H} \tag{7.1}$$

式中，β 为均匀度指标，它是决定块度分布曲线形状的指数，取值区间一般为 0.8~2.2，β 值越大，则矿岩块度分布范围就越窄，块度越均匀，反之 β 值越小，块度分布范围越分散；W 为最小抵抗线，m；d 为炮孔直径，mm；ΔW 为钻孔精度标准误差，即孔底偏离设计位置的平均距离，m；m 为炮孔密集系数，m；L 为不计超深部分的装药高度，m；H 为台阶高度，m。

$$\overline{X} = K\left(\frac{V_0}{Q}\right)^{0.8}Q^{0.167}\left(\frac{115}{E}\right)^{0.633} \tag{7.2}$$

式中，$\overline{X}$ 为平均破碎块度，cm；其详细描述是有 50% 通过筛子，50% 留在筛上时对应的筛孔尺寸；K 为岩石系数，经过现场试验可以得到，一般取法是：中等岩石为 7，裂隙发育的硬岩为 10，裂缝不太明显的硬岩为 13，具体取值可参考相应的爆破手册；V_0 为每个炮孔负担的岩石体积，m³；Q 为单孔装药量，kg；E 为炸药重量威力，TNT 炸药 $E = 115$，铵油炸药 $E = 100$，乳化炸药 $E = 100 \sim 105$。

$$R = \exp\left[-\left(\frac{x}{x_e}\right)^{\beta}\right] \tag{7.3}$$

式中，R 为筛上物料的比率，即大块率；x 为筛孔尺寸，表示筛上最小直径或筛下最大直径，cm；x_e 为特征块度，cm；β 为均匀度指标。根据有关定义，当 $x = \overline{X}$ 时，$R = 0.5$，则结合式（7.2）和式（7.3）可知，特征块度 x_e 和平均破碎块度 $\overline{X}$ 存在如下关系：

$$x_e = \frac{\overline{X}}{0.693^{\frac{1}{\beta}}} \tag{7.4}$$

7.5.1.6 不耦合装药预裂爆破技术

我国露天矿的开采，普遍在工作台阶底部采用浅孔药壶爆破法或中深孔爆破法，巨大的冲击波能量会破坏边坡岩体的稳定性。可以对不耦合装药预裂爆破破岩机理进行分析，为复杂地质条件下装药结构的优化和爆炸能量的控制提供更可靠的理论依据。

A 不耦合装药结构技术

目前我国露天矿中深孔台阶的爆破装药方式一般采用连续密实型。该装药结构炸药用量大、大块率高、炮孔需用填塞长度大。炸药与炮孔壁直接接触，导致炮孔周围的岩石粉碎严重，形成较大的压缩空腔，降低了炸药的有效利用率且造成大量粉石。不耦合装药结构可以避免因装药密实造成的利用率低的问题，用较少的炸药即可得到较好的爆破效果。

炮孔内间隙是影响爆破效果的关键因素。国内常用的不耦合装药方法有径向不耦合装药、轴向不耦合装药、孔底间隔三种。不耦合装药技术是利用空气、水或其他介质将炸药与炮孔壁间隔开，从而降低爆炸能量波作用于炮孔壁的初始压力，延长爆炸载荷对岩体的有效作用时间，尽量减少或者消除爆破过程中破碎区的范围，提高爆破质量。

B 爆炸载荷作用下岩石的破坏机理

岩石的破坏准则取决于其材料性质和受力状况。岩石具有弹性、塑脆性，抗拉强度远低于抗压强度。爆破过程中，岩石受三向应力的共同作用。岩石粉碎区的产生是由于压应力所致，裂隙区的产生是由于岩石受拉力所致。据研究，岩石内部任一点的应力强度为：

$$\sigma_i = \frac{1}{\sqrt{2}}\sigma_r \left[(1+b)^2 - 2\mu_d (1-b)^2 (1-\mu_d) + (1+b^2) \right]^{\frac{1}{2}} \tag{7.5}$$

由 Mises 准则可得，当 σ_i 满足下式条件时，岩石发生破坏。

$$\sigma_i \geqslant \sigma_0 \tag{7.6}$$

$$\sigma_0 = \begin{cases} \sigma_{cd}(\text{粉碎区}) \\ \sigma_{td}(\text{裂隙区}) \end{cases}$$

式中 σ_r ——岩石中径向应力；

     b ——侧压系数；

     μ_d ——岩石动态泊松比；

     σ_0 ——岩石在单轴应力条件下的破坏强度；

σ_{cd}——岩石单轴动态抗压强度；

σ_{td}——岩石单轴动态抗压强度。

无限岩体介质中，采用连续密实装药结构，炸药在介质中爆炸后在形成以炸药为几何中心的由近及远的粉碎区、裂隙区及振动区。爆炸能量传播过程中不断对周围介质做功，从爆炸冲击波衰减为应力波，进一步衰减为地震波，并最终被岩石介质全部吸收，如图 7.21 所示。

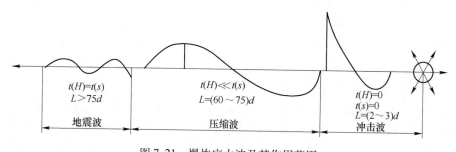

图 7.21　爆炸应力波及其作用范围

d—药包直径；$t(H)$—岩石介质状态变化时间；$t(s)$—介质状态恢复至静止状态时间

在岩石等固体介质中，炸药爆炸产生的瞬间气体压力可达 $10^4 \sim 10^5 MPa$ 的量级，同时还产生爆炸冲击波。在高压气体和冲击波能量流的作用下岩石内部质点发生位移并扩张成压缩空腔。冲击波在岩体中传播至炸药直径 $2 \sim 3$ 倍距离时，衰减为低于岩石动态抗压强度的应力波，岩石不再粉碎。粉碎区外围的岩石在应力波作用下产生径向位移，导致径向扩张和切向拉伸应变。由于岩石具有抗压不抗拉的力学性质，所以在切向拉应力大于岩石动抗拉强度时产生径向裂隙，称为裂隙区。应力波造成裂隙的最初形成，随后高温高压气体的"气楔"的作用使裂隙区范围进一步扩大。裂隙区直径一般可达炸药直径的 $60 \sim 75$ 倍。在裂隙区以外的岩体中，应力波逐渐衰减为不能使岩石结构产生破坏的地震波，地震波只能引起岩石质点产生弹性振动，随着振动区域的不断延展爆炸能量最后被岩石等介质全部吸收。

C　不耦合装药的破岩理论

不耦合装药预裂爆破技术，可以增大裂隙区裂纹的长度，得到最佳的爆破效果。当不耦合装药以空气作为间隔介质时，炸药爆炸产生的高温高压气体迅速对外膨胀做功，首先对炸药与孔壁之间的空气瞬间压缩，在空气中形成一个很强的冲击波。由于岩石的波阻抗远大于空气波阻抗，空气冲击波到达孔壁后在周围岩石中产生一个投射波，同时在孔壁上产生反射。如果岩石的动态抗压极限强度小于投射波的压力时会在炮孔周围岩石中形成粉碎区。由于炸药与炮孔间空气介质层对爆炸能量波的"储能"作用，转移了部分用来充分粉碎岩石的爆炸冲击波能量。所以，与连续密实装药结构相比不耦合装药结构使粉碎区的厚度较小，且随着不耦合系数的增大，粉碎区厚度减小。高温高压空气层的压力值在反射冲击波的作用下进一步增大，且随着不耦合系数的增大孔壁受到的正压力、环向拉应力作用的时间会延长，进而导致径向裂纹的长度扩张加大。研究得知，随着不耦合系数的增大，炸药与孔壁间的空气层厚度加大，会缓和炮孔内爆生气体的压力作用，使炮孔中形成总体压力值较低的空气层。根据经验，采用空气介质进行不耦合装药时，一般所确定的不耦合系数远小于10。冲击波到达孔壁的过程中，空气层消耗了爆轰气体的能量，使到达炮孔壁的冲击波初始压力降低，避免粉碎区的扩大。空气层储存的能量在以后的爆生气体静压作用时再释放出来。据研究空气层的"储能"量满足公式：

$$W_0 = \frac{7.13 \times 10^5 \pi W_{\mathrm{S}} Q_{\mathrm{WS}}}{Q_{\mathrm{WT}}} \left(\frac{1}{r_1} - \frac{r_1^2}{r_{\mathrm{b}}^3} \right) \tag{7.7}$$

式中　　W_{S}——炸药实际爆炸量，kg；

　　　　Q_{WS}——实际炸药的必能，MJ/kg；

　　　　r_1——药包半径；

　　　　r_{b}——炮孔半径；

　　　　Q_{WT}——TNT 的必能约为 4.1818MJ/kg。

由式 (7.7) 可知，空气层储能量随着不耦合系数的增大而增大，爆生产物静压能量也随之增大。当空气层吸收过多的爆炸能量时，虽然减小粉碎区范围，但是会影响裂隙区裂纹的形成和发展，就会使爆破效果恶化。因此，选择合理的不耦合系数，使爆炸冲击波与爆生气体两者的能量得到有效发挥，可增大裂隙区裂纹长度，使预裂爆破效果达到最佳状态。

不耦合装药结构中的空气介质，在爆破过程中将爆炸冲击波的一部分能量暂时"储存"起来，降低对炮孔周围岩石的粉碎程度，而后再"释放"出来扩展裂隙区的裂纹长度。间隔层介质通过"储存"再"释放"能量，使炸药爆炸后的能量分布均匀化。在露天矿预裂爆破中选取合理的不耦合系数，能够保证合理的半孔率，最大程度上减小爆炸波能量对预裂缝两侧岩体的稳定性破坏作用。

7.5.1.7　混合装药技术

对水孔装药爆破，一般使用成品乳化炸药或混装乳化炸药连续装药的方法。这使在装成品乳化炸药时有卡孔、堵孔、炮孔利用率低，延米装药量变化幅度大，进而屡屡出现爆破质量等问题；而在装混装乳化炸药时，因装药结构为耦合装药，经常出现延米装药量大，堵塞长度过长，炸药单耗偏高等问题。

A　混合装药爆破理论分析

混合装药结构如图 7.22 所示。

混合装药机理认为：炮孔底部采用耦合装药、装密度高、威力大的炸药，来克服炮孔底部矿岩较大的夹制作用。由于上部自由面的存在，炮孔上部装低密度、低威力炸药或不耦合装药，来提高炸药重心，使炸药直接作用上部矿岩，减少上部大块率，增加上部矿岩的松散度，为下部矿岩提供更大的膨胀空间，来减小下部夹制作用，增大下部矿岩的松散度，减小后冲。

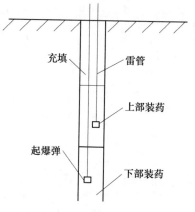

图 7.22　混合装药结构

B　积水孔爆破后台阶顶部产生大块、局部硬墙、根底的原因分析

a　爆破后台阶顶部产生大块的原因

爆破后台阶顶部产生大块的原因为：采用混装乳化炸药装药结构为耦合装药且其密度相对较大，导致装药集中度过大、装药重心过低、堵塞长度过大，炸药对台阶上部作用不足，导致台阶顶部产生大块（图 7.23）。

b　爆破后台阶局部产生硬墙的原因

爆破后台阶局部产生硬墙的原因为：采用成品乳化炸药装药造成卡孔，由于孔深限制个别炮孔无法处理，导致孔内局部断药，使台阶下部装药不均匀，爆破后台阶局部产生硬墙（图 7.24）。

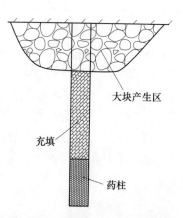

图 7.23　顶部产生大块示意图

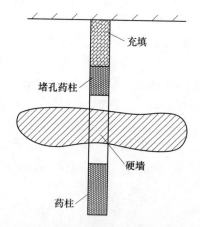

图 7.24　台阶局部产生硬墙示意图

c　爆破后台阶产生根底的原因

爆破后台阶产生根底原因为：采用成品乳化炸药装药卡孔，炸药没装到底，爆破后产生根底（图 7.25）。

采用成品乳化炸药在孔径约是药径 1.6 倍的水孔装药时为不耦合装药，爆破后炸药的能量无法克服炮孔底部较大的夹制作用而产生根底（图 7.26）。

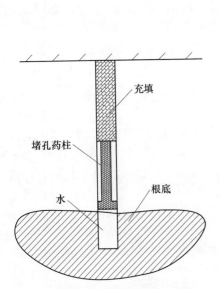

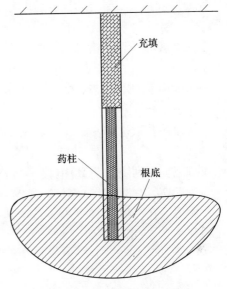

图 7.25 炸药没有装到底产生根底示意图　　图 7.26 孔底不耦合装药产生根底示意图

经分析，采用混合装药爆破技术，合理利用不同种类炸药的优越性，使炸药能量在岩石内部合理分配，是解决上述问题的主要途径。

7.5.1.8 逐孔爆破技术

爆破是露天矿山生产中非常重要的一个环节，爆破质量的好坏直接关系到矿山的多项技术经济指标。对于周边环境复杂的露天矿山，爆破作业不仅是安全生产的关键环节，甚至还影响到工农关系和社会稳定。传统露天矿爆破技术产生的爆破振动较大，在不改变孔网参数和爆破器材的情况下，采用逐孔爆破技术能够降低爆破振动危害。

爆破产生的瞬间振动速度理论值计算见式（7.8）。

$$V = K(Q^{1/3}/R)^a \tag{7.8}$$

式中　V——建筑物产生的振动速度；

　　　K——岩石硬度系数；

　　　Q——单段最大装药量；

　　　R——爆破地震波的影响距离；

　　　a——衰减系数。

采用逐孔爆破技术不仅可以解决爆破振动对周边村庄的影响，同时可以解决爆破振动对民居的影响，有效促进工农关系的改善。

目前矿山里使用较多的是 MS 系列导爆管，MS1 段导爆管延期时间为 0，MS2-10 段导爆管具有延期功能，段别越高，延期时间越长。由于 MS1 段导爆管不具备延期功能，在主起爆网络中除在第一排第一个孔使用外，不用在其他位置。

逐孔爆破的原理是错开每个炮孔的起爆时间，施工的重点是导爆管段别的分布。

一次爆破孔数低于 10 个时，将 MS1-10 段导爆管按起爆顺序分布（见图7.27 第一排）。

一次爆破孔数达 11~19 个时，第 11~19 孔分别采用 MS2-10 段导爆管，先把第 11~19 孔并联成一束，用 MS10 段导爆管作为起爆雷管，再将其与前 10 个孔并联成一束。即利用一个 MS10 段导爆管将第 11~19 孔与前 10 个孔进行串联过渡（见图 7.27 第二排 MS2 至第三排 MS10）。

一次爆破孔数超过 19 个时，按上述串联方法依次类推即可完成起爆网络的连接（见图 7.27 第三排 MS2-6）。

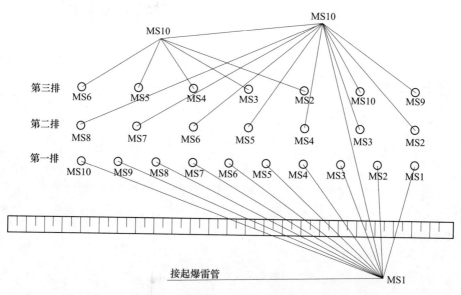

图 7.27　导爆管雷管分布及联线示意图

实践表明，露天矿采用普通导爆管毫秒雷管，只要后爆孔比先爆孔延期时间长，就可达到同样的爆破效果。为确保不产生盲炮，需采用复式起爆网络。

7.5.1.9　逐孔起爆技术优化

逐孔爆破技术即实现单孔毫秒延时起爆的一种新型爆破技术。它以高强度、高精度起爆器材为依托，利用导爆管毫秒雷管作为起爆和传爆元件连接起爆网络。随着科技的进步，爆破向着更精细的方向发展，逐孔起爆技术因此逐渐应用到各个矿山。

A Shotplus 网络设计软件介绍

爆破网络设计软件是针对高精度导爆管雷管及其相关的爆破理论而开发的一个软件。该软件能够实现界面操作，界面和常用软件界面相似，它不仅能精确的确定网络的起爆延时，还能针对台阶爆破的各个要素进行优化设计，使网络设计走向智能化。逐孔起爆技术的应用必须以高精度起爆器材为保障，在时间搭配上必须精确推算。因此在爆破设计时，起爆顺序必须严格检查。作为一种辅助工具，该软件能有效的解决设计时时间搭配的选择问题。

B 起爆网络设计原则

为了确保网络能够安全的起爆、可靠地传爆。起爆网络的设计与优化时，应遵循逐孔起爆的基本原则，避免网络差错影响爆破效果。

（1）走时线起爆原则。逐孔起爆时，爆破作业面排和列同时推进并成一定角度。位于同一角度上的爆破质点所组成的曲线为起爆走时线。起爆走时线均匀且互相平行时，有利于改善爆破效果。如图 7.28 所示，图中斜向直线即为爆破走时线。

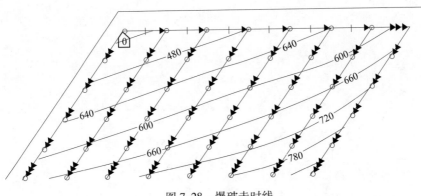

图 7.28 爆破走时线

（2）点燃阵面原则。点燃阵面是指起爆网络正常引爆，爆轰波依次沿地表网络传播时，由正在爆轰的炸药及正在燃烧的孔内雷管延期体所形成的空间几何平面。网络引爆后，爆区内的所有炮孔的雷管延期体均已被点燃而尚未爆轰，这时点燃阵面内所有雷管构成的空间几何平面就称为完全点燃阵面，如图 7.29 所示。网络设计时，为避免雷管拒爆或降低雷管拒爆几率，保护网络安全起爆，点燃阵面原则需首要考虑。

（3）三角形布孔原则。逐孔起爆爆破参数的合理性取决于炮孔布置形式及起爆顺序。合理的起爆顺序将为后爆炮孔起爆创造最佳自由面形状。采用三角形布孔能够使得爆破指数均匀；最小抵抗线均匀；有效改善爆破效果。

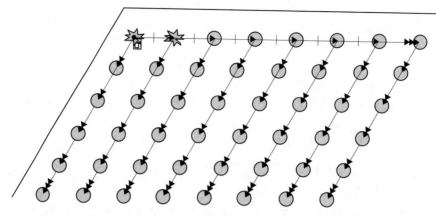

图 7.29　爆破点燃阵面

（4）夹角大于 90° 原则。在网络设计时，要保证每个炮孔向相邻炮孔传爆方向夹角大于或等于 90°，确保网络的稳定传爆。

（5）增减排原则。增减排原则要保证每一炮孔起爆时刻的唯一性，并且遵循"最小抵抗线"定理下的有序性。所以，当起爆网络中雁行列炮孔数目不一致时，需单独成列与前列相应炮孔连接，并保持连线与控制排平行连接，如图 7.30 所示。

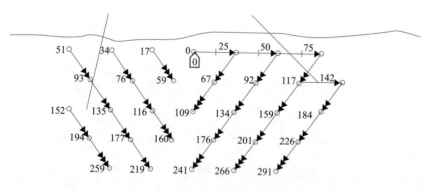

图 7.30　起爆网络的增、减排连接

（6）最后排时间延长原则。延长最后排时间能为后爆炮孔提供充分的自由空间。有效降低台阶爆破振动强度，避免工作面超欠挖，形成规整坡面，如图 7.31 所示。

（7）虚拟孔原则。现场实际布孔时，由于地质地形的变化，可能与理想情况下布孔存在较大误差。孔位缺失将导致网络延期时间混乱，在缺失部位补充虚拟孔，使混乱的网络变得简单化，易于进行网络校核，并使得网络延时均匀，有效改善爆破效果。虚拟孔布置如图 7.32 所示。

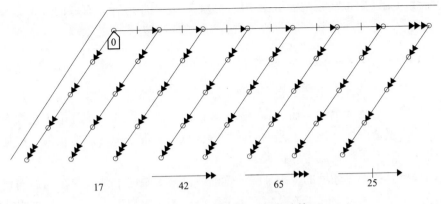

图 7.31 最后排时间延长的连接

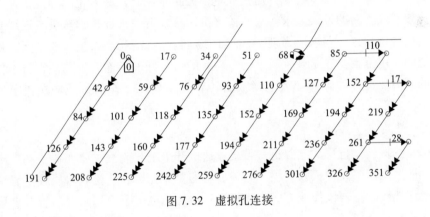

图 7.32 虚拟孔连接

C 起爆网络的优化设计

逐孔起爆延时可分为孔间延时和排间延时。孔间延时决定爆堆破碎块度。对于硬岩，岩体动态反映时间很短，孔间延时须缩短；对于孔隙多塑性大的软岩，孔间延时须加大。如果孔间延时太短，裂隙将首先在炮孔间产生，岩体被推向较远的位置。排间延时决定爆堆抛掷距离，为取得最佳抛掷效果，排与排之间的延期时间必须足够长。

在逐孔起爆网络参数优化过程中：首先根据经验公式和理论，计算出一组合适的延期时间范围，然后根据岩性、节理及裂隙情况进一步缩小延期时间段的范围；最后通过现场试验，研究、总结、归纳得到一套与生产实践相适应的延期数据。为了有效控制同段别一次起爆药量，降低爆破振动，延期时间的精确程度是首要考虑问题。

选择起爆网络形式时，一般主要考虑点燃阵面原则和最后排时间延长原则。这样既能确保起爆网络的可靠性又能降低后排爆破对原岩的损失程度。其次以起爆走时线原则及虚拟孔原则为依据，使起爆按一定顺序进行，有效的改善爆破效果。选用空间延时、排间延时、雷管进行搭配的布置方式。

7.5.1.10　自移式破碎机半连续开采工艺优化

露天矿半连续开采工艺是指在中硬矿岩开采与剥离时，采装以及部分运输环节为间断式，后续环节如运输、排弃为连续的组合工艺形式。该开采工艺拥有间断工艺的广泛适应性和连续工艺的高效性等优点，实现了中硬矿岩条件下的物料连续运输，降低了运输成本，扩大了生产规模。

随着世界各国对环境的保护加强，燃油的价格大幅度上涨，卡车的运输费用不断增加，露天矿汽车式半连续生产工艺生产成本也大幅度提升。如何加强环境的保护，减少废气的排放，减少运营成本，提高净现值，最大化的提高企业、国民经济效益成为新的发展要求。单斗挖掘机自移式破碎机带式输送机半连续开采工艺的出现将使这一要求成为现实。该工艺运输能量消耗小、生产成本低，扩大了系统的应用范围。它是一种新型的、高效的露天开采半连续工艺，它将工作面开采的剥离物直接破碎并卸载到（或由转载机转载）工作面带式输送机上运输到指定位置。

A　开采工艺流程

单斗挖掘机—自移式破碎机—带式输送机开采工艺流程主要作业于剥离或者采煤，能适用于坚硬及松软岩层。坚硬岩层需要穿孔爆破，松软岩层或土层一般不需要穿孔爆破。若该作业方式中物料块度不大，也可不采用筛分装置，直接装至带式输送机输送系统。自移式破碎机半连续工艺系统的主要设备如图 7.33 所示。

图 7.33　自移式破碎机半连续开采工艺系统主要设备

1—单斗挖掘机；2—自移式破碎机；3—工作面、端帮、排土场胶带；4—排土机

B　Simio 软件模拟

Simio 是一种拥有新型理念的模拟软件，是仿真领域学术代表人物 Dennis Pegden 博士及其带领的团队于 2004 年创造的，在 2007 年推广应用。一般的模拟工具通常应用瀑布式开发程序，经过一定的时间会导致系统内新老代码的混乱，难以进行大幅度的提高，最终致使软件无法使用敏捷开发模式。Simio 不需要模拟者编写代码，摒弃陈旧代码结构在微软 .NET4.0 构架的基础上开发，利用新的

敏捷开发流程及时反馈应用者的需要，3~4周宣布一次新功能，是与Microsoft技术同步前进的仿真工具。该软件具有独特的多方法论模拟功能能服务于一些智能对象的大规模系统以及连续事件和离散事件的模拟研究，无需学习专业编程语言，广泛适用普通研究人员，能够快速灵活的建模。该软件已广泛应用到军事配备、流水线生产与设计大型交通系统、商业排队系统等复杂流程的离散和连续领域。Simio软件界面如图7.34所示。

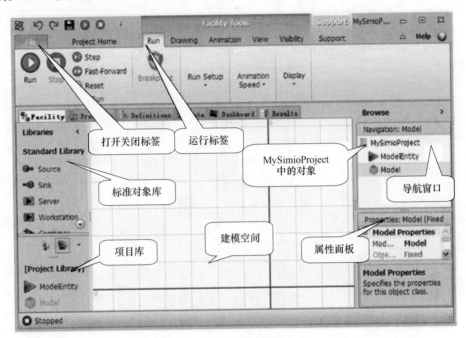

图7.34 Simio软件界面

C 挖掘机不同旋转角度的优化模型

在露天矿台阶开采作业中挖掘机一般都正对生产台阶作业，台阶的宽度不同，挖掘机的旋转角度就不同，如图7.35所示，此部分将对挖掘机旋转角度不同而用的时间作为主要的状态变量进行整个系统挖掘一个进深的模拟建立模型。

挖掘机挖掘到倾倒物料于破碎机受料仓内属于半连续工艺的前半部分，由于只建立挖掘机作业一个进深的模型，所以作业过程可分为四个环节：（1）挖掘机挖掘环节；（2）挖掘机向破碎机旋转并对接环节；（3）倾倒物料环节；（4）挖掘机回旋环节。

因此挖掘机挖掘一个循环的时间为：

$$T_x = t_w + t_x + t_q \tag{7.9}$$

式中 T_x——挖掘机挖掘一个循环的时间，h；

t_w——挖掘一产斗的时间，h；

t_x——挖掘机一个循环旋转的时间，h；

t_q——倾倒一产斗的时间，h。

挖掘机挖掘和倾倒一产斗的时间基本相同，旋转循环时间因角度变大而增多，挖掘机不同旋转角度模型图如图 7.36 所示。

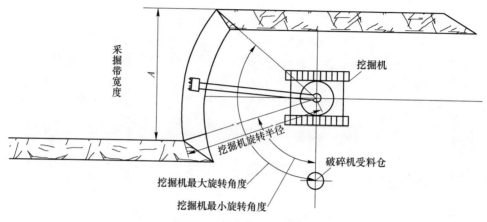

图 7.35　挖掘机旋转角度图

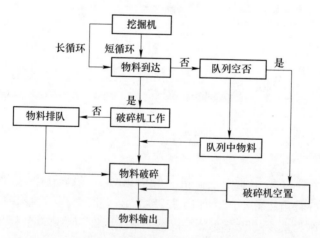

图 7.36　挖掘机不同旋转角度模型图

D　采掘方法的优化模型

露天矿工作面采掘方法有两类，分别是单幅采宽移动法和半幅采宽移动法。两种方法的不同之处在于单幅开采时，挖掘机在完全挖完整个采宽后，前进一个进深，破碎机移动一次，挖掘机平均旋转角度较大，而半幅开采时，挖掘机先挖完靠近破碎机一侧的半幅矿产，然后破碎机旋转配合挖掘机采掘另半幅矿产，这样挖掘机和破碎机始终处于较小的距离，挖掘机平均旋转角度较小，其中系统主要的变量有挖掘机的旋转角度不同而产生的时间差别和挖掘机、破碎机移动时间，单幅采宽时旋转角度较大，消耗时间就长，但是破碎机移动次数比半幅采宽时少，用的时间就少，所以必须综合考虑两个变量对两种方法模拟，以得出较高的作业效率方式，模拟流程如图 7.37 所示。

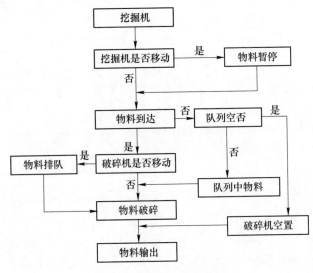

图 7.37 采掘方法模型图

$$T_h = t_{zx} + t_y \tag{7.10}$$

式中　T_h——系统消耗的时间，h；

　　　t_{zx}——挖掘总循环时间，h；

　　　t_y——挖掘机和破碎机移动时间，h。

　　E　采掘带宽度的优化模型

在露天矿采掘作业中采掘带宽度的设定非常重要，如果设定宽度太小有可能不能充分利用机械的能力，宽度设定太大同样机械的能力也不能充分发挥，在自移式破碎机半连续工艺中，破碎机虽然能自己移动，但是体型庞大，移动没有汽车灵活，移动对接时间较长，因此在实际生产中，采掘作业一般采用单幅采掘法即挖掘机正对采掘带作业，采掘一个进深，破碎机移动一次，作业中尽量减少破碎机的移动次数，在模拟时选用不同的采掘带宽度进行比较分析，尽量减少系统作业循环的消耗时间，得出较优的采掘带宽度。系统的消耗时间见式（7.10），模拟流程如图 7.38 所示。

　　F　带式输送机不同移设步距的优化模型

露天矿单一台阶作业中，布置方式一般有一采一移、两采一移、三采一移和

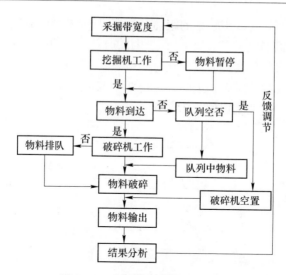

图 7.38　采掘带宽度模拟模型图

四采一移，带式输送机挪移一次所用的时间较长，带式输送机移动时整个系统停止作业，造成产量降低，所以在作业方便时，尽量减少带式输送机的移置次数。当系统中有一台以上转载机时，设备对接所用时间延长，作业复杂，同样不利于高产，所以一般只研究四采一移以内的布置方式。带式输送机挪移的模拟主要由采掘作业、采掘带完成、带式输送机移置、带式输送机移置完成继续作业四大环节构成，其模拟流程如图 7.39 所示。

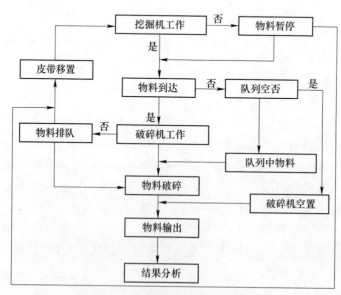

图 7.39　带式输送机移设模拟模型图

7.5.2 案例分析——爆破工艺参数的精细化设计及绩效分析

某铁矿是设计年采剥总量为 5100 万吨特大型铁矿山。随着采矿规模的不断扩大，采掘深度的下降，地质条件的变化，原有的爆破参数已不适应爆破生产要求，致使大块及根底时有发生。同国内矿山相比，该铁矿的爆破技术指标处于较低水平。

7.5.2.1 钻机精确定位

该铁矿在布孔这个环节上还相对薄弱，主要表现就是孔距、排距变化较大。这两个参数在某种程度上决定了爆破效果。造成实际孔距及排距误差偏大的原因主要有两个：一是有时爆区不规整，即使用皮尺测量，也难将孔位严格按设计的数据摆好；二是钻机实际打的位置与现场确定的炮孔位置也有偏差。这两种偏差的累计，就造成了实际孔位的误差较大。因此，在钻孔开始之前对炮孔进行准确定位，是优化爆破参数、提高爆破质量的最基本、最重要的一环。

利用 GPS 钻机定位系统对该露天矿牙轮钻机进行定位，实现了以下三个功能：

（1）孔位下传及钻机引导功能。技术员根据爆区信息、孔网参数、孔深等约束信息，设计出孔位数据列表，通过无线通讯系统，下发给钻机终端，钻机司机根据终端显示的孔位信息及系统的定位、导航功能，完成精确对孔。当钻机钻完一个孔位后，系统将自动选择下一个钻孔或由司机选择作业钻孔。终端根据钻孔信息和钻机定位信息提示钻机向哪个方向移动多远的距离。当系统检测到钻机已精确到达钻孔位置，将对钻机司机语音提示"已到达钻孔位置，可以钻孔"。钻机终端操作界面如图 7.40 所示。

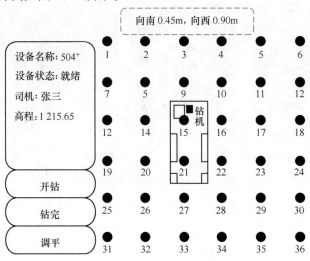

图 7.40　钻机终端界面

（2）高程计算。根据下发给钻机的孔位数据，在钻机打孔的过程中进行高程监测，并提示司机。系统可以设定孔底平面的高程，同时可以测量和计算孔顶的高程，可以动态计算实际需要的孔深，这个功能可以确保工作台阶的平整。孔位详细信息如图 7.41 所示。

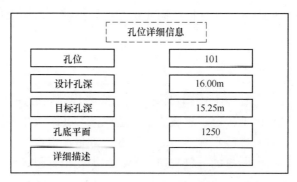

图 7.41　孔位详细信息

（3）深度采集。根据下发给钻机上的孔位数据，在钻机打孔的过程中进行深度监测，并提示司机。在钻孔过程中，系统将检测到的钻孔数据展现给司机，这样司机就可以很直观的看到当前钻孔深度，减少孔深误差。当钻孔深度达到任务要求时，系统将提示司机"钻孔深度已达到计划要求，是否停止钻孔"。现场牙轮钻机工作情况如图 7.42 所示。

图 7.42　安装了 GPS 定位系统的牙轮钻机

将基于 GPS 的钻机定位系统应用于该露天矿的钻机作业中，实现了水平定位精度小于 2cm，垂直定位精度小于 5cm。考虑司机的操作误差，钻机的水平定位精度小于 20cm，垂直定位精度小于 50cm。系统的应用将免去人工测量炮孔布局、检测炮孔参数和重复钻孔等工作，实现布孔、钻机穿孔的实时性监控，在降低成本的同时，也提高了孔位精度和工作效率。现场潜孔钻机工作情况如图 7.43 所示。

图 7.43　安装了 GPS 定位系统的潜孔钻机

7.5.2.2　矿山数字爆破参数优化

A　爆破参数优化方案设计

（1）矿岩可爆破性分级。该矿山矿岩种类繁多，为优化爆破参数，简化爆破管理，有必要对矿岩的可爆性进行分级。在已测岩石力学指标的基础上，对 9 种矿石及岩石进行了可爆性分级。考虑地质条件对爆破效果的影响时，发现在实际爆破时千枚岩和斜长角闪岩的可爆性可定为一个级别，极贫矿有片状及块状两种，其中片状极贫矿在爆破时容易产生大块，因此可将片状极贫矿与透闪矿归为一级，矿岩分类等级如图 7.44 所示。

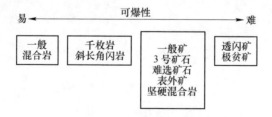

图 7.44　矿岩的可爆破性分级

（2）爆破参数优化流程。矿山生产爆破有两种台阶，即 -30m 水平以下为 15m 段高，-30m 水平以上为 12m 段高。爆破参数优化需要确定的主要参数有孔距、排距、超深、装药长度、孔间时间间隔、排间时间间隔等。

（3）爆破效果定量评价体系。对现有爆破的定量评估是爆破参数优化最基本的一步，只有采集大量的爆破数据，才能为进一步实施优化奠定基础。为此，项目实施期间，对矿山现有爆破进行了跟踪，共跟踪 20 个爆区。在进行爆破跟踪时，对每个爆区进行了详细的数据记录及粒度数码照片拍照，借助数字爆破系统对爆堆粒度分布和大块率进行分析，大块率统计见图 7.45。通过 4 个爆区的 4 类岩石的 1000t 样本的统计，验证了数字爆破系统的可靠度，进而建立起了铁矿山"爆破质量三级货源"定量爆破效果评价体系。在实际爆破中，千枚岩与斜长角闪岩经常共存，无法做到分别爆破，而且从实际爆破效果的观测中，发现在爆破参数一样的条件下，这两种岩石的块度基本一致，因此，千枚岩和斜长角闪岩的可爆性可被看作相当。这与根据岩石力学参数所模拟出的可爆性分类是一致的。

图 7.45　爆破大块率智能统计

（4）矿岩粒度分布曲线。图 7.46 为采场南部赤铁矿、极贫矿和千枚岩粒度分析结果。分析结果表明，爆破区域为纯极贫矿时，即使炸药单耗低至 0.32kg/t，爆破块度也较小，大块不超过 0.7m；如果矿石和岩石同处一个爆区，单耗增至 0.51kg/t 时，也不会有超过 0.9m 的大块，但是在矿岩混合部位和沙、砾、矿岩等的混合体中，即使单耗比较高也会产生大块。

（5）优化建议参数。有了各种典型矿岩的粒度分布曲线，配合矿岩的力学指标，对现有的爆破参数进行优化，得出优化建议参数（表 7.10）。

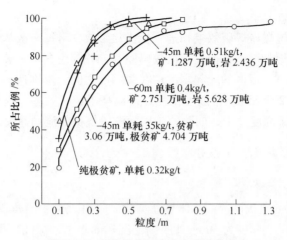

图 7.46　某铁矿的矿岩粒度分布曲线

表 7.10　各种矿岩经计算机模拟后所得到的优化建议参数

岩石类型	炮孔直径 /mm	排距 /m	孔距 /m	超深 /m	装药长度/m		填塞长度/m	
					15m 台阶	12m 台阶	15m 台阶	12m 台阶
斜长角闪岩	250	6.5	7.5	2~2.5	9~9.5	7	8.5~8	7.5
	310	7.5	8.5	2~2.5	9~9.5	7~7.5	8.5~8	7.5~7
透闪矿	250	6.5	7.5	2~2.5	9~9.5	7	8.5~8	7.5
	310	7	8	2~2.5	9~9.5	7~7.5	8.5~8	7.5~7
混合岩	250	6.5	7.5	2~2.5	9~9.5	7	8.5~8	7.5
	310	7.5	8.5	2~2.5	9~9.5	7~7.5	8.5~8	7.5~7
千枚岩	250	6.5	7.5	2~2.5	9~9.5	7	8.5~8	7.5
	310	7.5	8.5	2~2.5	9~9.5	7~7.5	8.5~8	7.5~7
极贫矿	250	6.5	7.5	2~2.5	9~9.5	7	8.5~8	7.5
	310	7	8	2~2.5	9~9.5	7~7.5	8.5~8	7.5~7
3 号矿体	250	6.5	7.5	2~2.5	9~9.5	7	8.5~8	7.5
	310	7.5	8.5	2~2.5	9~9.5	7~7.5	8.5~8	7.5~7
表外矿	250	6.5	7.5	2~2.5	9~9.5	7	8.5~8	7.5
	310	7	8	2~2.5	9~9.5	7~7.5	8.5~8	7.5~7
难选矿	250	6.5	7.5	2~2.5	9~9.5	7	8.5~8	7.5
	310	7.5	8.5	2~2.5	9~9.5	7~7.5	8.5~8	7.5~7
一般矿	250	6.5	7.5	2~2.5	9~9.5	7	8.5~8	7.5
	310	7.5	8.5	2~2.5	9~9.5	7~7.5	8.5~8	7.5~7

B　工业试验分析

为了获得试验爆区爆破效果和进一步优化参数，对每一区从试验设计到爆堆铲装完毕都详细记录爆破数据及拍摄数码照片，并利用数字爆破系统进行粒度分析。爆破以后，每一爆区的隆起高度均在 2~4m 之间，爆堆连续集中，表面和块度均匀，前冲为 20~25m，松散度比较好，提高了铲装效率。挖掘后铲装面倾角为 65°~75°，挖掘高度适中，崩落的矿岩随电铲挖掘的流动性较好。

7.5.2.3　爆破参数优化绩效分析

A　爆破效果分析

（1）爆破质量现状评价：矿体呈豆荚状，倾向 353°，倾角 38.5°，赋存标高为 18~-440m，平均厚度为 40m。目前采至 -70m 水平，穿孔采用 150mm 的潜孔钻机，爆破采用乳化炸药现场混装车，利用 Kuz-Ram 数学模型对 3 号矿体目前的爆破质量进行评价，具体计算如下：

1）计算均匀度指标 β。已知 $W=3.8m$，$d=150mm$，$\Delta W=0.3m$，$m=1.74$，$L=7m$，$H=12m$，则根据式（7.1）计算得 $\beta=1.36$。

2）计算平均破碎块度 $\overline{X}$。已知 $K=9$，$V_0=300.96m^3$，$Q=200kg$，$E=105$，则根据式（7.2）计算得 $\overline{X}=32.14cm$。

3）计算特征块度 x_e。将 $\beta=1.36$，$\overline{X}=32.14cm$ 代入式（7.4），计算得 $x_e=42.06cm$。

4）计算大块率 R。已知 $x=100cm$，将 $\beta=1.36$，$x_e=42.06cm$ 代入式（7.3），计算得 $R=3.89\%$。计算结果表明：在现有爆破参数下，3 号矿体硬岩区域的平均破碎块度 X 为 32.14cm，约为大块标准尺寸的 1/3；在平均炸药单耗能够达到 $q=Q/V_0=0.66kg/m^3$ 的情况下，不超过 100cm 的大块率将控制在 3.89% 以内。

（2）爆破质量优化分析：通过现场跟踪统计可知，为了适应机械破碎的能力，应将矿体硬岩区域的大块率减少一半，即大块率 R 取 1.95%，则可以反推出该区域的合理炸药单耗以及优化后的孔网参数。详细计算过程如下：

1）计算特征块度 x_e。已知 $R=1.95\%$，$x=100cm$，$\beta=1.36$，则根据式（7.3）计算得 $x_e=36.52cm$。

2）计算平均破碎块度 $\overline{X}$。已知 $\beta=1.36$，将 $x_e=36.52cm$ 代入式（7.4）计算得 $\overline{X}=27.89cm$。

3）计算合理炸药单耗 q。已知 $K=9$，$Q=200kg$，$E=105$，则根据式（7.2）计算得合理炸药单耗 $q=0.79kg/m^3$。

4）根据炸药单耗公式和炮孔密集系数公式联合计算，可以得到优化后的孔网参数为：孔距 $a=6m$，排距 $b=3.5m$。

计算结果表明：经过爆破质量优化后，3 号矿体硬岩区域的平均破碎块度 $\overline{X}$ 为 27.89cm，较优化前的平均破碎块度小 13.22%；同时，只要平均炸药单耗能够达到 $0.79kg/m^3$，则不超过 100cm 的大块率将控制在 1.95% 以内，此时的孔网参数应为 $6m\times3.5m$，平均炸药单耗较优化前增加 19.7%。

结合数字爆破技术进行的爆破定量评价体系的建立、爆破参数优化方案的实施和试验的反复调整，使露天矿爆破效果更加理想。通过爆破参数优化，使某铁矿延米爆破量达到了 120t/m，根块率降低到了 1%。该方案实施以来，爆堆形状平整、松散、块度均匀、高度适中，表面几乎没有大块，比较适合电铲挖掘，大大提高了铲装效率。

结合数字爆破技术的爆破定量评价体系的应用，改变了以前对爆破效果描述只有定性而没有定量的局面，使爆破效果的持续提高有了可靠的技术保证。

B 爆破成本分析

仅以 2017 年为例，该矿山由于爆破质量问题造成重复穿碴孔 2.5×10^4m，多耗炸药 712t，多支出成本 276 万元。处理根底、大块消耗 2 号岩石炸药 6615kg，耗成本 3.3 万元，雷管 26788 发，耗成本 13 万元。方案实施后露天矿的爆破效果持续转好，大块率显著降低，铲装效率明显提升，每年可为矿山节省成本约 400 万元，经济效益提升十分明显（见图 7.47）。

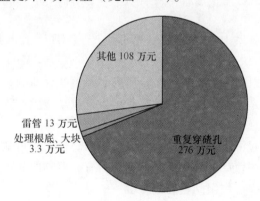

图 7.47 爆破优化后节省成本

7.6 精益生产在矿山现场管理中的应用

7.6.1 精益生产体系

精益生产自身就是一个自治系统，能将精益生产管理方法与所应用企业的管理方法进行融合而形成企业特有的管理体系。具体的讲，精益生产管理思想将生产准时制与生产自动化作为其指导思想的两大支柱，以生产现场 6S 管理方法和生产过程的持续改善作为改进基础，将均衡生产、标准化、快速换模等作为其管理方法，从而形成精益生产体系[177]。图 7.48 为丰田生产方式下的精益管理生产体系示意图。

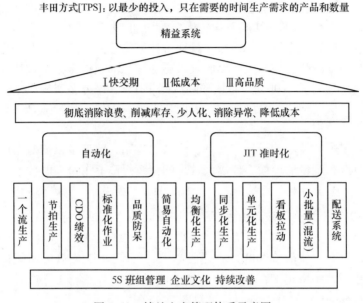

图 7.48　精益生产管理体系示意图

精益生产管理体系中主要有 JIT（准时生产）、GT（成组生产技术）和 TQM（全面质量管理）三大核心思想[179]。

准时生产是指以市场为龙头，在合适的时间生产合适的数量和高质量产品的一种生产方式。它是精益生产的支柱，它需要以拉动式生产为基础，以平准化为条件。

成组生产技术起源于成组加工，已成为生产现代化不可缺少的组成部分。成组技术是在多品种的生产活动中，研究和利用有关事物的相似性，将相似的问题分类成组，寻求解决这一组问题的相对统一的最优方案，以取得期望的经济效益的一门生产技术科学。

全面质量管理是实现精益生产的重要保证。质量是企业的生命，对生产过程而言，好的质量不是检验出来的，而是制造出来的。全面质量管理强调全员参与和关心质量工作，体现在质量发展、质量维护和质量改进等方面，从而使企业生产出成本低、用户满意的产品[173]。

7.6.2　精益生产的探索

我国目前有相当多的企业采用精益生产方式。推行精益生产管理模式，对于促进企业发展有重要的作用。一方面精益生产管理的出发点就是强调顾客确定价值的顾客拉动，而市场经济的基本动力是用户的需求。另一方面，粗放型与集约型最本质的区别在于是否最大限度地减少各种形式的浪费，合理利用社会资源，提高整体效益。矿山属于基础产业，由于具有资源分布不均衡性，开发的高风险性、采选条件的复杂性等特点，矿山企业在生产经营、管理运行等方面存在诸多挑战，需要运用精益管理的思想和生产管理方式，促进矿山企业发展[180]。

精益生产是通过系统结构、人员组织、运行方式和市场供求等方面的变革，使生产系统能很快适应用户需求的不断变化，并能使生产过程中一切无用、多余的东西被精简，最终使生产的各方面达到最好结果的一种生产管理方式。

鞍钢矿业面临着"去产能"、产品精细升级、环保节能压力、资金链安全等方面的巨大挑战。企业生产任务艰巨而又繁重，面临诸多困难和挑战。为实现目标，企业设定生产原则，建立了合理的组织机构，从系统总体部署管理创新工作，以生产工作流程、信息流为基础，由生产技术部主管精益生产工作，其他各部室服从主体价值链。采矿部负责采场穿孔、爆破、采装等工作，公路运输部负责采场生产运输等工作，选矿部负责选厂破碎、磨选、尾矿，矿浆部负责稳定矿浆的输送工作和精矿的输送工作，设备部、检修部负责设备稳定工作，综合部负责信息的快速、准确的传输及生产线自动控制优化和数据采集等工作。

围绕生产主流程，运用精益管理及多种创新方法、工具开展精益生产管理，消除过程存在的问题，以准时化拉动生产为中心，充分发挥主体设备效率，优化生产工艺，完善工序质量管理，实施信息化管理，加强部门间的协调配合等措施，形成了具有企业特色的精益生产管理体系。

7.6.2.1 加强精益领导力和管理建设

重视精益领导力建设。公司领导将精益工作作为主要工作之一，通过会议或者文件布置精益工作，宣传精益工作思想，重视精益工作开展，形成逐层监督，以月度或季度为时间段逐级汇报工作，总结不足，纠正改进的良性循环状态。同时，公司领导切实参与精益工作的开展，参与精益项目的监督、实施，对重大精益提案的审核、精益项目的立项等进行审批和推进。领导的重视与参与，对广大员工参与精益管理工作起到了示范作用。

建立完善组织机构。推进精益生产管理工作伊始，公司建立了从领导层到各级员工不同层面的精益生产推进组织机构，制定明确、合理的组织分工和职责，并根据工作任务和方向的改变及时修改、调整。按计划组织各项推进工作，制定合理的监督奖励考核机制，提高工作执行力。从精益生产实践看，公司各级组织按照职责分工，在精益生产体系的构建中发挥了相应的领导和组织作用，成为精益生产持续推进的基础和保障。

持续组织先进制造暨精益思想培训工作，提高员工的精益意识和质量意识。每年制定全年精益管理培训计划，计划详尽到月份、培训内容、培训预期效果和培训考核方式，并依计划组织对员工进行先进制造理念、工具、方法等方面知识培训，将精益管理、柔性制造、成组技术等知识作为新员工培训内容之一，保证公司先进制造理念的持续输入，采用内外部培训相结合的方式培养先进制造工作骨干力量，提高推进人员的能力。

实行标准化管理，提高生产运营管理的规范性和统一性。公司在采矿、选矿工艺操作等方面实行标准化管理，通过对各种制度、流程、作业规范等进行规范统一并公示执行，提高了各项生产作业的规范性和标准化水平，从而有效保证了装置生产的安全、平稳运行。

推行目视化管理，提高现场作业水平。公司通过推行生产现场目视化管理，在装置现场设立产线标识、作业区域标识、现场作业规范、操作动态看板、生产信息看板等，指导操作人员现场正确作业，既减少操作失误和差错，保证生产作业安全，同时提高了工作质量和效率。

持续推进 6S 管理，提高现场管理水平。通过推行 6S 管理工作，改善现场管理秩序和水平，提高工作标准和效率。目前 6S 开展的范围包括办公室、操作室、生产现场、库房等各个区域。通过每月组织检查评比、召开 6S 推进情况点评会、悬挂流动红旗等一系列检查、督导、考核、激励措施，保证了 6S 工作的持续推进，改善了现场管理秩序和水平（见图 7.49）。

7.6.2.2　基层精益生产建设

精益组织采场生产。采场生产组织持续以电铲为中心，消除影响采场生产的各种浪费因素，通过优化生产组织、开展标准化作业等方式提高设备效率。在生产过程中将精益思想全面灌输到穿孔、爆破、采装、运输等各工艺环节中，并通过强化项修、辅助工序保障等措施，实现采场准时化拉动生产。通过各环节的高效组织，采场生产局面得到了全面改善，采矿主体设备效率完成既定目标。一是应用爆破新技术革新爆破指标提高爆破质量。多维度开展创新研究革新爆破参数，广泛应用大孔距小抵抗线爆破技术。实施高台阶爆破，从孔网参数优化爆破方案设计等方面积累了丰富的经验。创新掘沟方式，均采取大孔距小抵抗线技术，降低了爆破成本、减少了设备避炮时间，增加了设备作业时间。二是优化采场运输系统降低运距。根据排土场实际排岩情况，结合境界优化工程，对排土场翻卸位置调整，降低排岩运距；将运量与运距综合考虑，按照量越大运距越小的原则，对矿石转载台的生产组织方案进行了重新优化设计并组织实施，大大降低

图 7.49 鞍钢矿业加强精益领导力和管理建设会议

了矿石和含铁岩的运输转载成本。运用精益思想改变单循环配车模式,按照岩性精细组织两台电铲组合双循环配车作业,消除运矿车空返、减少浪费,将运距减半。

精细组织含铁岩石的生产。为保证矿产资源的充分回收利用,采场生产组织通过精细含铁岩取样范围(将隔排取样改为全孔取样);将区域生产岩种、作业方向、现场描述等制作成现场作业指令标准,强化现场指导等措施提高含铁岩石的回收利用,全年超计划生产含铁岩。选厂破碎区混矿堆和磨矿仓至少预留 5 个位置连续的空仓,专门用来储备含铁岩石;含铁岩石与矿石分时段分系列进行处理。

提高大选矿石直入率。推进采选准时化拉动生产工作,按照选厂检修、生产矿石设备维修、避炮三同时原则,合理安排设备检修;详细制定配矿计划,强化 172t 运矿车入破,并突破性采用 220t 运矿车入破,通过不断优化改进,周计划执行率达 95%以上,有效降低转载台库存,提高了大选直入率。

完善工序质量标准。从强化标准管理和制度管理入手,以制度建设为根本,强化基础管理。以工序质量保产品质量的原则,对矿石及铁精矿生产各工序控制点进行了梳理,细化了控制内容,规范了公司三级工序控制点的管理;总结矿石硫含量分布情况,并根据品位及硫含量制定配矿方案,有效降低精矿杂质的波动。

加强矿山综合信息化管理系统建设与实践。引入 GPS 卡车智能调度系统后解决了包括 GPS 定位技术,无线 MESH 网技术、优化运筹学算法等,通过计算机对装、运、卸的全过程进行控制与管理,做到装点、卸点不压车、不待车,充分发挥设备效率保证运行设备满负荷工作实现运距最短。

7.6.2.3　精益生产管理体系的创新

采矿系统以"精准采矿、高效剥岩"为生产原则，从源头着手，采取扩大穿孔取样范围、逐个炮孔化检验等措施，不仅弥补了地质资料的不足，而且精准界定了矿岩分布，为后续生产奠定了基础。选矿系统以"经济运行、系统提升"为生产原则，自有选厂进一步强化工序质量控制，通过采取"分时入破、分仓储存、分系列选别"措施，打破选矿生产制约"瓶颈"，破碎区域实施含铁岩石和混合矿快速切换、优化干选工艺、调整振动筛网搭配等措施，持续提升选矿设备台效。深入研究尾矿库矿浆流动特性，多手段控制矿浆流态，高效固化板结，有效防尘、抑尘，充分利用库容，为延长尾矿库寿命奠定基础。

建立持续改善机制。公司建立提案、合理化建议机制，持续查找问题并改进。还建立了成本分析与监控机制，将公司成本分解到生产经营的具体环节和对象，保证其可衡量，并通过成本报表等对生产经营成本进行监控。通过加强计量管理，每周组织对相关计量表进行校验调试，提高计量准确度；建立产能分析周报，对每日产能情况进行统计分析，通过日产能变化曲线，分析、监控产能变化情况；根据装置生产的实际情况，生产部门工程技术人员确定了主要操作参数的优化控制值，各班组在确保平稳生产的前提下按优化控制值调整操作，统一各班组操作，减少操作波动，提高日产能的稳定性。此外，公司还通过在生产系统全面推行全员生产维修（TPM），建立完善设备的日常维护和管理制度，落实设备点检制度，建立设备台账记录等一系列措施，加强对设备的维护管理，提高设备运行水平，保证生产装置长周期平稳运行，有效减少非计划停车时间，提高装置生产运行时间。

7.6.2.4　鞍矿爆破精益化生产

鞍钢矿业爆破有限公司目前承担鞍钢矿业集团所属 9 座大型露天矿山、一座地下矿山的爆破业务，年爆破总量达 2.9 亿多吨，具有爆破类型丰富、技术要求高，爆破强度大等特点。鞍矿爆破在履行合同采矿的实践中，将精细化管理、信息互享机制、激励共享机制等融入合同采矿模式中，形成一种超越普通"委托代理"关系的管理模式，实现双方资源更高层次的优化配置，从而使矿山企业从长远规划、开采计划、工艺设计、生产组织和环境保护等方面进行科学的决策，使矿山为双方合作带来更多利润空间，实现了双赢和共同发展。

A　公司生产流程概述

目前公司的生产系统依托安全生产（保卫）部为中心，各项目部在实施爆破的前一天通过在"生产综合信息系统"上报次日爆破计划信息，公司调度室在查看各项目部上报的次日计划后，进行编排次日的生产计划。生产计划当中主要包含着各项目部作业的爆区位置、炸药使用量、作业时段、炸药混装车安排。地面站在查看调度室编排后的计划，进行炸药的生产，以满足次日各项目部爆破需要。次日早上，地面站按照调度室编排后的计划，对各项目部进行炸药车派遣。

B 关宝山项目部生产流程

关宝山项目部作为综合项目部，具有全工序、全链条的生产特点。项目经理在对关宝山矿业制定的年、季、月计划解读之后，将计划下发至生产经理，并让其按照计划进行组织生产。爆破技术员根据采场作业场地、矿岩分布情况，对需要穿孔的场地进行布置炮孔盲孔。地测技术员对布置后的盲孔进行测量，根据采场各阶段的实际标高与图纸标高，计算出各个盲孔需要穿孔的孔深。爆破技术员将盲孔穿孔图纸下发至牙轮钻机以及潜孔钻机后，对其进行穿孔。爆破技术员测量实际穿孔后的炮孔深度，并进行炸药量计算、上报次日计划。公司调度室在接到上报的次日计划后，进行编排组织生产。爆破后反铲挖掘机对爆后的矿岩进行挖装，并由运输车辆将矿岩运输至排岩厂。

C 相关制度与管理办法

管理制度与管理办法的制定，是为了保证项目部安全生产，勿触碰安全底线高效生产的根本基础。为了保证各项目部能够稳步运营，为认真贯彻《中华人民共和国安全生产法》《中央企业安全生产监督管理暂行办法》（国资委令［2008］第21号）等有关安全生产法律、法规、规章和标准，规范生产安全事故报告、调查、处理和统计，落实安全生产责任制和生产安全事故处理"四不放过"原则，增强全体职工的安全责任意识，规范安全事故管理，结合鞍钢矿业爆破有限公司生产实际，制定《鞍钢矿业爆破有限公司生产安全事故管理办法》。安全生产（保卫）部安全环保管理单元是爆破公司生产安全事故的归口管理部门，负责组织、参与、协调和监督各单位生产安全事故的调查、处理，并根据事故原因和责任认定，对相关责任单位相关领导提出处理意见。

为规范生产组织流程，保证爆破工作准时、有序，确保生产管理顺行，根据鞍钢矿业爆破有限公司生产特点和实际需求，制订《鞍钢矿业爆破有限公司生产准时化管理制度》。公司生产管理部门是生产组织准时化管理的主体责任部门，负责生产组织的全过程管理。公司安全、保卫、科技、设备、管理和纪检等部门，是生产组织准时化生产化管理的参与部门，负责落实各自的管理职责。

为提升鞍钢矿业爆破有限公司爆破质量、爆破服务质量管理水平，持续改善爆破质量，为用户提供优质爆破产品与质量服务，杜绝重大爆破质量事故，更好地维护爆破公司质量声誉，根据《中华人民共和国产品质量法》及有关法规，制定《鞍钢矿业爆破有限公司爆破质量管理办法》。技术质量部是爆破公司爆破质量监督、管理和爆破质量异议仲裁的职能部门，负责爆破质量管理制度的制定与实施，对涉及爆破质量的单位（部门）实行爆破质量业务监督指导、检查与考核；对炸药质量实施监管，对涉及炸药与爆破质量的相关检测、检验工作直接管理；对爆破质量异议及影响爆破质量的相关质量问题及质量争议进行仲裁。化工原料制备厂、安全生产部及各工程项目部、各分公司对本管辖单位的炸药产品质量、炸药装填质量、爆破施工质量实施日常管理工作，对出现的质量问题及质量纠纷进行分析并提出整改方案，协助技术质量部妥善处理相关质量问题及纠纷。

为贯彻落实党和国家"安全第一，预防为主，综合治理"的安全生产方针，明确界定安全生产职责，加强管理，有效防范各类生产安全事故和职业病的发生，保障职工身体健康和生命安全，根据《中华人民共和国安全生产法》《中华人民共和国职业病防治法》及有关法律、法规，并结合鞍钢矿业爆破有限公司实际，制定《鞍钢矿业爆破有限公司安全生产责任制》。安全生产（保卫）部坚持管生产必须管安全的原则，在确保安全的前提下组织生产，并负责掌握全公司重大隐患的整改进度和调度会议安全内容的执行情况。掌握全公司生产动态，在指挥生产时，生产与安全发生矛盾，首先处理好安全问题，当发生危及人身安全、设备安全的重大隐患或紧急情况时，立即报告领导，同时报告上级有关部门，并立即采取果断措施，防止事故扩大。监督检查部门和基层单位的安全生产责任制落实情况。定期组织安全生产大检查，及时落实整改措施，解决安全管理存在的问题。参加部门内的伤亡事故和重大险肇事故的调查、分析、处理和整改措施的落实。科技质量部制订科研、科协规划时，要同时考虑安全技术项目、课题和措施计划。采用新技术、新工艺、新材料，试验新产品或进行设计、改造工作时，要有完善的安全措施、操作规程。开展技术讲座，技术交流活动，必须做到安全环保、劳动保护技术同步进行。负责空区、倒装场、排岩场、边坡和爆破技术管理，为安全生产创造条件。正确处理好安全与质量的关系，做到质量服从安全，在改进工艺，提高质量的各项措施中，要有可靠的安全措施，并对质量承包中的安全生产负责。

7.6.3　精益生产应用效果

鞍钢矿业通过管理创新举措，生产组织逐渐向精细化方向迈进，生产节奏更加紧凑，稳步按计划完成各项生产经营任务，实现了采、选的安全、环保、高效生产，同时管理水平不断提高，不断完善了规章制度和各项标准。实施过程中精益思维深入员工，激励了员工的积极性。在实施过程中不断改进，经历了从起初只关注生产环节发展到目前关注经营管理全流程的转变；经历了从仅以财务收益为衡量标准发展到以全面提升企业核心管理指标为衡量标准的转变；经历了从人员培训和项目实施发展到根据企业实际需求，通过整体评估确定发展短板，继而培养人员，实施项目加以改进的转变。公司的思路在探索中逐渐清晰完善，措施也越来越科学严谨。

精益生产方式改变员工的行为方式和思维意识。最明显的是，由以前遇事拍脑袋，到现在遇事先问有没有数据；以前解决问题方法单一，现在解决问题方法系统化，起点、过程、结果等都有明确的图表和模型论证，避免了片面性。以前是靠师傅传帮带，经验不可量化，现在通过工具都变成了直观的数据。以前由于责任不清、思路不明，见了问题躲着走；现在人人找项目，把问题当机会、变抱怨为动作。以前解决问题采取开会、发言、领导拍板等传统方式，现在解决问题课题化，像搞科研一样解决实际问题。以前对一种新的管理方式在语言上只是被动模仿，现在是引进、消化、吸收再创新，形成了新的语系。新观念、新知识、新办法逐步被员工接受。

其次是管理方法和制度出现了变化。一是各种专业培训明显加强，广泛实施了培训为常态化的管理；二是现场作业从矿山普遍的"班组长制"过渡到生产线和产业工人管理模式，一方面使作业员走向真正的产业化，另一方面加强生产计划部门的统一管理；三是把精益理念逐步贯彻到产、供、销、人、财、物等各要素当中，实施以全价值链提升为目标的管理，不再单打一；四是把精益生产方式的推进和提拔人才结合起来，人才上升渠道更宽，实施了以人才成长为导向的职业生涯管理；五是通过对优秀人员精神和物质的奖励并将其制度化，形成了以制度化为保障的激励管理，取代以往的"计惩不计奖"的粗放模式；六是实施高端引领战略，不断提升精益生产管理水平，形成持续对标优化的拉动式管理；七是以信息化手段，固化精益生产管理流程，形成了精益生产信息化管理；八是就性质而言，这种变革是一种积小变为大变，以量变达质变的过程，这对医治粗放经营的弱点而言，是一种既治标又治本的管理。

最后，通过培训和项目实施，员工们从不接受到接受，从被动旁观到主动参与，发生了很大改变。他们掌握了解决以前认为解决不了的问题的方法，取得了成效，有了成就感。通过参与项目（如图7.50所示的技术展示、交流活动），极大地方便了操作，消除了动作浪费，优化了劳动行为，降低了劳动强度，缩短了劳动时间。通过参与变革，对质量和作业环境进行持续改进，实现了质量和劳动环境的双优化，还取得了较大的经济收益。员工们的责任感更强了，强化了主人翁意识，更加热爱自己的工作岗位，养成了追求卓越、精益求精的习惯。

图 7.50　职工岗位技术大练兵活动

8 超委托关系下安全生产管理与 环境友好型生产实践

<<<<<<<<<<<<<<<<<<<<<<<<<<<<<<<<<<<<<<<<<<<<<<<<<<<<<<

8.1 超委托关系下的安全生产管理实践

8.1.1 矿山企业生产安全问题简介

矿山开采是一个涉及多种技术的综合性行业，其中不仅包括常见的运输、采矿、通风，还包括企业管理、爆破、机械、环境保护等诸多内容，与其他行业相比，其自身的不安全因素较多，工作本身和工作场所都有很多不安全因素，即危险源。矿山危险源往往具有较高的潜在能量，一旦发生事故可能造成人员严重伤害，在同一生产作业场所，往往有多种危险源存在，而对这些危险源的识别和控制都比较困难。

在矿山作业中，五类最常见的危险源依次为材料搬运、人员行为性诱导因素、矿山设备安全问题、人员滑跌或坠落、拖曳和运输、岩层坍塌，上述有害因素占全部危险有害因素的80%，其余20%的危险有害因素主要是矿井火灾、水危害、炸药和爆破事故和窒息等。以下为危险有害因素举例：

（1）材料搬运：工人在移动、提举、搬运、装载和存放材料、供应品、矿石或废料时发生的事故，主要是使用不安全的工作方法和判断失误引起的。

（2）人员行为性诱导因素：行为性危害是会导致重大危险的重要危险诱因，主要指由于人员的违章操作、违章指挥、违反劳动纪律造成的危害。人员的这种主观错误的产生主要是由于工作态度不认真、安全意识较差、精神和身体状况不佳、缺乏安全知识、对操作不熟练等所造成的。

（3）矿山设备安全问题：在操作机器、移动设备、机械运输、在机械周围工作时发生的事故，占伤残事故的第三位，这类事故既普遍又严重。随着采矿工业机械化程度的提高，特别是大型和重型机械进入采矿场所，机械对其操作和周围人员伤害的可能性在增大。

（4）人员滑跌或坠落、拖曳伤害：人员滑跌或坠落也是采矿业中容易发生的事故之一。另外在各类运输设备上都可能发生拖曳伤害，例如胶带输送机、链条输送机、轨道矿车、提升运输机、卡车和其他车辆等。

（5）岩层坍塌：岩层坍塌包括巷道的片帮和冒顶、露天工作面的片帮、矿井工作面的片帮和冒顶、露天的滑坡等。

片帮和冒顶是地下开采中最严重的事故，也是最普遍的事故之一。根据概略统计，我国金属矿山的冒顶片帮事故一般占井下各类事故总数的 20%～30% 左右，居井下矿山伤亡事故的第一位。从井下冒顶片帮伤亡事故的分类统计结果来看，属于生产管理方面的原因占 45.6%，属于物质技术方面的原因占 44.2%。但在实际工作中所谓物质技术方面的原因，往往与人的因素有关，冒顶片帮事故大多数是由于局部冒落或浮石冒落所引起。冒顶片帮事故的常见类型有：巷道冒顶或片帮、采场冒顶或片帮、地质结构不良的溜井、地质结构不良的硐室等。

（6）爆炸事故：在矿山开采过程中，爆破作业造成的工伤事故占据主要部分，从世界各国来看，这类事故占事故总数的第 2 至第 4 位。尽管我国为预防爆破事故的发生做了大量工作，但事故仍有发生。地下爆破工作空间相对狭小，并且爆破比较频繁，如在井巷掘进中往往是凿岩、爆破、出渣交替进行，不但要考虑爆破作业本身特点，还需要注意各工序之间的配合。经过对事故的原因进行综合分析，除少数是由于爆破器材本身的质量问题外，绝大多数是属于人为的。矿山爆破事故主要有两个方面：一是从事爆破器材加工、运输、储存及现场操作中发生的事故；二是伴随炸药爆炸时所产生的有害效应引起周围建（构）筑物的破坏及对周围人员的危害。

（7）矿井水灾：矿井水灾是井下作业区的灾难性事故，造成水灾的主要原因有：靠近地表因采矿引起地表塌陷未采取有效措施，导致雨季地表水进入井下；采掘过程中遇到含水构造；发现透水征兆未及时采取有效的探水、防水、排水措施等。

（8）其他危险因素。根据能量意外释放理论，煤矿井下的危险源分为第一类危险源和第二类危险源等，详见表 8.1 和表 8.2。

表 8.1　第一类危险源辨识依据

危险性类别	辨识依据	内容	可能发生的事故
机械危险性	提升运输机械、采掘机械、通风、排水设施、起吊设备等机械设备的技术性能及固有操作危险性	各种机械设备、装置及存在场所	挤压、拖曳、打击、物体坠落、机车脱轨、翻车及水灾、通风事故等
电气危险性	电气备份、电缆配线等有关技术规程及固有操作危险性	电气设备、装置及存在场所	意外停电，着火、电击、电弧伤人等
地质危险性	特殊地质构造如断层、岩溶、冲击地压、含水陷落柱、采空区、老空区等的地质资料及安全技术要求等	各种危险地质构造	突水、煤与瓦斯突出、片帮、冒顶等
备注	(1) 如果某危险源同时具有两种以上危险性，按照主要危险性进行辨识分类； (2) 将有关煤矿安全生产法律法规作为辨识主要依据； (3) 以往事故记录可以作为辨识依据之一		

表 8.2 第二类危险源的辨识依据

危险性类别	辨识依据	可能发生的事故
人员失误	安全操作规程等	人身伤害、设备损坏等
设备故障	设备、设施、装置的设计、技术要求；设备、设施、装置的使用、维修、现状情况及记录	生产系统瘫痪、局部停止作业人员伤害等
环境因素	井下微气候、矿尘、振动、噪声、照明等职业安全卫生要求标准	误操作；职业病，例如尘肺病、职业性耳聋及其他器官病变
备注	(1) 将有关煤矿安全生产法律法规作为辨识主要依据之一； (2) 以往事故记录可以作为辨识依据之一	

8.1.2 生产安全

矿山作为钢铁生产的主要原料和辅助原料基地，铁矿资源的开发，为钢铁工业发展提供了资源保障，促进了社会经济繁荣。同时，铁矿资源的开发容易引发地面塌陷、山体开裂、崩塌、滑坡、泥石流等灾害，造成安全事故，为保证矿山的安全生产，我国制定相关法律规定：如《中华人民共和国矿山安全法》《辽宁省安全生产条例》《生产经营单位安全生产事故应急预案编制导则》《国务院关于全面加强应急管理工作的意见》《生产安全事故应急预案管理办法》《生产经营单位生产安全事故应急预案评审指南（试行）》等法律规范，在矿山安全问题上提出如下措施：

（1）矿山企业必须具备保障安全生产的设施，建立、健全完善的管理制度，采取有效措施改善职工劳动条件，加强矿山安全管理，保证安全生产。矿山工作人员上岗需要进行岗位培训，熟悉有关安全生产规章制度和安全操作规范，对安全教育培训工作实施监督管理，各单位需要编制特种作业人员培训规划和年度计划，各单位需要组织协调特种作业人员培训计划的实施，提高从业人员的安全素质，防范人为因素引发的安全事故。

（2）矿山爆破时产生的冲击波、地震波、噪声及飞石，易造成人体损伤及附近建筑物的损坏。因此，在爆破作业时，必须编制爆破设计，并按审批的爆破设计书或爆破说明书进行；爆破设计书应由单位的主要负责人批准。爆破说明书由单位的总工程师或爆破工作负责人批准。如果需要采用中深孔爆破，均需要在白班进行。炸药类型为铵油炸药和乳化炸药。爆破作业时，需要在采场境界内按规定设置爆破危险界限，并设置明显的标志和讯号装置、有线广播通知系统。

爆破作业过程必须严格按《爆破安全规程》（GB 6722—2014）的要求进行

操作，同时，必须按《爆破安全规程》的要求制订矿山的爆破安全规程，并严格执行。

（3）矿山设备应选用先进、成熟、安全可靠、噪声低的设备，所有设备的传动、转动裸露部分均按规范和标准的要求设置安全防护罩或隔离网、隔离栏等，设备检修、维修、移动转动设备时应采用防护罩、防护屏、挡板等固定、半固定式防护装置，特种作业人员必须经有关部门培训考核合格后持证上岗。其他从业人员经内部岗位培训后上岗，生产中必须穿戴好合格的防护用品。

（4）矿山开采过程中局部地段由于构造发育、局部岩体质量较差，可能会引起小面积的滑坡或者塌方。需选用生产监测设备，加强对各区段边坡的监测，及时发现异常及时采取措施。对采场工作区域要定时检查，不稳定区段应及时检查，发现异常立即处理。

8.1.3　基于委托代理关系的安全生产管理体系

我国矿山现行开采模式除了传统的业主自营外，还有专项分包和委托代理采矿。由于业主自营和专项分包这两种模式存在一次性投资大、生产效率低、开采成本高等缺点，严重制约矿山企业的发展。随着我国矿产资源日益稀缺，开采难度不断加大，国家对于安全环保、资源节约等的管制力度和规范要求不断加强，矿山业主面临巨大的转型升级压力。为此，委托代理采矿模式应运而生。委托代理采矿模式是矿山业主以合同方式委托采矿承包商进行采矿作业，以作业量计算承包费用的新型采矿模式。

下面以鞍钢矿业关宝山铁矿为例介绍超委托管理安全管理机制（见图8.1）。

主要责任划分：

（1）政府责任与权力：政府机构主要负责制定安全生产的法律法规，并监督企业执行，若发生重大事故，负责组织调查组，并及时向社会公布进展。

（2）鞍钢矿业责任与权力：

1）监督机构设置。建立安全管理处，配备专业的矿山开采技术人员，负责审查承包商的安全资质，协同项目主管部门进行各项安全协议的谈判及签订，并负责对承包商人员（劳务用工）进行入厂前的三级安全教育，检查监督承包商（劳务用工）在施工中的安全活动。财务处负责安全施工保证金的管理。

2）监督制度执行。鞍钢矿业安全管理部门应制定一套适合本企业的安全监督制度，对鞍矿爆破的安全生产起到监督、指导、促进的作用。审查鞍矿爆破施工组织设计、专项安全技术方案、安全生产管理制度、安全应急预案。鞍钢矿业应监督鞍矿爆破定期组织安全检查，对检查中发现的问题及时组织整改，采取定

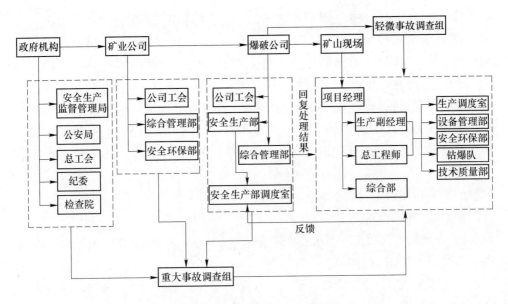

图 8.1　超委托管理安全管理机制

期和随机检查的形式对鞍矿爆破的安全状况进行监督检查，并将检查结果予以记录。

3）安全费用投入。鞍钢矿业按照生产需要或合同规定对鞍矿爆破发放足额的安全专款，由安全管理处监督鞍矿爆破做到专款专用（见图 8.2）。使用的安全专款应当明确使用的项目内容及金额，如鞍矿爆破施工现场安全设施建设、鞍矿爆破安全教育与培训、鞍矿爆破从业人员的工伤保险、鞍矿爆破从业人员的定期体检、鞍矿爆破从业人员的劳动保护用品等。

4）事故应急救援预案。为减少生产安全事故中的人员伤亡和财产损失，促进安全生产形势的稳定和好转，鞍钢矿业应制定事故管理制度和监督制度。当鞍钢矿业接到事故报告后，应能按照应急救援预案要求，立即开展应急救援，负责指挥、协调事故救援工作。当事故发生时与鞍矿爆破的事故措施进行有效的配合，对鞍矿爆破的事故管理措施起到互补的作用，每年至少进行一次事故应急救援演练，准备好相关应急救援物资。对事故结果做深入调查，

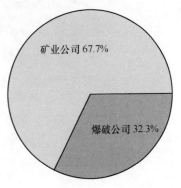

图 8.2　鞍钢矿业与鞍矿爆破
总投资比例

并记录备案，坚持四不放过原则，即：事故原因未查清不放过、责任人员未处理

不放过、责任人和群众未受教育不放过、整改措施未落实不放过。

　　5）为鞍矿爆破做好生产后勤工作。及时了解采区周边情况，做好附近居民的安置工作，向附近居民发放安全手册，确保开采工作的顺利进行。

　　矿山企业的生产经营活动要符合国家以及当地政府部门的法律法规要求，同地方政府和有关职能部门加强联系和沟通，及时有效地贯彻政府部门的各项政策、法规，提前做好隐患排查工作，以此取得他们的信任和支持。鞍钢矿业与当地部门良好的沟通能使承包商全身心投入到矿山开采作业中，有利于矿山生产的正常进行。

　　（3）鞍矿爆破责任与权利：

　　鞍矿爆破相关责任有：

　　1）安全培训与教育。所有在职从业人员每年都要接受必要的安全生产教育和培训（见图 8.3），并制定年度全体员工和新进员工的安全教育培训计划。安全生产管理人员应当由安全生产监督管理部门对其安全生产知识和管理能力进行考核，考核合格后持证上岗。特种作业人员必须持证上岗。采用新技术、新工艺、新材料或使用新设备，必须对有关人员进行专门的安全生产教育和操作培训。

图 8.3　鞍矿爆破安全培训

　　2）安全经费投入。安全生产费用是指矿山按照规定标准提取，在成本中列支，专门用于完善和改进企业安全生产条件的资金。鞍矿爆破必须保证安全经费的足额投入和有效使用。

3）配备专职安全人员。承包单位必须配备专职安全生产管理人员负责对安全生产进行现场监督检查，各队、班组应设立专（兼）职安全员，并以书面形式将专职安全生产管理人员名单上报。安全生产管理人员发现安全事故隐患，应当积极处理并及时向业主鞍钢矿业的安全管理负责人报告，对违章操作的，应当立即制止。鞍矿爆破应该加强安全人员的管理和培训工作，明确各类安全人员的职责，其中包括：安全生产项目经理、安全生产技术负责人、安全生产总调度长、安全生产财务部长、安全管理员、安全生产爆破员、安全生产监督员。

4）制定安全奖惩制度。制定相应的安全奖惩制度，激发工作人员保证安全生产的动力。

鞍矿爆破部门责任有：

安全生产部是鞍矿爆破生产安全事故的归口管理部门，负责组织、参与、协调和监督矿山现场生产安全事故的调查、处理，并根据事故的原因和责任认定，对相关单位提出处理意见。

安全生产部调度室行使鞍矿爆破应急指挥调度职能，负责在接到生产安全事故报告后立即向有关部门和鞍矿爆破分管领导通报生产安全事故信息，并按照事故严重程度启动相关级别的事故应急救援预案。

综合管理部负责根据事故调查处理意见，对事故责任单位领导的处理决定下发通报。

鞍矿爆破负责按鞍钢矿业计划进度要求进行作业，并确保每天参与矿山调度会，每天早晨通报实际生产车数及配矿执行情况，真实反馈生产计划完成情况；有义务监督外单位进入作业现场的车辆；有权提出影响安全生产的问题，并负有监督区域安全管理责任，有权拒绝进入存在安全隐患的区域内作业。

鞍矿爆破和鞍钢矿业共同制定现场安全细则，并监督执行。发生轻伤事故和重伤事故时由鞍矿爆破主要领导组织有关部门组成事故调查组进行调查分析。发生死亡事故时，由鞍矿爆破安全生产部和工会、鞍钢矿业相关部门配合所在地市的安全生产监督管理局、公安局、纪委等部门组成的事故调查组进行调查。

（4）矿山现场的责任与权力：现场工作人员必须按照相关规定进行操作。发生安全事故后，现场人员应立即启动相应应急预案，采取应急措施抢救伤者，防止事故扩大，并在30min内将事故发生的时间、地点、简要经过、初步原因和伤亡情况等有关信息报告给安全生产部调度室和综合管理部。

鞍钢矿业关宝山铁矿采用超委托代理采矿模式，承包公司采用专业化经营模式，有利于减轻矿山业主投资负担、提高经营效率和经济效益、抵御市场风险。鞍钢矿业和鞍矿爆破可以实现双赢，有较好的经济效益。

关宝山铁矿采用自营模式情况下，矿山达产年的矿石成本为 26660.00 万元，单位成本为 66.65 元/吨，详情见表 8.3。

表 8.3　逐年成本估算表　　　　　　　（万元）

项　目		投产期	生产期					合计
		第 1 年	第 2 年	第 3 年	第 4 年	第 5 年	第 6 年	
矿岩量	矿石产量/万吨	72	400	400	400	400	400	2072
	岩石产量/万吨	288	700	700	700	650	600	3638
	矿岩总量/万吨	360	1100	1100	1100	1050	1000	5710
	汽车周转量/万吨	745	2827	2827	2860	2615	2430	14304
成本费用	辅助材料		5086	5086	4988	4657	4381	24198
	动力电		1415	1415	1131	1080	1029	6070
	职工薪酬		1675	1675	1675	1675	1675	8375
	维修费		4053	4053	4062	3857	3664	19690
	资源税	648	3600	3600	3600	3600	3600	18648
	维检费		7200	7200	7200	7200	7200	36000
	安全费用		1600	1600	1600	1600	1600	8000
	管理费用		878	878	878	838	798	4270
	其他费用		1153	1153	1153	1101	1048	5608
	矿石完全成本	648	26660	26660	26288	25608	24996	130859
	单位矿石成本	9	66.65	66.65	65.72	64.02	62.49	
	经营成本	648	19460	19460	19088	18408	17796	94859
	原矿成本	31	226	226	223	217	212	
	精矿成本	341	537	537	533	528	522	
	效益分摊比例/%	9	42	42	42	41	41	

采用委托代理采矿模式情况下矿山达产年的矿石成本为 23442.38 万元，单位成本为 58.61 元/吨，详见表 8.4。

表 8.4　委托代理逐年成本估算表　　　　　　　（万元）

项　目		投产期	生产期					合计
		第 1 年	第 2 年	第 3 年	第 4 年	第 5 年	第 6 年	
矿岩量	矿石产量/万吨	72	400	400	400	400	400	2072
	岩石产量/万吨	288	700	700	700	650	600	3638
	矿岩总量/万吨	360	1100	1100	1100	1050	1000	5710
	汽车周转量/万吨	745	2827	2827	2860	2615	2430	14304

续表 8.4

项 目		投产期	生产期					合计
		第 1 年	第 2 年	第 3 年	第 4 年	第 5 年	第 6 年	
成本费用	辅助材料		4830	4830	4858	4539	4271	23329
	动力电		1131	1131	1131	1080	1029	5503
	职工薪酬		1935	1935	1935	1935	1935	9675
	维修费		1331	1331	1334	1262	1197	6455
	资源税	648	3600	3600	3600	3600	3600	18648
	维检费		7200	7200	7200	7200	7200	36000
	安全费用		2000	2000	2000	2000	2000	10000
	管理费用		711	711	711	679	646	3459
	其他费用		704	704	704	672	640	3423
	矿石完全成本	648	23442	23442	23474	22967	22518	116491
	单位矿石成本	9	58.61	58.61	58.68	57.42	56.3	
	经营成本	648	16242	16242	16274	15767	15318	80491

可见，选用超委托代理模式经济效益好，鞍钢矿业和鞍矿爆破可以实现双赢（见图8.4）。关宝山铁矿委托代理模式，相对原初步设计概算投资节省 37054.68 万元；鞍钢矿业实际投资为 48404.82 万元；采矿承包商投资为 23040.52 万元；（汽车租用、简易设施等）。达产年总成本费用为 23442.38 万元，矿石单位完全成本费用为 58.61 元/吨。

鞍钢矿业层面实现平均利润总额为 13470 万元；鞍钢矿业投入资金的投资回收期 3.4 年（含建设期），财务内部收益率为 35%，高于设定的基准收益率（基准收益率为 13%）。

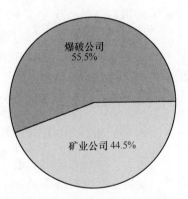

图 8.4 鞍钢矿业与鞍矿爆破
安全投资比例

鞍矿爆破层面实现平均利润总额为 747 万元；鞍矿爆破投入资金的投资回收期 3.9 年（含建设期），财务内部收益率为 31%，高于设定的基准收益率（基准收益率为 13%）。

超委托模式符合鞍钢集团以及鞍钢矿业非钢产业发展规划，有利于鞍钢降低成本、提高效率、推进产业扩张，有利于鞍钢矿业专注主业。超委托模式经济效益好，鞍钢集团鞍钢矿业和鞍矿爆破可以实现双赢。针对可能出现的风险，已经有比较完善的应对措施，可以有效控制风险。两种模式下矿业公司投入的安全资金与人员对比情况如图 8.5 所示。

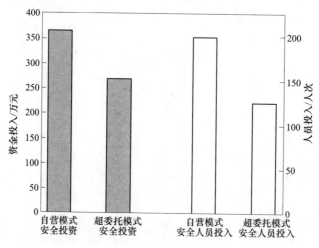

图 8.5　矿业投入的安全资金与人员对比

　　鞍钢矿业和鞍矿爆破都能够从这种模式中受益，这种模式也是矿山建设工程市场化的向后延伸。业主通过将矿山生产承包给专业的承包商，使得自身能够集中更多的精力在产品开发、生产和销售、市场并购、资本运作等核心业务上，以求得更快、更好的发展，同时能够在一定程度上降低成本。开采总承包的不断发展、壮大本身也证明了该模式的价值所在，即不仅业主能够从这种模式中受益，乐于将矿山总包给承包商开采，从而能够减少成本或更多地集中于自身的优势业务，而且承包商也能够通过承包矿山开采获取合理的利润来发展和壮大自己。

8.2　鞍钢矿业安全生产管理的实践

　　安全生产是露天矿山的运行底线，矿山安全发展是采矿行业科学发展的重要保障以及内在要求，鞍钢矿业安全生产管理是根据《安全生产法》《金属非金属矿山安全规程》等相关法律法规、规范、规程和规则，同时结合辽宁省鞍山市的实际情况，基于超委托精细化管理模式从政府监督管理到鞍钢集团关宝山矿业有限公司（甲方）、鞍矿爆破（乙方）双方企业合作共同实施并承担安全管理事项的一种管理模式和方法，在一定程度上减少和优化了露天矿山实地作业人数，同时对于可能产生的事故能够进行更为灵敏、更为全面的监控和管理（见图 8.6）。

8.2.1　政府安全管理方式

8.2.1.1　安监部职责

　　安监部就超委托下矿山（关宝山）生产的监督管理按照分类分级监督管理，

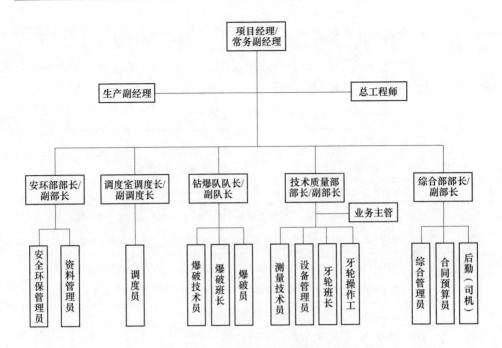

图 8.6 关宝山项目部组织架构

制定安全生产年度监督检查计划,按照年度监督检查计划进行监督检查,发现事故隐患,及时处理。具体职责(部分)如表 8.5 所示。

表 8.5 安监部职责

序号	具体职责(部分)
1	定期到鞍钢矿山公司和鞍矿爆破进行检查,调阅相关资料,并向有关人员了解情况
2	检查中发现安全生产违法行为,当场予以纠正或者限期修改,对依法应当给予行政处罚的行为,依照《安全生产法》《金属非金属矿山安全规程》等相关法律给予甲乙双方一定的处罚
3	检查中发现事故隐患,责令乙方立即排除,并依法给予乙方一定的处罚
4	对不符合保障安全生产的国家标准或者行业标准的设施、设备、器材以及违法生产、储存、使用、经营、运输的危险物品予以查封和扣押,对违法生产、存储、使用、经营危险物品的作业场所予以查封,并对甲乙双方有关责任人做出处理决定
5	安全监督检查人员应当将检查的时间、地点、内容、发现的问题及其做出的处理决定和执行情况,做出书面记录,并由检查人员和被检查的甲乙双方单位的负责人签字,如有拒绝签字的,检查人员将情况记录在案,并向有关部门报告
6	监督检查不得影响被检查单位的正常生产经营活动

8.2.1.2 政府其他机构职责

各级人民政府负有安全生产监督管理职责的部门在各自的职责范围内对矿山的建设、生产、治理等实施安全监管，各部门及主要工作内容见表8.6。

表 8.6 政府其他机构职责

序号	部门	主要工作内容
1	发改委	项目立项核准备案
2	工业和信息化部	改扩建项目核准备案
3	财政部	矿山安全隐患治理、尾矿库闭库等安全资金的投入
4	国土资源部	矿山用地审批、地质灾害评估以及复垦管理
5	环保部门	环境影响评价、排污许可证发放以及环境安全监管
6	住建部	矿山项目勘察、设计、施工监理单位的资质审查

8.2.1.3 各级单位协同管理方式

负有安全生产监督管理职责的部门在监督检查中互相配合，实行联合检查；需要分别进行检查的，各部门互通情况，发现存在的安全问题交由其他有关部门进行处理，及时移送其他有关部门并形成记录备查，接受移送的部门及时进行处理。

县级以上地方各级人民政府积极组织有关部门制定本行政区域内生产安全事故应急救援预案，建立应急救援体系。

生产经营单位应当制定本单位生产安全事故应急救援预案，与所在地县级以上地方人民政府组织制定的生产安全事故应急救援预案相衔接，并定期组织演练。

8.2.2 鞍钢矿业安全生产管理模式

鞍钢集团关宝山矿业有限公司（甲方）和鞍矿爆破（乙方）在超委托精细化管理模式下，本着"合作共赢，风险共担"的原则，甲方需要提供作业部位以及计划量，并指派工作人员进行现场安全监督和指导，同时保证乙方作业场地充足，能够满足乙方连续生产的需要。乙方需要负责按照甲方计划进度要求进行作业，同时必须严格遵守并执行甲方矿产资源保护的相关规定，有义务监督外单位车辆进入作业现场，乙方车辆在矿区内行驶需要听从甲方的指挥，严格遵守采场各项管理规定和安全规定。

8.2.2.1 主要合作内容

为加强安全生产工作的组织领导，落实安全生产措施，确保安全工作管理、检查、考核"三到位"，进一步规范鞍矿爆破安全管理工作，双方在安全生产管理方面的具体合作内容如表 8.7 所示。

表 8.7 双方在安全生产管理方面的具体合作内容

序号	合 作 内 容	提出方	执行方
1	制定安全、生产、质量、消防等安全管理办法和规定	甲方	乙方
2	必须进行安全、技术、操作规程培训	甲方	乙方
3	采场内外发生的一系列安全责任事故由执行方负责	甲方	乙方
4	提出安全生产问题，并需要执行方解决	乙方	甲方
5	有义务负责区域的安全管理	乙方	甲方
6	由于计划和提供的作业部位本身存在安全问题由执行方负责	乙方	甲方

8.2.2.2 超委托模式下的精细化管理措施

以《安全生产法》为指导，以实现安全标准化作业为主线，以强化安全隐患排查为手段，以落实各级管理安全责任为保障，依法管理、创新管理，全面落实事故防范措施，确保安全生产持续稳定，为加强鞍矿爆破安全生产工作的统一领导，促进安全生产管理工作的全面、协调、有序开展，鞍矿爆破成立安全生产委员会（以下简称安委会）。成员主要由鞍钢集团关宝山矿业有限公司（甲方）和鞍矿爆破（乙方）共同组成，统一负责爆破以及现场安全生产。安委会主要职责见表 8.8。

表 8.8 安委会主要职责

序号	主 要 职 责
1	制定安全管理挂牌考核办法
2	组织实施安全管理挂牌考核的日常检查和综合检查
3	整理、归档安全管理的日常报表和资料等，下发《安全隐患、问题限期整改指令书》
4	组织召开月挂牌考核会议，下发月挂牌考评结果通知
5	考核部门要认真履行本部门的考核责任，如在考核中不认真、出现失误，由安委会办公室提出处理意见，经公司分管领导审查后报总经理审批，然后进行处罚

安委会成员于每月 26 日将本部门提出的评分考核意见报安委会办公室，安委会每月 28 日召开一次挂牌考核会议（逢节假日顺延），进行百分考核、评定当

月绿、红、黄、黑牌单位，绿牌为优秀单位，红牌为良好单位，黄牌为较差单位，黑牌为劣等单位。月评牌百分考核档次划分如表8.9所示。

表8.9　月评牌百分考核档次划分

序号	百分考核（分值区间）	月评牌
1	90~100（含90）	绿牌
2	80~90（含80）	红牌
3	70~80（含70）	黄牌
4	<70	黑牌

发生下列情况之一时，一次性否决为黑牌：

（1）发生轻伤以上事故、火灾事故、重大交通责任事故、环保事故的单位。

（2）因管理或操作原因发生运输、动力、生产事故，一次影响生产24小时以上的单位；发生较大设备事故的单位。

（3）上级公司或鞍矿爆破检查发现职工严重违反劳动纪律两次以上（指在工作时间或在厂区、单位内进行扑克、麻将、棋类活动，喝酒、赌博、酒后上岗、睡岗造成事故以及打架斗殴使人致伤或聚众闹事影响生产和生活秩序）的单位。

（4）在环境、厂容绿化、现场管理、设备等创建清洁工厂方面存在较大问题，影响鞍矿爆破整体形象，被上级机关处罚的单位。

（5）忽视安全生产造成爆炸物品丢失的单位。

8.2.2.3　每季度对基层单位安全管理情况进行一次全面评价

鞍钢集团关宝山矿业有限公司（甲方）和鞍矿爆破（乙方）在政府安监部的监督管理下，依据《矿山安全法》《金属非金属矿山安全规程》的有关规定，同时结合本矿山（关宝山矿山）实际情况，三者负责相同（如政府、甲方、乙方都需要负责交通管理）或不同的管理（乙方单独负责炸药管理，甲方负责治安防范管理）内容。具体分配如图8.7所示。

8.2.3　超委托精细化下的资金投入及奖惩制度

8.2.3.1　资金投入

超委托精细化模式是一种新的经营组织模式，关宝山铁矿项目是使用该模式的典型代表由于矿山生产经营模式的改变，使得原设计确定的矿山部分基建工程投资不必投入，使得矿业公司较原初步设计节省了基建投资以及各方面的投入。表8.10对与安全有关的人力投入和资金投入做部分展示。

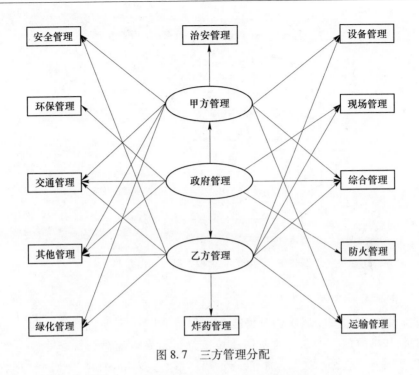

图 8.7 三方管理分配

表 8.10 与安全有关的人力投入和资金投入

原总投资	85459 万元	现总投资	21478 万元
原安全投资	366.36 万元	现安全投资	268.67 万元
原人力投入	378	现人力投入	318
原安全人员投入（直接或间接）	200	现安全人员投入（直接或间接）	124

在超委托精细化模式下使得甲方投资减少，同时乙方可以利用已有设备来挖掘开采，总体上使得总投资减少 63981 万元，在安全投资上减少了 96 万元，同时人力投入相对也减少了 14% 左右，整体安全生产效益提升。

人力、资金投入以及矿山效益如图 8.8 所示。

8.2.3.2 奖惩制度

为严格执行各项安全管理制度，提高全员安全意识及自我防范意识，杜绝违章，落实安全生产责任制及操作规程，预防安全事故的发生，依据《矿山安全法》《金属非金属矿山安全规程》的有关规定，结合关宝山矿山实际情况制定奖惩制度。

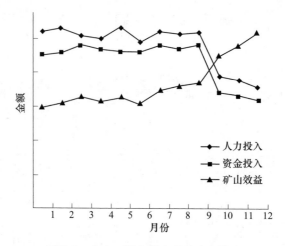

图 8.8　人力、资金投入以及矿山效益

A　鞍矿爆破奖惩制度

鞍矿爆破在"安全风险、监督制约、教育激励"三项机制的原则下，制定违章罚款和事故惩处办法，对基层单位按月进行考评奖惩，每季度为一个考核期，对基层单位进行一次安全评价。安全评价以考核期内月挂牌评价分的平均分为依据，按照《鞍钢矿业爆破有限公司安全奖励制度》标准核定各单位安全奖励额度。奖惩情况如表 8.11 所示。

表 8.11　鞍矿爆破奖惩制度

序号	评价分	分值奖惩情况	安全奖惩（全额安全奖 S）
1	≥95	+1	$(1+5\%)S$
2	95~90	−1	$(1~5\%)S$
3	90~80	−2	$(1~30\%)S$
4	80~70	−3	$(1~50\%)S$
5	≤70	黑牌	0

B　鞍钢矿业关宝山矿业公司奖惩制度

鞍钢矿业关宝山实行的奖惩制度将安全教育和经济手段相结合，在奖励上，支持精神鼓励与物质奖励相结合，以物质奖励为主的原则；对违章指挥和违反矿安全管理制度的员工坚持以教育为主、惩罚为辅和实事求是、以错定罚的原则。

奖励制度：对遵守国家有关政策法令和矿山安全管理制度，认真贯彻执行各项规程以及各项安全措施，在事故预防、指标控制、隐患排查以及安全管理等方面做出显著成绩的单位和个人给与奖励，奖励分为嘉奖、记功、记大功、晋级四个档次，最近几年各档次奖励情况如图 8.9 所示。

惩罚制度对鞍矿爆破安全检查发现的隐患和违章问题，按照对安全生产工作的影响程度及可能造成的事故后果，分为 4 个档次，每项、每人次罚 200～500元。惩罚内容中各惩罚条例所占比例如图 8.10 所示。

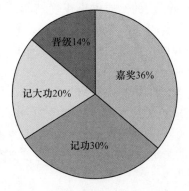
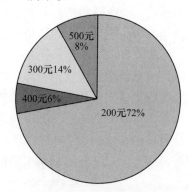

图 8.9　近几年各档次奖励情况　　　　　　图 8.10　近几年违章情况

有以下情形之一的，造成事故的有关责任者除给予经济处罚外，按情节轻重给予警告、记过、记大过、降薪、撤职、开除等行政处分，性质严重的追究法律责任。

（1）由于领导违章指挥造成伤亡事故的；

（2）在生产施工中，对危险有害作业，不采取安全防范措施或拆除、破坏安全设施造成事故的；

（3）发生死亡、重伤、轻伤事故、没有按"四不放过"原则严肃处理又不采取防范措施，以致同类事故重复发生的；

（4）对新建、改建、扩建工程或生产施工中的事故隐患，安全部门已下达整改通知书，而逾期不改造成严重后果的；

（5）对违章指挥，违章作业，不听劝告冒险蛮干造成事故的；

（6）造成事故的有关责任者，不主动承担责任。隐瞒事故，甚至为调查工作设置障碍，嫁祸于人的；

（7）发生伤亡事故隐瞒不报、谎报或拖延不报的。

8.3　鞍矿爆破安全生产管理的成果

8.3.1　应急响应机制

鞍钢矿业和鞍矿爆破通过责任划分和合作，效益共享、信息共享，建立了完备的基于委托代理关系的安全生产管理体系，并建立了一整套十分有效的应急管理体系和应急指挥体系。

8.3.1.1　应急工作原则

预防为主。贯彻落实"安全第一、预防为主、综合治理"的方针，坚持事故应急与预防工作结合；做好预防、预测、预警和预报工作，以及风险评估、应急物资准备、预案演练工作。

应响迅速。应急总指挥接警后，应迅速对事故的性质做出正确判断，下达启动相应级别的应急响应，组织各应急小组成员赶赴事故现场。

统一指挥。各应急小组应服从总指挥的安排，在组长的带领下履行本小组的职责，保证整个救援过程规范有序、配合协调、高效运作。

分级负责。单位自救和社会救援相结合，发生生产安全事故时，本项目部按响应级别启动相应级别的应急救援预案，当事故超过本单位的救援能力时，应果断请求公司总部和社会救援机构启动相应的《应急预案》，争取最佳的抢救时机，同时，在公司总部和社会救援队伍未到达事故现场之前，本项目部必须积极开展救援。

以人为本。事故现场救援工作，既要尽最大能力、以最快速度抢救受伤人员，又要采取合理、科学、先进的救援措施，保证救援人员的安全，防止事故扩大；依照"先救人后救物，先救重伤者后救轻伤者"的救援原则，在专业医院条件相当情况下，就近送伤员救治。

8.3.1.2　事故类型和危害程度分析

事故类型和危害程度分析见表 8.12。

表 8.12　事故类型和危害程度分析

序号	危　险　源	事故类型	危害程度
1	钻机翻倒	机械伤害	轻伤、重伤、死亡
2	钻机运行时造成的伤害	机械伤害	轻伤、重伤
3	钻机空气压缩罐爆炸	爆炸	重伤、死亡
4	钻机风管伤人	物体打击	轻伤、重伤、死亡
5	施工现场爆破器材临时发放点意外爆炸、雷击爆炸	爆炸	群死群伤
6	装药过程发生的早爆、雷击引起爆炸	爆炸	群死群伤
7	爆破飞石	物体打击	轻伤、重伤、死亡
8	盲炮处理不当引起爆炸	爆炸	重伤、死亡
9	挖掘（油炮）机翻倒、转臂伤人	机械伤害	轻伤、重伤、死亡
10	交通、运输车辆翻倒、车辆相撞	交通事故	轻伤、重伤、死亡
11	山体滑坡、落石、排土场滑坡	物体打击、压埋	轻伤、重伤、死亡
12	采空区塌陷	压埋	群死群伤
13	油库、物资仓库、机修工场、员工宿舍、办公室火灾	烧伤、中毒、窒息	轻伤、重伤、死亡

续表 8.12

序号	危 险 源	事故类型	危害程度
14	机修工场气瓶爆炸	爆炸	重伤、死亡
15	机修工场砂轮机	机械伤害、物体打击	轻伤、重伤、死亡
16	维修车辆、设备	机械伤害、物体打击	轻伤、重伤、死亡
17	高处坠落	坠落	轻伤、重伤、死亡
18	触电	电伤	轻伤、重伤、死亡
19	食物中毒	中毒	群死群伤
20	暴风雪造成建筑物倒塌	压埋	群死群伤

8.3.1.3 应急组织机构及职责

A 应急组织机构

应急组织机构如图 8.11 所示。

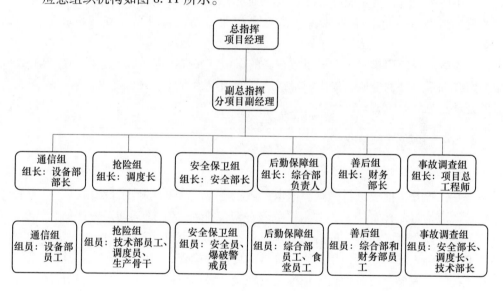

图 8.11 应急组织机构图

B 指挥机构及职责

应急救援指挥部职责：负责本项目部安全生产事故的应急领导和决策工作；落实国家和地方政府相关应急管理政策，审定并批复公司应急管理规划和应急预案；统一协调应急状态下的各种资源；确定安全生产应急处置的指导方案；及时准确向上级单位和政府主管部门报告事故情况。组织本项目部的《应急预案》演练，并根据演练过程发现的问题，组织对《应急预案》进行补充、完善。

应急指挥部办公室职责：负责本项目部应急物资准备，并定期检查，保证能有效使用。设立 24 小时接听本项目部生产安全事故的报警电话，接到事故报警后，及时向本项目部的应急总指挥（副总指挥）报告并协助应急总指挥向上级报告事故情况。组织联络应急状态下各职能部门的沟通协调，协助项目经理组织实施应急演练，并根据演练效果对本应急预案进行维护、完善。

通信组职责：负责与各应急小组、外部有关部门（包括事发当地医疗、应急救援机构等）的通讯联络和情况通报。

抢险组职责：负责事故的排险、抢险和受伤人员的救护工作，及时向指挥部报告抢险进展情况。

安全保卫组职责：负责事故现场的警戒和现场车辆疏通，阻止非抢险救援人员进入现场，维持治安秩序，负责保护抢险人员的人身安全和事故现场的保护。

后勤保障组职责：负责调集抢险器材、设备；负责组织伤亡人员的运送，解决全体参加抢险救援工作人员的食宿问题。

善后组职责：负责做好对受伤或遇难者家属的安抚工作，妥善安排受伤人员的陪护工作，协调落实遇难者家属抚恤金和受伤人员住院费；做好其他善后事宜。

事故调查组职责：负责对事故现场的保护，并提出即时处理方案；查明事故原因，确定事件的性质，提出应对措施，如确定为责任事故，提出对事故责任人的处理意见。

8.3.1.4 预防与预警

A 危险源监控

在工程开工前应进行危险源辨识，建立危险源清单，制定控制措施，对主要危险源应指定监控责任人，对主要危险源应定期检查掌握其动态、评估、分析、判断其危险程度及所采取的措施是否得当、有效。每班开工前，作业人员必须对作业现场施工环境、所使用的生产机具认真进行检查，作业过程中也应随时观察环境的变化及施工机具的运行情况，发现安全隐患应停止作业，等隐患完全排除后才能开始作业。现场生产管理人员、安全员负责检查、监督现场的安全措施是否落实、及时制止违章指挥、违章作业行为，发现安全隐患及时妥善处理。爆破器材库安装闭路监控系统，每天 24 小时对库区动态进行监控。定期对高边坡、高位排土场沉降情况进行测量，根据测量数据、现场观察所掌握情况，对高边坡的稳定状态作出正确判断，发现异常立即采取有效控制措施。高温区钻完炮孔及准备装药前，必须检测炮孔温度，超过安全温度不得进行装药爆破作业，并采取有效降温措施。对原采空区应采用钻探方式探明采空区的分布情况，并设置观测点，发现沉降、下陷迹象，立即通知人员、设备撤离。

加强施工人员专业知识的培训，提高技术素质，严禁违章作业、违章指挥。

B　预警行动

在作业过程、对危险源监控监测、日常或专项安全检查中、发现危险源异动升级或可能发生事故的征兆，应立即作出预警，任何首先发现事故苗头的人员都有义务和权力通知现场所有人员停止作业，撤离到安全地方。当危险可能危及相邻施工队伍或其他施工单位时，应通过对讲机、打对方施工人员手机或大声呼叫、拉警报等方式通知相邻施工人员撤离。在组织人员撤离过程中，现场安全员或生产管理负责人应同时向本生产单位的负责人报告，单位负责人通知相关救援人员做好应急救援准备工作。若事故苗头得不到控制，事故发生，则根据事故严重程度启动相应级别的应急预案；若事故苗头得到控制，应进一步做好有效的防范措施，在确保安全后方可重新开工。

C　信息报告与处置

（1）报告程序：报告程序如图 8.12 所示。

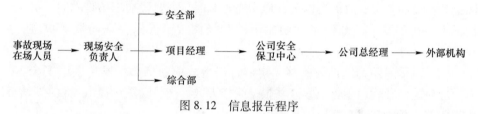

图 8.12　信息报告程序

（2）现场报警方式：事故现场人员采用对讲机或手机向现场安全负责人报告，紧急时可直接向项目经理报告。

（3）项目经理接到报告后应立即向公司安全保卫中心负责人报告，并迅速启动应急预案。

（4）事故报告内容：事故发生的时间、部位、人员伤亡情况及设备损坏情况，报告人姓名和联系电话。

8.3.1.5　应急响应

根据事故的可控性、严重程度、救援难度、影响范围以及本项目部的救援能力将生产安全事故响应分为如下三个级别：Ⅰ级：事故发生已造成 3 人以上重伤或 1 人以上死亡。Ⅱ级：事故发生已造成 3 人以上轻伤或 3 人以下重伤。Ⅲ级：事故发生造成 3 人以下轻伤。

响应程序如下：

（1）发生响应级别为Ⅲ级的生产安全事故时，由当班的现场生产管理负责人负责组织人员救护，将受伤人员及时就近送往医院治疗，并及时向应急总指挥（生产单位负责人）报告。救援过程中，必要时请应急总指挥到现场协调、指挥救援工作。

（2）发生响应级别为Ⅱ级的生产安全事故：1）项目部应急总指挥接报警后应立即启动本应急预案，救援工作在应急总指挥的领导下，各救援小组各司其职、安全、高效地开展救援工作。2）在应急救援人员未到达事故现场之前，现场人员有义务在保证安全的条件下，组织自救互救。3）若救援难度超出本单位救援能力，应尽快扩大救援级别，请业主、相邻单位、社会救援机构支援。

（3）发生响应级别为Ⅰ级的生产安全事故：1）项目部应急总指挥接到报告后，应立即报请当地县级以上安全监察部局启动相应级别应急预案，由社会救援机构赶赴现场组织救援。2）在社会救援机构未到达之前，项目部应急总指挥应组织本单位救援人员进行自救。社会救援机构到达后，由社会救援机构的总指挥负责统一指挥救援工作，生产单位救援人员服从安排，积极配合救援。

事故的处置措施如下：

（1）现场保护。第一时间进入事故现场的人员，必须负责事故现场的保护。因抢救伤员、防止事故扩大以及疏通交通等原因，需要移动现场物件时，必须做出标志，并拍照、详细记录和绘制事故现场图，妥善保存现场重要痕迹、物证等。

（2）飞石、滚石、高处坠落、物体打击事故应急措施。发生生产安全事故时，应对受伤者就地进行抢救。并根据受伤人数、伤势轻重选择由项目部车辆直接送医院，或是呼叫120协助救护。

如伤员发生休克，应先处理休克人员，让伤员安静、保暖、平卧、少动，并将下肢抬高约20°左右。遇呼吸、心跳停止者，应立即进行人工呼吸、胸外心脏挤压，尽快送医院进行抢救。

伤员出现颅脑损伤，必须维持呼吸道通畅。昏迷者应平卧，面部转向一侧，以防舌跟下坠或分泌物、呕吐物吸入，发生喉阻塞。遇有凹陷骨折，严重的颅骶骨及严重的脑损伤症状出现，创伤处用消毒的纱布或清洁布等覆盖伤口，用绷带或布条包扎后及时送就近有条件的医院治疗。

发现伤者手足骨折，不要盲目搬运伤者。应在骨折部位用夹板把受伤位置临时固定，使断端不再移位或刺伤肌肉、神经或血管。固定方法：以固定骨折处上、下关节为原则，可就地取材，用木板、竹头等。无材料的情况下，上肢可固定在身侧，下肢与腱侧下肢缚在一起。

遇有创伤性出血的伤员，应迅速包扎止血，使伤员保持在头低脚高的卧位，并注意保暖。

一般伤口小的止血法：先用生理盐水（0.9%NaCl溶液）冲洗伤口，涂上红药水，然后盖上消毒纱布，用绷带较紧地包扎。

加压包扎止血法：用纱布、棉花等做软垫，放在伤口上再包扎，增强压力而达到止血。

止血带止血法：选择弹性好的橡皮管、橡皮带或三角巾、毛巾、带状布条等，上肢出血结扎在上臂 1/2 处（靠近心脏位置），下肢出血者扎在大腿上 1/3 处（靠近心脏位置）。结扎时，在止血带和皮肤之间垫上消毒纱布棉垫。每隔 25~40min 放松一次，每次放松 0.5~1min。

（3）机械、车辆翻倒、滑坡、滚石事故应急措施。当发生边坡滑坡、滚石伤害事故时，在场人员应立即报告现场负责人，组织人员抢救，并打 120 请求协助救援。若是滚石、滑坡事故，抢救前应判断滚石、滑坡是否稳定，是否对抢救构成威胁，在确认威胁不大情况下实施抢救。若是机械、车辆翻倒，应组织足够人员或机械撬开机械救出伤员。当人工无法移动机械、石块时，现场负责人直接或通过项目经理联系吊车赶赴现场支援。抢救时应注意不要挖、铲、撬伤被压埋的伤员。

遇呼吸、心跳停止者，应立即进行人工呼吸、胸外心脏挤压，处于休克状态的伤员要让其安静、保暖、平卧、少动，并将下肢抬高 20°左右。

出现颅脑损伤，必须维持呼吸道通畅。昏迷者应平卧，面部转向一侧，以防舌跟下坠或分泌物、呕吐物吸入，发生喉阻塞。有骨折者，应初步固定后再搬运。遇有凹陷骨折，严重的颅骶骨及严重的脑损伤症状出现，创伤处用消毒的纱布或清洁布等覆盖伤口，用绷带或布条包扎。

（4）触电安全事故应急措施。触电急救的要点是动作迅速，救护得法，重点贯彻"迅速、就地、准确、坚持"的触电急救八字方针。首先要尽快使触电者脱离电源，然后根据触电者的具体症状进行对症施救。

触电者脱离电源的基本方法为：迅速切断电源。用干燥的绝缘棒、竹竿将电源线从触电者身上拔离。救护人可戴上绝缘手套或在手上包缠干燥的衣服、围巾、帽子等绝缘物品拖曳触电者，使之脱离电源。如果触电者由于痉挛手指紧握导线或者导线缠绕在身上，救护可先用干燥的木板塞进触电者身下，使其与地面绝缘来隔离入地电流，然后采取其他办法把电源切断。

在使触电者脱离电源时应注意下列事项：未采取绝缘措施前，救护人不得直接接触触电者的皮肤和潮湿的衣服，以防救护者自身触电。在拉曳触电者脱离电源的过程中，救护人宜用单手操作，这样对救护人比较安全。

当触电者位于高位时，应采取措施预防触电者在脱离电源后坠地摔伤。触电者已失去知觉，但尚有呼吸的抢救措施，应使其舒适地平卧着，解开衣服以利呼吸，四周不要围人，保持空气流通，若发现呼吸困难，或心跳停止等假死时，应立即按心肺复苏法就地抢救，可口对口的人工呼吸，可胸外心脏按压。当触电者伤势较重时，应立即拨打 120 或当地就近医院电话求助。

（5）火灾事故应急措施。火灾发生初期的 5min 或 7min，是扑救的最佳时机，现场人员应及时把握时机，尽快把火扑灭，有电源的要以最快的速度切断电源。在扑救火灾的同时拨打 119 电话报警。在火灾现场，应立即指挥一部分员工搬离火场的可燃物，避免火灾区域扩大，一部分人指挥现场人员疏散。在火势很大，现场无法灭火时，应立即指挥员工撤离火场，以防火灾伤亡事故的发生。发生人员伤亡时，要组织抢救，同时拨打 120 及当地医院电话求助。组织有关人员对事故区域进行保护，以便查找原因。

（6）发生意外爆炸应急措施。现场人员应立即组织抢救，并通知项目经理，组织项目部应急力量进行救护。现场爆破工程师或其他技术人员首先应检查现场是否仍有再爆炸的危险，有危险时应首先排除，同时对伤员应进行抢救、包扎，并打 120 呼叫救护车，救助同时应保护好现场。若爆炸引起火灾，现场人员应打119 电话呼叫消防车，并在现场负责人的指挥下用灭火器、水等先行灭火。

（7）食物中毒应急措施。催吐：如果服用时间在 1~2h 内，可使用催吐的方法。立即取食盐 20g 加开水 200mL 溶化，冷却后一次喝下，如果不吐，可多喝几次，迅速促进呕吐。亦可用鲜生姜 100g 捣碎取汁用 200mL 温水冲服。有的患者还可用筷子、手指或鹅毛等刺激咽喉，引发呕吐。导泻：如果中毒者服用食物时间较长，一般已超过 2~3h，而且精神较好，则可服用泻药，促使中毒食物尽快排出体外。解毒：如果是吃了变质的鱼、虾、蟹等引起的食物中毒，可取食醋100mL 加水 200mL，稀释后一次服下。如果经上述急救，症状未见好转，或中毒较重者，应尽快送医院治疗。送中毒者去医院抢救时，应同时带上疑似引起中毒的食物样品，以便迅速分析出中毒原因，对症下药。

在现场救援结束、危险因素排除后，Ⅲ级应急响应事故由当班的生产现场管理负责人宣布应急处置结束；Ⅱ级应急响应事故由项目部应急总指挥宣布应急处置结束；Ⅰ级应急响应事故由公司上报政府和安全生产监督管理局批准，现场应急处置工作结束，应急救援队伍撤离现场。

图 8.13 所示为关宝山项目部日常安全生产培训。

8.3.2　采用安全管理制度的应用效果

鞍钢矿业和鞍矿爆破 2019 年开发、实施新的安全管理制度以来，充分实现信息共享，创造性地把自然科学和社会科学中的有关理论运用到具体的矿业企业安全管理工作之中，对提高职工的安全意识，约束职工的不安全行为，控制生产作业中的不安全运作，不断创出安全生产新水平，起到了重要的作用和显著的效果。

如图 8.14 和图 8.15 所示，鞍钢矿业 2010~2018 年每年的安全事故总量和因事故受伤的人数始终处于较高的状况，自从 2019 年采用了该应急管理体系和应急指挥体系，并进行充分的信息共享之后，矿山的年事故总数和年事故受伤人数都有大幅度的下降，矿山生产的安全性得到了大幅度的提升。

图 8.13 关宝山项目部日常安全生产培训

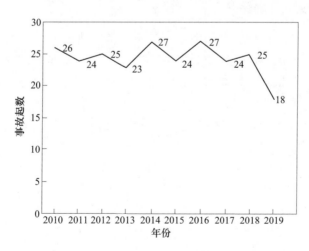

图 8.14 2010～2019 年事故总量变化趋势图

作为一个企业来讲，安全是稳定的基础。过去，由于生产上安全事故多、安全隐患大，一旦发生伤亡事故，企工双方往往意见分歧很大，闹事、打人、上访

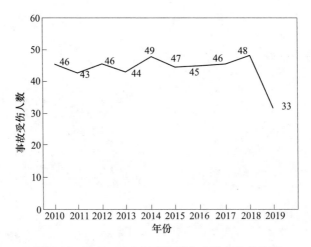

图 8.15　2010~2019 年事故受伤人数变化趋势图

事件屡见不鲜。自 2019 年新的安全管理制度后，严格了安全生产和各项工作的管理，规范了职工的操作行为，矿山实现了较长的安全生产周期，职工思想稳定，职工和家属的安全感增强，从而稳定了社会秩序，改变了矿山企业的不安全形象，为企业稳定发展奠定了基础。

8.4　超委托关系下的环境友好型生产实践

8.4.1　铁矿开采和环境保护

矿业在国民经济和社会发展中发挥着重要的基础性作用。据统计，我国有 95% 左右的一次能源，80% 以上的工业原料，大部分农业生产资料均来自矿产资源。在长期的矿产资源开发利用过程中，由于观念、法制、体制、管理等诸多方面的原因，导致矿山环境问题非常严重，产生的矛盾在一些地区和领域相当突出，成为影响当地经济发展和社会稳定的重要制约因素。矿山环境包括矿山地质环境、矿山水环境、矿山生态环境、矿山大气环境和矿山空间环境五个方面。

国家和地方政府在矿山环境治理和保护方面作了很多的工作。在财政部、国土资源部下发的《探矿权采矿权使用费及价款项目支出预算的通知》中，我们可以看到，国家在矿山地质环境治理上的经费增加了 3 亿多，并且我国将积极推进资源和环境使用制度的改革，全面实行资源有偿取得以及排污权的有偿获得和排污权交易。国家在矿山环境治理和保护方面做出了很大的努力，很多地方也正在采取积极措施，尽可能的减少矿山企业在生产过程中所带来的环境污染。如河北省正在积极推进（绿色矿山）工程，全省已建立了 12 个国家级矿山环境恢复治理规范区和 36 个省级（绿色矿山）示范区。

8.4.1.1 矿山环境治理的必要性

矿业是一个基础性行业，为我国乃至全世界的国民经济生产都做出了突出的贡献，但是它也是一个高污染的行业，主要表现在：

（1）采矿业占用并破坏大量土地，据不完全统计，我国由于采矿而被破坏的土地约 $1.4 \times 10^4 \sim 2.0 \times 10^4 km^2$，占全国各项建设用地及其他破坏占用耕地的49.1%。造成矿山占地的原因主要是露天采场及各类矿渣、尾矿垃圾堆置。

（2）采矿诱发地质灾害，造成大量人员伤亡和经济损失。由于地下采空、地面及边坡开挖，影响了山体、斜坡的稳定性，导致开裂、崩塌和滑坡等地质灾害，造成大量的人员伤亡及财产损失，严重影响了矿业生产的正常开展，甚至成为局部不稳定因素。如河北开滦煤矿是我国最大的井下开采老矿区，历史累积的地面沉陷面积达到 1 万公顷以上，因沉陷而无法耕种的绝产田 0.2 万余公顷，受地面沉陷影响迁移村庄 31 座。塌陷不仅出现在煤炭矿山，而且也出现在有色金属、黑色金属、化工及核工业矿山。

（3）破坏和影响了地下水和地表水，产生各种水环境问题。由于矿井疏干排水，导致大面积区域性地下水位下降，破坏矿区水均衡系统。造成大面积疏干漏斗、泉水干枯、水资源枯竭、河水断流、地表水入渗或经塌陷灌入地下，影响了矿山地区的生态环境，使原来用井泉或地表水作为工农业供水的村庄和城镇发生水荒。如山西省因采煤造成 18 个县 26 万人吃水困难，2 万多公顷水田变成旱地，全省井泉减少 3000 多处。

（4）采矿产生大量废气、废渣、废水。大气污染源主要来自矿石、尾矿等粉尘、扬尘和一些易挥发气体。废气、粉尘及废渣的排放会引起大气污染和酸雨。矿山固体废弃物主要有露天矿剥离物、尾矿。我国每年工业固体废物排放量中，85%以上来自矿山开采。我国每年因采矿产生的废水、废液的排放总量约占全国工业废水排放总量的 70%以上，而处理率仅为 4%左右。

（5）出现水土流失、土地沙化及矿震等问题。由于地表物质的剥离、扰动、搬运和堆积，大量破坏了植被和山坡土体，产生的废石、废渣等松散物质极易促使矿山地区水土流失。

8.4.1.2 污染源

矿业活动产生的生态环境问题和破坏的种类很多，见表 8.13，如开采活动对土地的直接破坏。矿山开采过程中的废弃物需要大面积的堆置场地，从而导致对土地的过量占用和对堆置场原有生态系统的破坏。矿石、废渣等固体废物中含酸性、碱性、毒性、放射性或重金属成分，通过地表水体径流、大气飘尘，污染周围的土地、水域和大气，其影响面将远远超过废弃物堆置场的地域和空间。

表 8.13 矿业活动与主要环境问题综合表

环境要素	矿业活动对矿山环境的作用形式	产生的主要环境问题
大气环境	废气排放、粉尘排放、废渣排放	大气污染、酸雨
地面环境	地下采空、地面及边坡开挖、地下水位降低、废水排放、废渣、尾矿排放	采空区地面沉陷（塌陷）、山体开裂、崩塌、滑坡、泥石流、水土流失、土地沙化、岩溶塌陷、侵占土地、土壤污染、矿震
水环境	地下水位降低、废水放废渣、尾矿排放	水均衡遭受破坏、水质污染

矿业活动造成的环境问题主要有：

（1）矿业粉尘。采矿井下工作面的凿岩、爆破、装矿工序有粉尘产生。

（2）矿业废水。矿业废水主要有采场废水、排土场的淋滤水和生活用水。

（3）矿业废渣。矿山排出的废石主要为坑内掘进、采切中采出的废石以及基建废石。

（4）噪声。矿山超标噪声主要来自空压机、潜孔钻机、凿岩机、液压铲、推土机。

（5）水土流失及土地沙化。矿山坑内开采，产生大量的废石等松散物质，破坏了山坡土体和植被，造成矿山水土流失及土地沙化。

（6）采空区塌陷。采空区塌陷对土地资源的破坏，在采矿中占有重要地位，主要由地下开采造成的。

（7）侵占土地。矿山开发占用并破坏了大量土地，其中占用土地指生产、生活设施及开发破坏影响的土地；其中破坏的土地指露天采矿场、排土场、塌陷区及其他矿山地质灾害破坏的土地面积。

（8）土壤污染。由于三废排放使矿区周围土壤受到不同程度污染。

（9）矿震。采矿工作可能诱发的地震。

（10）破坏水均衡系统，并引起水体污染。由于疏干排水及废水废渣的排放，使水环境发生变异甚至恶化，破坏了地表水、地下水均衡系统，造成大面积疏干漏斗、泉水干枯、水资源逐步枯竭、河水断流、地表水入渗或经塌陷灌入地下，影响矿山地区的生态环境。

（11）崩塌、滑坡、泥石流。采矿活动及堆放的废渣因受地形、气候条件及人为因素的影响，发生崩塌、滑坡、泥石流等。如矿山排放的废渣常堆积在山坡或沟谷内，这些松散物质在暴雨诱发下，会发生泥石流。

8.4.1.3 治理措施

矿山环境问题的防治主要包括："三废"（废水、废气、废渣）的防治、矿山土地复垦及采空区地面沉陷（塌陷）、泥石流、岩溶塌陷等灾害的防治等。

（1）粉尘治理。非煤矿山主要以风、水为主的综合防尘技术措施，即一方面用水将粉尘润湿捕获，另一方面借助风流将粉尘排出井外。改进采掘机结构及其运行参数减尘、湿式凿岩、水封爆破、喷雾洒水、巷道净化水幕、定期巷道洗壁、机械通风。接尘人员配备个体防尘用具，配置防尘面罩、防尘帽、防尘呼吸器等。

矿山运输公路和排土场排废作业，有间断的粉尘产生（尤其是在旱季），在作业点和汽车经过的运输线路上粉尘浓度可达到 $100 \sim 400 mg/m^3$。生产过程中进行洒水防尘。采场配活动软管喷洒装置对爆堆进行喷雾洒水。

（2）废水处理。矿山排放的废水种类主要是坑内涌水，涌水由各中段排水沟经综合斜井排水沟汇入主平硐排水沟后，可直接通过本中段巷道水沟，不需排水设备，借助水沟坡度自流排出坑外。

矿山开采的废水中含少量悬浮物，不会对地面水和地下水环境产生大的污染影响。

矿石中有毒有害成分甚微，坑内采场涌水、废石场接受降水淋滤，根据矿石的化学成分分析，淋滤水不含有害物质，不会对地面水和地下水环境产生污染影响。

矿山生活用水量不大，厕所废水经化粪池净化处理后外排，其他生活废水，经沉淀后外排。

（3）废石处理。废石场场底部设有拦渣坝、周围设有截洪沟、底部设有排洪涵洞，使该废石场基本不会对周围环境造成污染。

（4）噪声。采用的主要防噪措施是在凿岩机上装消声器、空压机进出口安装阻抗式消声器等，可降低噪声 $10 \sim 15 dB(A)$。

矿山生产操作工人佩戴防声耳塞，移动设备产生的噪声不会造成对操作人员的听力损坏。

凿岩机装消声器，空压机进气口装消声器，空压机房内设隔声值班室，操作工人佩戴防声耳塞。

（5）采空区土地及废渣场土地复垦。土地复垦，是采空区造成的地面沉陷、排土场和闭坑后露天采场治理的最佳途径，不仅改善了矿山环境，还恢复大量土地，因而复垦具有深远的社会效益、环境效益和经济效益。

（6）泥石流的防治。矿山泥石流通常发生在排土初期，随着排出的废弃物数量增加和强度的增高，排土场的边坡稳定性往往得以提高和加强，矿山泥石流也就逐渐减弱。对矿山泥石流防治的关键是预防。采取的预防措施主要有，合理选择剥离物排弃场场址，慎重采用"高台阶"的排弃方法；清除地表水对剥离排弃物的不利影响；有计划地安排岩土堆置；复垦等。对泥石流的治理，可采取生物措施（如植树、种草）。

（7）岩溶塌陷的防治。合理安排矿山建设总体布局；避开塌陷区；修筑特厚防洪堤；控制地下水位下降速度和防止突然涌水，以减少塌陷的发生；建造防渗帷幕，避免或减少预测塌陷区的地下水位下降，防止产生地面塌陷；建立地面塌陷监测网。

（8）组织措施。建立环境保护的管理机构和监测体系。矿山企业中的环境保护人员主要包括：矿山环保科研人员、环境监测人员、污水治理人员、矿山企业防尘人员、保护设备险修人员、矿区绿化人员、复垦造田人员等。与环境保护有关的矿山安全组织机构则比较齐全。

（9）经济手段。矿山企业环保设施的投资主要有以下几方面：三废处理设施、除尘设施、污水处理设施、噪声防止设施；绿化；环境监测设施；复垦造田等。投资的来源为工程基建投资和企业自筹资金。

8.4.1.4　水土保持

矿床开采为地下开采方式，对地表的破坏不大，不会造成大的生态环境变化，也不会因为该区的资源开发而诱发一系列的环境地质灾害，崩塌、滑坡、泥石流等。根据《中华人民共和国水土保持法》和《开发建设项目水土保持方案技术规范》（SL204—98）的要求，需采取如下水土保持措施：

（1）在地方政府配合下，清理矿区范围露天采矿场、废石堆场覆土，进行植被绿化，改善矿区生态环境。

（2）废石场修建拦渣墙，废石、废弃固体物一律堆放在拦渣墙内侧，不向外侧倾倒。场平过程中的回填土方应及时碾压，平整场地时应先将表层土壤清除并堆存，作为矿区绿化和复土用的表层土。

（3）采矿工业场址平场时先修建排水管沟，引导、截流工业场地表大气降水，并按当地最大日降水量预留设防。

（4）在采场其他场地种植绿化带，选择具有较强滞尘能力的常绿树种进行绿化。在场地外围坡、沟的坡面植树、种草进行护坡。废石堆场及四周应进行绿化及植被恢复工作，作好水土保持，废石场应逐步整平绿化。

（5）采取设计推荐的开采方法，减轻对岩石的扰动，防止塌陷、滑坡。对软弱围岩建造采取有效加固措施。

（6）废石堆场和采空区形成的废弃地，采用稳定化工艺（稳定方法包括物理法和化学法）和恢复植被法（包括直接植被法和覆土植被法）进行矿区生态重建，恢复生态、恢复生产力。

（7）矿区生态恢复必须结合当地的土地利用总体规划，作好退耕还林，建立林、草、田复合生态系统，采取沟坡兼治措施，工程、植物和农业措施相结合，进行综合治理，调整不合理的农、林、牧结构，搞好农田基本建设，进行植树造林绿化（见图 8.16），治理水土流失，采取治水、固土相结合，保护矿区水资源。

图 8.16 矿山绿化示意图

（8）做好矿区因开采而引起的陆面演变和矿区综合性问题的研究，进行土地复垦，实现矿区的可持续发展（见图 8.17）。

图 8.17 关宝山复垦实例

（9）矿区生态环境较好，必须加强矿区生态保护，正确处理经济发展与环境保护的关系，合理开发自然资源，使资源开发与生态保护实现良性循环。

8.4.1.5 绿化和环保机构

矿山建成后，可根据当地气候特点，选择耐旱、耐寒并有一定观赏价值的树种、草种和常绿灌木，对矿前区、车间周围、道路两旁等进行绿化、美化。矿区绿化以厂区道路的线形绿带作绿化骨架，与建筑物外围局部绿化点、面结合，进行周边绿化。

在工人休息室设花坛，种植喜阴植物，使室内外空间互相延伸，为职工创造接近自然的氛围，满足人们的生理及心理需求，激发劳动热情，减少生产事故。

企业管理机构中矿部设立安全环保部，兼管化验室，负责全矿的劳动安全和环境保护的例行检测工作，进行环保设施效率的测试，配合生产技术部门作好各项环保设施的管理，确保其正常运行。各生产车间设兼职环保员，负责监督检查本车间污染物排放情况及环保设施的运转情况。

8.4.2　鞍钢铁矿开采和环境保护的体制和机制

超委托精细化开采模式下依据《环保法》鞍钢矿业设安全生产委员会。环保管理具体由安全生产技术室负责，分管矿山环境保护和矿山粉尘监测及全矿劳动者监护工作。设专职环保管理人员 2 人，环保安全监督检查 4 人。同时，为了建立健全环境管理数据库，加强了环保档案管理和环保监测数据统计工作。在现有安全管理体制下优化内审管理工作，简化委托单位和被委托单位对矿山环境的审批和监察流程，使环保管理数据、记录、档案准确无误，使公司各个环保单位沟通顺畅、信息对等，为共同控制环境污染提供了坚实基础。

8.4.2.1　部门责任划分

鞍钢集团安全环保部是鞍钢集团环境保护管理的归口管理部门，环境保护相关工作是在安全环保部的统一监管和任务分配下完成的，主要负责部门分别为战略规划部、管理创新部、科技发展部、财务运营部、党委宣传部，各部门环保责任划分结构如图 8.18 所示。

图 8.18　环保部门责任制度结构

（1）安全环保部负责指导、检查、监督、考评子企业或被委托单位施工过程中的环保工作，组织制定、修订鞍钢集团环境保护管理制度、规划和计划。除了监管集团环保工作外，它直接对国家部委负责，并负责集团环保报表、集团总部驱动项目的可行性研究报告、初步设计中有关环境保护方面的评估和审查、监督环评和批复中要求的环保措施的落实情况、环境影响评价、试生产审核和环保设施验收等都是由安全环保部直接向国家部委报告和协调，以此保障重点环保项目的实施。

（2）战略规划部主要负责鞍钢集团总部驱动项目的可行性研究阶段委托环评，可行性研究报告、初步设计中有关环境保护专篇的审查，参与编制鞍钢集团环境保护和循环经济发展规划。

（3）管理创新部负责将子企业的环保绩效考核结果纳入鞍钢集团战略绩效评价考核体系。

（4）科技发展部负责参与编制鞍钢集团环保规划和计划和重大环保科研项目的归口管理。

（5）财务运营部参与编制鞍钢集团环保规划和计划，负责鞍钢集团环保专项资金及国家财税优惠政策的争取和具体实施工作，负责鞍钢集团总部驱动项目的可行性研究报告、初步设计中负责有关环保费用方面的评估和审查。

（6）党委宣传部负责鞍钢集团环境保护相关的新闻宣传工作，例如在鞍钢集团内部媒体上发布由安全环保部提供的重大环保信息，组织、协调外部新闻媒体对鞍钢集团环境保护工作的采访、新闻报道，处置和应对鞍钢集团突发环境事件的新闻、舆情。

鞍钢集团下属子企业和委托单位众多，子企业和委托单位在鞍钢集团安全环保部和地方政府的监管下负责本单位管辖区域内的环境保护工作。具体负责内容如下：

（1）负责贯彻落实各级政府环保法律法规及有关规定和要求、承接鞍钢集团环境保护规章制度和标准、制订本单位相应制度和标准、建立和运行本单位的环境管理体系。

（2）负责承接鞍钢集团环保中长期规划和年度计划，制订和实施本单位环保规划、年度计划，上报鞍钢集团审核备案。对完成鞍钢集团下达的环保指标和目标负责。

（3）负责按照国家、地方政府法律法规及鞍钢集团管理制度合规生产、守法经营，并按属地原则与当地各级政府管理对接。对本单位环保管理合规性和各级政府约束性指标负责。

（4）负责本单位清洁生产、"三废"资源综合利用及合规处置、排污申报、排污缴费、环境监测、环境统计、环保设施验收、环境信访处理以及环保检查、监察和考核等相关工作。

（5）负责本单位的环保设施运行、维护及同步运行管理，对污染源达标排放和污染物排放总量控制指标负责。

（6）负责按属地向当地各级政府部门报送环保统计报表；负责向鞍钢集团按期上报环保统计月报表和年报表；负责向鞍钢集团按期报送月度环保工作分析

报告和半年、全年环保工作总结；各行业协会独立成员单位的子企业，负责向行业协会报送本企业环保统计报表，同时抄报鞍钢集团。

（7）负责本单位环保项目的论证和实施；负责建设项目可行性研究报告、初步设计的环保审查和评估，对环评及批复中要求的环保措施的落实负责、对环保设施技术指标符合设计和环评的要求负责。

（8）负责本单位新、改、扩建项目的环境影响评价、"三同时"管理、环境监理、试生产审核、环保竣工验收等工作；负责木单位建设项目施工期间的环保合规管理。

（9）对放射源管理的合规性负责。负责本单位放射性同位素及射线装置的管理工作。负责本单位建设项目中放射线同位素及射线装置的环评、报批和资证办理。负责本单位工程施工过程中放射线同位素及射线装置的管理。

（10）负责本单位各类环保事故的应急救援、处置工作，负责将本单位环保重大事故（国家规定的较大及以上环境污染事故）及由此引起的群体性事件即时上报鞍钢集团。

（11）负责组织实施本单位环保技术交流、环保新技术引进评审和环保示范项目的推广、环保科研项目的推进。

（12）负责本单位可能获得的各种环保专项资金、财税优惠等外部政策和资金支持的争取和使用工作。

（13）负责制定本单位环保宣传、教育和培训计划并组织实施。

（14）负责本单位采购物质的环境影响识别和确认，对采购物质的环保合规性和清洁生产符合性负责。

（15）负责本单位区域内相关方生产、经营、施工等过程的环保合规性监管工作。

8.4.2.2　环保投入与治理效果

根据《作业场所空气中粉尘测定方法》（GB 5748—1985）规定，凡是有粉尘作业的地点，应采取综合配套防尘措施和无尘或低尘的新技术、新工艺、新设备，使作业场所的粉尘浓度不超过国家卫生标准。矿山设备室和生产技术室等主管部门定期对全矿的环保设备设施定期进行检查，定期对防尘设施运行、岗位人员操作情况、防尘洒水车开动、运行记录进行检查，检查隐患和问题，按月对本单位和被委托单位进行考核。

近年来矿山对粉尘治理、采场边坡、采空区等投入了大量的资金和人力进行治理。由于大部分采掘设备和生产汽车驾驶室的空调老化、损坏，加之驾驶室密闭不好等原因，导致漏风，起不到防尘作用。因此，鞍钢矿业和被委托单位共同对电铲、牙轮钻机补充安装空调，更新排、吸风扇，净化司机驾驶室内空气含量，钻机统一规范安装捕尘罩，配合注水进行操作，加大湿式作业，有效地降低二次粉尘，以达到国家环保卫生标准。对干选系统安装防尘喷淋装置，对进料口进行喷雾洒水、采取湿式作业，同时对干选的破碎、选别和破碎口处安装布袋式防尘除尘工艺设施。除尘设备及除尘管道进行全部更新。同时设计对皮带机交料点及向矿仓落料处等产尘点进行洒水，抑制粉尘的产生。

鞍钢集团先后修建 4 个防尘洒水加水站，由被委托单位指定专人定期清理对洒水降尘的加水站设施、泥淤进行清理，保证加水站正常运行，满足采场抑尘需求。被委托单位对防尘洒水车进行了更新改造，强化环保防尘目标考核与责任追究，有效的控制了粉尘污染，环保设施随机运行率达到 100%、完好率达到 100%。由于委托双方的共同努力，2015~2016 年 8 月鞍钢劳研所依据《作业场所空气中粉尘测定》《作业场所有害因素职业接触限制》对露天铁矿的噪声、游离二氧化硅含量及总粉尘浓度进行监测，噪声强度符合率平均 86.7%，8h 等效声级 dB(A) 合格率 100%，粉尘超限倍符合率提高到了 93.3%，（CTWA）合格率提高到了 88.9%。洒水车工作情况见图 8.19 所示。

图 8.19　洒水车清洁矿区

鞍钢矿业集团有限公司关宝山铁矿现有 14 台洒水车。其中，4 台×3307 型 40T 型洒水车属于鞍钢矿业集团有限公司，10 台解放 12.5t、18.5t 和 25t 洒水车属于被委托单位资产。春、夏、秋季节由被委托单位人员对采场、运矿主干公路、爆堆和凿岩作业进行洒水降尘，减少二次粉尘飞扬，由鞍钢矿业人员进行监管，在此种制度下环保设施与生产设施同步运行率达到 100%。经鞍钢劳研所检测，全年企业岗位粉尘合格率达到了 86.17%，全年岗位噪声合格率≥95%，水循环利用率和单位产品耗水量达到国家清洁生产二级标准以上。对工业废物和生活垃圾进行分类收集，在固定地点排放、储存或利用。危险废物的处置符合国家有关规定。新、改、扩建设项目环境保护"三同时"执行率达到 100%，同时采取对采场、爆堆、生产主干运输公路等进行洒水抑尘措施，粉尘污染得到有效控制。无因污染源超标排放引发的环境投诉或上访现象。千人负伤率为零，环保设施开动率为 96.47%，设备运转率 96.32%。由此可见，超委托精细化管理在环保工作方面效果极其明显，具体信息见图 8.20 和图 8.21。

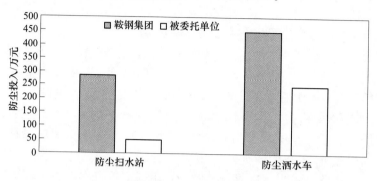

图 8.20　防尘投入对比

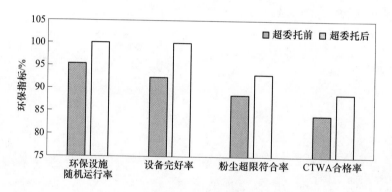

图 8.21　环保指标

参 考 文 献

［1］ Grossman S, Hart O. An analysis of the principal-agent problem ［J］. Econometrica, 1983, 51 (1): 7~45.

［2］ Adam smith. The Wealth of Nations ［M］. 1776.

［3］ Berle A, Means G. The modern corporation and private property ［M］. New York: Macmillan, 1932.

［4］ Robert B, Wilson. Decision Analysis in a Corporation ［J］. IEEE Transactions on Systems Science and Cybernetics, 1968, 9 (3): 220~226.

［5］ Arrow K. Essays in the theory of risk bearing ［M］. Chicago, IL: Markham, 1971.

［6］ Armen A Alchian, Harold Demsetz. Production, Information Costs, and Economic Organization ［J］. The American Economic Review, 1972 (5): 777~795.

［7］ Ross S. The economic theory of agency: The principal's problem ［J］. American Economic Review, 1973, 63 (2): 134~139.

［8］ Mitnick, Barry M. The theory of agency: The policing 'paradox' and regulatory behavior ［J］. Public Choice. , 1975, 24 (1): 27~42.

［9］ Jensen, Meckling. Theory of the firm: Mana-gerial behavior, agency costs and ownership structure. Journal of Financial Economics, 1976 (3): 305~360.

［10］ Fama E. Agency problems and the theory of the firm ［J］. Journal of Political Economy, 1980, 88 (2): 288~307.

［11］ Fama, Jensen M. Separation of ownership and control. Journal of Law and Economics, 1983, 26 (2): 301~325.

［12］ Holmstrom, Bengt. Moral Hazard in Teams ［J］. Bell Journal of Economics, 1982 (13): 324~340.

［13］ Pratt J, Zeckhauser R (Eds.). Principals and agents: The structure of business: 101~126.

［14］ Perrow C. Complex organizations ［M］. New York, NY: Random House. Theory of the Firm: Managerial, 1986.

［15］ Jensen M C. Agency costs of free cash flow. corporate finance, and takeovers ［J］. The American economic review, 1986, 76 (2): 323~329.

［16］ Eisenhardt K M. Control: Organizational and economic approaches ［J］. Management Science, 1985, 31: 134~149.

［17］ Eric Rasmusen. judicial legitimacy as a Repeated Game. Journal of Law ［J］. Economics and Organization, 1994, 10 (1): 63~83.

［18］ Wiseman R M, Gomez-Mejia L R. A Behavioral Agency Model of Managerial Risk Taking ［J］. The Academy of Management Review, 1998, 23 (1): 133.

［19］ Waterman R W, Meier K J. Principal-Agent Models: An Expansion Journal of Public Administration ［J］. Research and Theory, 1998, 8 (2): 173~202.

［20］ Gordon, Gilson, Tom. Op-Ed-Opinions and Editorials-Our Non-Electronic ［J］, Future Against the Grain, 1997.

[21] Shleifer A, Vishny R W. Stock market driven acquisitions [J]. Journal of Financial Economics, 2003, 70 (3): 295~311.

[22] Deitch E A, Landry K N, Mcdonald J C. Postburn Impaired Cell-mediated Immunity May Not Be Due to Lazy Lymphocytes But to Overwork [J]. Annals of Surgery, 1985, 201 (6): 793~804.

[23] Demsetz H, Lehn K. The Structure of Corporate Ownership: Causes and Consequences [J]. Journal of Political Economy, 1985, 93 (6): 1155~1177.

[24] Florencio López de Silanes, Robert Vishny, Ancrci Shleifer, et al. Agency Problems and Dividend Policies Around the World [J]. The Journal of Finance, 2000, 60 (1): 1~33.

[25] Muscarella C J, Damodaran A. Corporate Finance, Theory and Practice [J]. The Journal of Finance, 1997, 52 (4): 1739.

[26] Singh M, Davidson III W N. Agency costs, ownership structure and corporate governance mechanisms [J]. Journal of Banking & Finance, 2003, 27 (5): 793~816.

[27] Firth M, Fung P M Y, Rui O M. Firm Performance, Governance Structure, and Top Management Turnover in a Transitional Economy [J]. Journal of Management Studies, 2006, 43 (6): 1289~1330.

[28] Morck R, Shleifer A, Vishny R W. Management ownership and market valuation [J]. Journal of Financial Economics, 1988, 20: 293~315.

[29] Agrawal A, Knoeber C R. Firm Performance and Mechanisms to Control Agency Problems between Managers and Shareholders [J]. The Journal of Financial and Quantitative Analysis, 1996, 31 (3): 377.

[30] Lin X, Xu R, Zhu M. Survivability Computation of Networked Information Systems [J]. Computational Intelligence & Security Pt Proceedings, 2005, 3802: 407~414.

[31] Li H, Cui L. Empirical study of capital structure on agency costs in Chinese listed firms [J]. Nature and Science, 2003, 1 (1): 12~20.

[32] Holmstrom B, Milgrom P. Multitask Principal-Agent Analyses: Incentive Contracts, Asset Ownership, and Job Design [J]. Journal of Law, Economics and Organization, 1991, 7: 24~52.

[33] Feltham G A, Xie J. Performance Measure Congruity and Diversity in Multi-Task Principal Agent Relations [J]. Accounting Review, 1994, 69 (3): 429~453.

[34] Banker R D, Thevaranjan A. Accounting Earnings and Effort Allocation [J]. Managerial Finance, 1997, 23 (5): 56~70.

[35] Datar, Srikant, Susan Kulp, Richard Lambert. Balancing performance measures [J]. Journal of Accounting Research, 2001, 39 (1).

[36] Thiele V. Task-Specic Abilities in Multi-Task Principal-Agent Relationships [J]. Labour Economics, 2010, 17 (4).

[37] Gibbons R, Waldman M. Task-specific human capital [J]. American Economic Review, 2004, 94 (2).

[38] Alwine Mohnen, Kathrin Pokorny, Dirk Sliwka. Transparency, Inequity Aversion, and the Dynamics of Peer Pressure in Teams: Theory and Evidence [J]. Journal of Labor Economics,

2008, 26 (4): 693~720.

[39] Dikolli S, Kulp S. Interrelated performance measures. interactive effort and optimal incentives [J]. Harvard NOM working paper, 2002.

[40] Bardsley P. Multi-task agency: A combinatorial model [J]. Journal of Economic Behavior & Organization, 2001, 44: 233~248.

[41] Core J, Qian J. Project selection, production-uncertainty and incentives [J]. working paper, . Behavior & Organization, 2002. 44: 233~248.

[42] 袁江天, 张维. 多任务委托代理模型下国企经理激励问题研究 [J]. 管理科学学报, 2006, 9 (3): 46~53.

[43] 田盈, 蒲勇健. 多任务委托——代理关系中激励机制优化设计 [J]. 管理工程学报, 2006, 20 (1): 24~26.

[44] 马士华, 陈建华. 多目标协调均衡的项目公司与承包商收益激励模型 [J]. 系统工程, 2006 (11): 72~78.

[45] Grossman S J, Hart O D, The Costs and Benefits of Ownership: A Theory of Vertical and Lateral Integration [J]. Journal of Political Economy, 1986, 94 (4): 691~719.

[46] Kofman F, Lawarree J. Collusion in hierarchical agency [J]. Econometrica: Journal of the Econometric Society, 1993: 629~656.

[47] 冯根福. 双重委托代理理论: 上市公司治理的另一种分析框架—兼论进一步完善中国上市公司治理的新思路 [J]. 经济研究, 2004, 12: 81~86.

[48] 郝瑞, 张勇. 基于 Holmstrom 和 Milgrom 模型的双重委托代理问题研究 [J]. 管理学报, 2009, 6 (4): 453~457.

[49] 严若森. 双重委托代理结构: 逻辑起点、理论模型与治理要义 [J]. 学术月刊, 2009, 41 (11): 75~81.

[50] 苏琦, 陈法仁, 彭翀. 股东、政府及管理层之间的委托代理分析 [J]. 当代经济管理, 2007, 29 (2): 45~50.

[51] 董进才. 国有煤矿治理的双重委托代理分析框架 [J]. 社会科学战线, 2005, 4: 55~58.

[52] Loch C H. Behavioral operations management [M]. Hanover: Now Publishers Inc, 2007.

[53] Moore D A, Healy P J. The trouble with overconfidence [J]. Psychological review, 2008, 115 (2): 502~517.

[54] Weinstein N D. Unrealistic optimism about future life events [J]. Journal of Personality and Social Psychology, 1980, (37): 806~820.

[55] Fischhoff B, Slovic P, Lichtenstein S. Knowing with certainty: the appropriateness of extreme confidence [J]. Journal of Experimental Psychology: Human Perception and Performance, 1977, (3): 552~564.

[56] Hilary G, Menzly L. Does past success lead analysts to become overconfident [J]. Management Science, 2006, 52 (4): 489~500.

[57] Sandra L, Philipp C. Overconfidence can improve an agent's relative and absolute performance in contests [J]. Economics Letters, Volume, 2011, 110 (3): 193~196.

[58] Odean T. Volume, volatility, price, and profit when all traders are above average [J]. Journal

of Finance, 1998, 53（6）: 1887~1934.

［59］ Daniela G, Hogarth R M. Overconfidence in absolute and relative performance: the regression hypothesis and bayesian updating ［J］. Journal of Economic Psychology, 2009, 30（5）: 756~771.

［60］ Ren Y, Croson R. Overconfidence in newsvendor orders: an experimental study ［J］. Management Science, 2013, 59（11）: 2502~2517.

［61］ Sandroni A, Squintani F. Overconfidence and asymmetric information: the case of insurance ［J］. Journal of Economic Behavior & Organization, 2013, 93（1）: 149~165.

［62］ 方舟, 毕功兵, 梁樑. 基于做市商过度自信行为的市场均衡分析 ［J］. 运筹与管理, 2012, 21（2）: 147~153.

［63］ 周永务, 刘哲睿, 郭金森, 等. 基于报童模型的过度自信零售商的订货决策与协调研究 ［J］. 运筹与管理, 2012, 21（3）: 62~66.

［64］ 禹海波, 工晓微. 过度自信和需求不确定性对库存系统的影响 ［J］. 控制与决策, 2014, 29（10）: 1893~1898.

［65］ 陈其安, 刘星. 基于过度自信和外部监督的团队合作均衡研究 ［J］. 管理科学学报, 2005, 8（6）: 60~68.

［66］ Ronen J, Kashi R. Agency Theory: an approach to incentive problems in management accounting ［J］. Asian Review of Accounting, 1995, 3（1）: 127~151.

［67］ Watts R L, Zimmerman J L. Agency Problems, Auditing and the Theory of the Firm: Some Evidence ［J］. The Journal of Law and Economics, 1983, 26（3）: 613~633.

［68］ Spence M, Zeckhauser R. Insurance, Information and Individual Action ［J］. American Economic Review, 1971, 61（2）: 380~387.

［69］ Hammond T H, Knott J H. Who Controls the Bureaucracy: Presidential Power, Congressional Dominance, Legal Constraints, and Bureaucratic Autonomy in a Model of Multi-Institutional Policy-Making ［J］. Journal of Law, Economics, and Organization, 1996, 12（1）: 119~166.

［70］ Weingast B R, Moran M J. Bureaucratic Discretion or Congressional Control Regulatory Policy-making by the Federal Trade Commission ［J］. Journal of Political Economy, 1983, 91（5）: 765~800.

［71］ Bergen M, Dutta S, Walker O C. Agency Relationships in Marketing: A Review of the Implications and Applications of Agency and Related Theories ［J］. Journal of Marketing, 1992, 56（3）: 1~24.

［72］ Taiichi Ohno. Vijay Gcost Management-The New Tool for Competitive Advantage ［M］. Mankato, MN: The Free Press, 2010.

［73］ Taylor Frederick Winslow. The Principles of Scientific Management ［M］. Harper & Brothers, 1911.

［74］ Daniel T. Jones. Using relative profits as an alternative to activity-based costing ［J］. International Journal of Production Economics, 2012, 95（3）: 387~397.

［75］ Juran D. Achieving sustained quantifiable results in an interdepartmental quality improvement project. ［J］. The Joint Commission journal on quality improvement, 1994, 10（4）: 203~209.

[76] Huovila P, Koskela L. Contribution of the principles of lean construction to meet the challenges of sustainable development, 6th Annual Conference of the International Group for Lean Construction, 1998.

[77] George P Laszlo. Project management: a quality management approach [J]. The TQM Magazine, 1999, 15 (3): 113~117.

[78] Joe C W Au, Winnie W M Yu. Quality management for an infrastructure construction project in Hong Kong [J]. Logistics Information Management, 1999, 15 (6): 124~132.

[79] Alan Griffith. Integrated Management Systems for Enhancing Project Quality, Safety and Environment [J]. International Journal of Construction Management, 2002, 18 (4): 21~27.

[80] Henry J Munneke, Abdullah Yavas. Incentives and Performance in Real Estate Brokerage [J]. The Journal of Real Estate Finance and Economics, 2002, Vol. 22 (1): 5~21.

[81] Michael L. George, John Maxey. Lean Six Sigma for Service [M]. Beijing: China Finance and Economics Press, 2005.

[82] Don R. Hansen. Cost Management: Accounting and Control [J]. the Journal of Management Accounting Research, 2011, 24 (3): 46~51.

[83] Homburg C. Using relative profits as an alternative to activity-based costing [J]. International Journal of Production Economics, 2011, 5 (3): 387~397.

[84] Sudi Apak, Mikail Erol, Ismail Elagoz, et al. The Use of Contemporary Developments in Cost Accounting in Strategic Cost Management [J]. Procedia-Social and Behavioral Sciences, 2012, 41 (3): 528~534.

[85] Sinha A, Lahiri R N, Byabortta S, et al. Coal Management Module (CMM) for power plant [J]. Universities Power Engineering Conference, 2012, (3): 1~7.

[86] Turyahebwa A. Financial Management Practices in Small and Medium Enterprises in Selected Districts in Western Uganda [J]. Research Joxomal of Finance & Accounting, 2013, 21 (4): 214~225.

[87] David James Bryd, Lynne Robinson. The Relationship between Total Quality Management and the Focus of Project Management Practices [J]. the TQM Magazine, 2007, 23 (6): 191~201.

[88] Ling F Y Y, Ang W T. Using Control Systems to Improve Construction Project Outcomes [J]. Engineering Construction & Architectural Management, 2013, 20 (6): 576~588.

[89] Ang J S. Small Business Uniqueness and the Theory of Financial Management [J]. Journal of Entrepreneurial Finance, 2014, 1 (2): 1~13.

[90] Kovarik M, Sarge L. Implementing Control Charts to Corporate Financial Management [J]. Wseas Transactions on Mathematics, 2014, 13: 246~255.

[91] Karadag H. Financial Management Challenges in Small and Medium-Sized Enterprises: A Strategic Management Approach [J]. Emaj Emerging Markets Joxrnal, 2015, 5 (1): 26~40.

[92] Gentry J A, Moyer R C, Mcguigan J R, et al. Contemporary Financial Management [J]. Environmental Research, 2016, 149 (5): 297~301.

[93] Siminica M, Motoi A G, Dumitru A. Financial Management as Component of Tactical Manage-

ment［J］. Social Science Electronic Publishing, 2017, 15 (1): 206~217.

［94］汪中求. 营销人的自我营销［M］. 北京: 新华出版社, 2003.

［95］汪中求. 细节决定成败［M］. 北京: 新华出版社, 2004.

［96］汪中求. 精细化管理［M］. 北京: 新华出版社, 2005.

［97］温德诚. 精细化管理Ⅱ［M］. 北京: 新华出版社, 2006.

［98］温德诚. 精细化管理——执行力升级计划［M］. 北京: 新华出版社, 2015: 18~30.

［99］翟倩. 房地产项目建安工程招标阶段成本控制分析［J］. 价值工程, 2012, 3 (18): 23~29.

［100］戚晓梅. 房地产项目施工过程成本管理研究［J］. 现代商贸工业, 2012, 10 (12): 107~108.

［101］许亚湖. 企业成本战略决策的研究财务研究［J］. 财会研究, 2012, (5): 39~41.

［102］蒋美仙, 林李安, 张烨, 等. 精益生产在中国企业的应用分析［J］. 统计与决策, 2013, (12): 144~146.

［103］王宏宇. 对于油田成本控制的精细化管理的探讨［J］. 现代经济信息, 2013, (04): 90.

［104］何唱. 施工项目精细化管理的应用研究［D］. 武汉: 华中科技大学, 2013.

［105］蒋瑛. 精细化管理在工程项目质量控制中的应用［D］. 南宁: 广西大学, 2014.

［106］宋迁. 精细化管理在建筑工程建设中的应用探索［J］. 产业与科技论坛, 2014 (11).

［107］马志清. 建筑企业实施精细化管理的思考［J］. 安徽建筑, 2015, 8 (6): 15~18.

［108］张鹏, 白杨. 公路施工企业成本精细化管理研究［J］. 榆林学院学报, 2015, 25 (6): 92~95.

［109］卢晓茜. 精细化管理理念在企业管理中的应用［J］. 中国商贸, 2015, (9): 29~30.

［110］胡查辉, 陆静平. 精益生产流程构筑与看板管理［J］. 化工管理, 2015, (10): 20~22.

［111］柏宇光. 对大型企业实行事业部制之再审视［J］. 沈阳师范大学学报 (社会科学版), 2015, (01): 50~52.

［112］刘爽, 刘金柱. 精细化管理在建筑工程施工监理中的应用研究［J］. 江西建材, 2015, 8 (21): 280~283.

［113］刘芃. 精细化管理在现代工程管理中的应用研究［J］. 管理科学, 2015, 28 (4): 41.

［114］李定安. 成本管理研究［M］. 北京: 经济科学出版社, 2012.

［115］薛志荣. 施工项目如何有效实施精细化管理［J］. 山西建筑, 2013, 3 (13): 257~258.

［116］顾磊. 精细化管理在建筑工程施工管理中的应用探究［J］. 科技展望, 2015 (18): 20~22.

［117］张嘉铮. 精细化管理与施工深化设计在工程项目成本控制中的应用研究［D］. 北京: 中国科学院大学, 2015.

［118］徐小章, MB铁路建设项目精细化成本管理研究［D］. 成都: 西南交通大学, 2017.

［119］孟背. 运输企业成本精细化管理方案设计［J］. 财会通讯, 2006 (10).

［120］荣朝和. 论成本精细化管理在电力企业中的应用［J］. 财经界, 2008 (9).

[121] 焦鹏飞. 精细化管理在 K 房地产开发企业中的应用研究 [D]. 邯郸：河北工程大学，2014.

[122] 张根. 建筑施工项目成本精细化管理研究 [J]. 财经界，2010 (5).

[123] 柳滨，胡建萍. 精细化管理及其在煤田企业中的应用研究 [J]. 经济师，2011，(3)：178～179.

[124] 温斌. 基于作业成本法的物流企业成本精细化管理研究 [D]. 西安：长安大学，2013，13～17.

[125] 李益兵，肖倩乔. 创新成本精细化管理提升企业效益 [J]. 河北煤炭，2013，(C5)：63～64.

[126] 尚兢. ERP 环境下精细化成本管理研究 [J]. 河南科学，2013，31 (2)：222～224.

[127] 李秋梅. 财务风险下的中小企业成本精细化管理研究 [D]. 桂林：广西师范大学，2014：3～7.

[128] 纪效广. 精细化管理模式在石油装备制造企业中的应用研究 [J]. 中国市场，2020 (21)：61～62.

[129] 曲婧. 精细化：大数据时代管理模式的变革 [J]. 税务与经济，2014，(5)：46～49.

[130] 张文忠，于潇婷. 精细成本管理 [J]. 现代经济信息，2015，(22)：114～117.

[131] 李琴琴. 精细化管理在企业成本控制中的应用研究 [J]. 商业现代化，2015，(8)：124.

[132] 金友良. 基于财务风险管理的中小企业成本精细化管理研究 [J]. 中国乡镇企业会计，2015，(12)：134～135.

[133] 司红兵. 论如何提升企业成本精细化管理水平 [J]. 中外企业家，2016，(20)：82～83.

[134] 方立婷. 精细化管理在成本管理中的运用 [J]. 冶金财会，2016，(5)：20～21.

[135] 宫殿斌. 建筑施工项目成本精细化管理 [J]. 会计师，2016，(21)：26～27.

[136] 段梦恩. 基于 BIM 的装配式建筑施工精细化管理的研究 [D]. 沈阳：沈阳建筑大学，2016.

[137] 李敏良. 株洲电机基于精益管理思想的作业成本管理系统的构建 [J]. 财务与会计，2016，(12)：34～37.

[138] 崔晓艳. 作业成本法在 B 企业成本管理中的应用研究 [J]. 宏观经济管理，2017 (s1)：169～171.

[139] 任向平. 目标成本管理在 HL 公司的应用实践 [J]. 财会月刊，2016 (16)：74～77.

[140] 金渝琳. 目标成本管理在高星级酒店中的应用——以 GM 酒店为例 [J]. 财会通讯，2017，(32)：67～70.

[141] 杨莹，孟晓俊，苏炜，等. 价值链成本管理在清洁产品生产企业中的应用 [J]. 财务与会计，2017，(5)：102～105.

[142] 廖联凯，郭艺威，王月媚. 家电企业价值链成本管理应用研究——以创维集团为例 [J]. 财会通讯，2017，(14)：34～37.

[143] 黄义红，王颖，李霞. 生产企业精细化成本管理探析 [J]. 财会学习，2017，(14)：89～90.

[144] 骆文斌. 二十一世纪成本管理模式初探 [J]. 上海会计，2017：14～16.

［145］赵淑敏. 哈佳铁路 6 标段施工阶段责任成本精细化管理的研究［D］. 成都：西南交通大学，2017.

［146］曾庆珍. A 公司隧道工程成本精细化控制研究［D］. 西安：西安科技大学，2017.

［147］于丹，马影. 沃尔玛价值链成本管控分析［J］. 财务与会计，2018，(3)：90~93.

［148］金维萍. 精细化管理在市政施工企业成本控制中的应用［J］. 现代经济信息，2018 (1).

［149］姜璐. 长春采油厂成本精细化管理研究［D］. 长春：吉林大学，2013.

［150］秦庆梅. 胜利油田成本控制精细化管理研究［D］. 北京：中国石油大学，2013.

［151］郭永宏. 定边采油厂油田生产精细化管理模式研究［D］. 西安：西北大学，2014.

［152］吴华. A 采油厂成本精细化管理体系构建研究［D］. 昆明：昆明理工大学，2014.

［153］赵宏. 油田企业项目精细化管理体系的构建［J］. 油气田地面工程，2014，33 (3)：88~89.

［154］江书军. 基于定额的煤矿材料成本精细化管理分析［J］. 山东工商学院学报，2015，29 (1)：43~47.

［155］徐丽萍. 大庆油田成本控制精细化管理研究［J］. 财会学习，2016，(10)：79~80.

［156］杨雯. 成本精细化管理模式在油田企业的应用［J］. 化工管理，2016，(15)：35.

［157］周相林. 低油价时代向精细化管理要效益［J］. 企业研究，2016，(10)：15~18.

［158］高洪科. 油田企业区块标准成本管理研究［J］. 商，2016，(32)：38~39.

［159］侯增周，齐建民. 石化企业全员目标成本管理体系建设［J］. 财会月刊，2016，(13)：32~34.

［160］麻凯. 油田井下作业成本精细化管理模式研究［J］. 内燃机与配件，2017，(6)：91.

［161］贺小滔，赵峰. 基于"互联网+"技术的油田全业务链成本管控模式构建研究及应用［J］. 中国总会计师，2017，(5)：59.

［162］Rivera J, De Leon P. Chief executive officers and voluntary environmental performance：Costa Rica's certification for sustainable tourism［J］. Policy Sciences，2005，38 (2~3)：107~127.

［163］Cordeiro J, Sarkis J. Does explicit contracting effectively link CEO compensation to environmental performance? ［J］. Business Strategy and the Environment，2008，17 (5)：304~317.

［164］Dutt N，King A. The judgment of garbage：End-of-pipe treatment and waste reduction［J］. Management Science，2014，60 (7)：1812~1828.

［165］Zou H, Zeng S, Xie L, et al. Are top executives rewarded for environmental performance? The role of the board of directors in the context of China［J］. Human and Ecological Risk Assessment：An International Journal，2015，21 (6)：1542~1565.

［166］Chaigneau P. Managerial compensation and firm value in the presence of socially responsible investors［J］. Journal of Business Ethics，2018，149 (3)：747~768.

［167］Berrone P, Gomez-Mejia L. Environmental performance and executive compensation：An integrated agency-institutional perspective［J］. Academy of Management Journal，2009，52 (1)：103~126.

［168］Goktan A. Impact of green management on CEO compensation：Interplay of the agency theory and institutional theory perspectives［J］. Journal of Business Economics and Management，

2004, 15 (1)：96~110.

[169] Francoeur C, Melis A, Gaia S, et al. Green or greed? An alternative look at CEO compensation and corporate environmental commitment [J]. Journal of Business Ethics, 2017, 140 (3)：439~453.

[170] He G, Zhang L, Mol A, et al. Why small and medium chemical companies continue to pose severe environmental risks in rural China [J]. Environmental Pollution, 2014, 185：158~167.

[171] Aragon-Correa J, Matías-Reche F, Senise-Barrio M. Managerial discretion and corporate commitment to the natural environment [J]. Journal of Business Research, 2004, 57 (9)：964~975.

[172] Guoqing Yang, Wansheng Tang, Ruiqing Zhao. Impact of outside option on managerial compensation contract and environmental strategies in polluting industries [J]. Journal of the Operational Research Society, 2019：1~21.

[173] 戴庆辉，张新敏，王卫平．先进制造系统 [M]．北京：机械工业出版社，2006.

[174] 杨少君．基于精益生产的气缸体生产线平衡率提升方法及标准化流程研究 [D]．南宁：广西大学，2018.

[175] 王明福．OB 公司精益生产优化研究 [D]．济南：山东大学，2018.

[176] 张凯旋，A 企业精益生产体系构建研究 [D]．济南：山东大学，2019.

[177] 蔡启胜．精益生产在东风小康总装车间的应用 [D]．重庆：重庆理工大学，2018.

[178] 李维维，高丹，王震生．基于德国先进制造业精益生产的高职工业机器人技术专业人才培养模式探索 [J]．福建电脑，2018，v.34 (08)：67~68.

[179] 孟得志．新能源汽车企业精益生产管理体系的研究与应用 [J]．科技创新与应用，2017 (33)：139~140.

[180] 慕园园，张丹，郭丽东，等．矿山企业精益生产管理体系的创新和实践 [J]．包钢科技，2018 (05)：14~16.

[181] 文波．企业"6S"现场管理体系与应用方法 [J]．经营与管理，2018，414 (12)：111~113.

[182] 殷红赟．Y 电力设备公司生产现场 6S 管理体系构建及评价研究 [D]．北京：华北电力大学，2017.

[183] 王立锋．A 公司基于精益生产的现场改善研究 [D]．广州：广东财经大学，2017.

[184] 王勇．基于精益生产的 J 公司汽车装配线现场改善研究 [D]．赣州：江西理工大学，2016.

[185] 郝天运．现场管理中的持续改善策略 [J]．企业改革与管理，2012 (10)：23~24.

[186] 李小联，巫江，刘永亮，等．精益生产人才培养及实战模式在家电企业中的应用 [J]．价值工程，2015，34 (9)：247~249.